浙江大学"985工程"社会管理与公共政策研究项目资助

非传统安全能力建设丛书

余潇枫◎主编

气候变化与人口安全

CLIMATE CHANGE AND POPULATION SECURITY

米 红 周 伟 马鹏媛 ◎ 著

中国社会科学出版社

图书在版编目（CIP）数据

气候变化与人口安全／米红、周伟、马鹏媛著 . —北京：
中国社会科学出版社，2012.10
ISBN 978 – 7 – 5161 – 1231 – 1

Ⅰ.①气…　Ⅱ.①米…②周…③马…　Ⅲ.①气候变化—
对策—研究—中国②人口—问题—研究—中国　Ⅳ.①P467
②C924.24

中国版本图书馆 CIP 数据核字 (2012) 第 171370 号

出 版 人	赵剑英	
选题策划	张　林	
责任编辑	李庆红	
责任校对	吕　宏	
责任印制	戴　宽	

出　　版	中国社会科学出版社	
社　　址	北京鼓楼西大街甲 158 号（邮编 100720）	
网　　址	http：//www.csspw.cn	
	中文域名：中国社科网　　010 – 64070619	
发 行 部	010 – 84083685	
门 市 部	010 – 84029450	
经　　销	新华书店及其他书店	

印刷装订	三河市君旺印装厂	
版　　次	2012 年 10 月第 1 版	
印　　次	2012 年 10 月第 1 次印刷	

开　　本	710×1000　1/16	
印　　张	17.5	
字　　数	286 千字	
定　　价	48.00 元	

凡购买中国社会科学出版社图书,如有质量问题请与本社联系调换
电话:010 – 64009791

总　序

　　《非传统安全能力建设》丛书在继《非传统安全与现实中国》丛书、《非传统安全与当代世界》译丛出版及《非传统安全研究》杂志创刊后又与读者见面了，这不能不说是我国非传统安全理论研究的又一标志性进步。

　　2010 年的 BP 泄油事件、2010 与 2011 年的北非动荡、2011 年"3·11"的日本复合性灾害等接踵而至的非传统安全威胁，不能不让人们对"人类安全"的境况与前景深怀忧虑，也不能不让人们对政府的安全治理能力的提升充满期盼。可以说，非传统安全不仅是时代发展的新主题、外交提升的新议题、国防建设的新难题、学科研究的新问题，而且还是每一个国家所必须面对的全球治理与社会管理的新课题。特别是当非传统安全与传统安全相互"交织"时，更是对政府安全治理能力的考验。

　　安全既是一种"优态共存"的状态，又是一种"共同治理"的能力。如果说传统的安全维护更多体现的是一种刚性的制度设计与硬权力应对，那么非传统安全治理则更多体现的将是柔性的能力建构与软权力的运用。这一以能力建构为标志非传统安全治理，包含着调动和安排不同行为体的能力，整合并有效利用各种资源的能力，平衡与协调不同利益关系的能力，以及达到特定政策结果的能力。事实上，以区域性组织为主导的多种行为体广泛参与的欧洲安全治理模式、以多种行为体在不同层次进行协作为特征的拉美安全治理模式、以协商渐进与功能性合作为特色的亚洲安全治理模式，都是提升安全治理能力的重要国际实践。

　　本丛书聚焦于安全治理的"能力建设"，应该说是在非传统安全理论研究的概念界定、问题排序、特点描述、专题刻画、对策思考基础上的积极推进。但这一探索尚是初步的，有待于学界同仁们的关注和批评，也有待于各类安全研究者及工作者的共识与投入。但愿本丛书能为我们党和政府目前重视加强社会管理、倡导建设"平安中国"提供理论的参考，为一切有志于让社会和谐在中国实现的仁人志士们奉献思想的灵光。

余潇枫

于求是园石流斋

2012 年 1 月 1 日

目　录

前言 ……………………………………………………………………… (1)

第一部分　气候变化约束下的人口
城市化与能源消费

第一章　绪论 ………………………………………………………… (3)

1.1　研究背景与意义 ……………………………………………… (3)

　1.1.1　研究背景 ………………………………………………… (3)

　1.1.2　研究意义 ………………………………………………… (5)

1.2　文献综述 ……………………………………………………… (6)

　1.2.1　"人口—经济—能源—环境"研究 …………………… (6)

　1.2.2　城市化与工业化研究 ………………………………… (9)

　1.2.3　城市化与工业化对能源消费影响的研究 ………… (11)

　1.2.4　对二氧化碳减排的国际责任的研究 ……………… (12)

1.3　基本概念界定 ……………………………………………… (15)

1.4　数据来源 …………………………………………………… (16)

1.5　方法、技术路线与创新点 ………………………………… (17)

　1.5.1　研究内容与方法 ……………………………………… (17)

　1.5.2　研究技术路线 ………………………………………… (18)

　1.5.3　创新点 ………………………………………………… (20)

第二章 城市化、工业化及对能源消费的影响 ……………………（22）

2.1 人口迁移与城市化的系统动力学 ………………………（22）

2.1.1 人口迁移与城市化的 Keyfitz 模型 ………………（22）

2.1.2 人口迁移的重力模型 ………………………………（25）

2.1.3 迁移模型的修正 ……………………………………（25）

2.1.4 对城乡人口自然增长的 Monte Carlo 仿真 ………（30）

2.1.5 对未来城市化水平的预测 …………………………（35）

2.1.6 对仿真模型的进一步讨论 …………………………（38）

2.2 中国工业化进程分析 ……………………………………（39）

2.2.1 工业化的一般规律——钱纳里模式 ………………（39）

2.2.2 中国的工业化特征 …………………………………（41）

2.3 中国工业化与城市化存在的问题 ………………………（43）

2.4 城市化、工业化对能源消费和碳排放的提升作用 ………（48）

2.5 城市化进程对碳排放的抑制作用 ………………………（52）

2.5.1 城市化促进集中供热,比分散供热节能 ……………（52）

2.5.2 城市化缩短交通距离,提高公共交通利用率 ………（53）

2.5.3 城市化降低生育率,减少总人口,从而减少碳排放 …（54）

2.5.4 城市化促进人口结构转变,老龄化降低

能源消费及碳排放 ………………………………（54）

第三章 "人口—经济—能源—CO₂排放"的系统研究 ………（55）

3.1 "人口—经济—能源—CO₂排放"系统仿真的情景分析………（56）

3.1.1 情景分析原理 ………………………………………（56）

3.1.2 情景分析的设定 ……………………………………（58）

3.2 参考模型 …………………………………………………（61）

3.2.1 DICE 模型 …………………………………………（61）

3.2.2 FREE 模型 …………………………………………（62）

3.2.3 MARKAL – MACRO 模型 ………………………（63）

3.3 "经济—能源—碳排放"的系统动力学 …………………（64）

3.3.1 经济子系统 …………………………………………（64）

3.3.2 能源需求子系统 ……………………………………（65）

3.3.3 能源供应子系统 ……………………………………（66）

3.3.4 能源价格子系统 ……………………………………… (67)

3.3.5 能源政策子系统 ……………………………………… (68)

3.3.6 碳排放子系统 ………………………………………… (69)

3.4 系统仿真结果分析 ………………………………………… (71)

3.4.1 主要仿真结果 ………………………………………… (71)

3.4.2 对仿真结果的进一步分析 …………………………… (74)

第四章 中国二氧化碳减排的国际责任 ……………………… (78)

4.1 能源消费产生的二氧化碳的国际比较 ………………… (78)

4.1.1 累计二氧化碳排放的国际比较 ……………………… (79)

4.1.2 人均二氧化碳排放的国际比较 ……………………… (80)

4.1.3 排放强度的国际比较 ………………………………… (81)

4.1.4 排放阶段的国际比较 ………………………………… (82)

4.2 二氧化碳排放与经济水平相关性的国际比较 ………… (85)

4.3 出口产品中的"虚拟能"与"虚拟碳" …………………… (88)

4.3.1 "虚拟能"的测算 ……………………………………… (88)

4.3.2 "虚拟碳"的测算 ……………………………………… (90)

4.3.3 "虚拟能"与"虚拟碳"的计算结果分析 ……………… (90)

4.3.4 结构优化下的"虚拟能"与"虚拟碳" ………………… (94)

4.4 中国碳减排的国家政策 ………………………………… (96)

4.4.1 强化节能战略 ………………………………………… (96)

4.4.2 发展清洁能源对碳减排影响深远 …………………… (97)

4.4.3 持续增加森林碳汇能力 ……………………………… (97)

第五章 生态环境及气候变化对能源消费的约束 …………… (98)

5.1 能源消费与环境污染约束 ……………………………… (98)

5.1.1 能源消费产生的污染问题 …………………………… (98)

5.1.2 能源开采、加工、运输过程中的环境问题 ………… (101)

5.2 气候变化对能源消费的约束 …………………………… (103)

5.3 多目标决策的"可能—满意度(P-S)"方法 …………… (104)

5.3.1 "可能—满意度(P-S)"方法原理 …………………… (104)

5.3.2 "可能—满意度"算法 ………………………………… (105)

5.4 碳排放的多目标决策(P-S方法) ················ (109)

  5.4.1 从能源消费角度推算碳排放峰值的可能—满意度 ··· (109)

  5.4.2 从人均碳排放及排放强度推算可能—满意度 ··· (114)

  5.4.3 碳排放可能—满意度的优化分析 ············ (118)

第二部分 "人口—经济—资源—环境"协调
可持续发展约束下的适度人口研究

第六章 国内外适度人口容量研究综述 ············ (125)

6.1 国外现代适度人口研究综述 ················ (125)

  6.1.1 索维的适度人口理论 ················ (126)

  6.1.2 赫茨勒的适度人口理论 ················ (127)

  6.1.3 其他学者观点 ····················· (127)

6.2 国内适度人口容量研究综述 ················ (128)

  6.2.1 新中国成立后我国传统的适度人口理论 ······· (129)

  6.2.2 可持续发展的适度人口理论 ············· (130)

6.3 我国目前适度人口研究现状 ················ (130)

  6.3.1 早期适度人口理论 ················· (131)

  6.3.2 现代适度人口理论 ················· (131)

  6.3.3 可持续适度人口理论 ················ (132)

6.4 我国人口容量研究常用定量算法 ·············· (132)

  6.4.1 生态足迹法 ···················· (132)

  6.4.2 可能—满意度算法 ················· (133)

  6.4.3 其他算法 ····················· (134)

第七章 多区域人口评测暨城市群人口容量实证研究 ······· (135)

7.1 我国城市化发展现状 ··················· (135)

  7.1.1 城市群的概念 ··················· (136)

  7.1.2 城市群的基本特征 ················· (137)

  7.1.3 城市群的不同分类 ················· (138)

  7.1.4 我国目前城市群发展现状 ·············· (138)

7.2 实证研究城市群选取说明 ················· (141)

7.2.1 京津唐城市群概况 ……………………………………………（142）

7.2.2 山东半岛城市群概况 …………………………………………（143）

7.3 区域适度人口实证研究 ……………………………………………（145）

7.3.1 指标体系的建立 ………………………………………………（145）

7.3.2 城市人口评测实例——以天津市为例 ………………………（146）

7.3.3 对于城市人口评测结果的综合分析 …………………………（153）

第三部分 区域人口可持续发展案例研究

第八章 低碳转型背景下浙江的人口发展研究 ………………………（157）

8.1 浙江省人口现状 ……………………………………………………（157）

8.1.1 总人口情况 ……………………………………………………（157）

8.1.2 人口素质分析 …………………………………………………（158）

8.1.3 人口城乡分布 …………………………………………………（161）

8.1.4 人口分布与生产力布局 ………………………………………（165）

8.2 浙江省适度人口研究以及适度城乡人口研究

（常住人口口径）………………………………………………………（169）

8.2.1 多维度浙江省适度人口 ………………………………………（169）

8.2.2 多层次界定浙江省适度人口 …………………………………（169）

8.2.3 P−S可能—满意度指标体系构建 …………………………（171）

8.2.4 P−S法在浙江省适度人口容量预测的运用 ………………（174）

8.2.5 指标数据拟合 …………………………………………………（175）

8.3 省外迁入人口的测算 ………………………………………………（186）

8.3.1 人口迁移模型 …………………………………………………（186）

8.3.2 迁入人口预测 …………………………………………………（188）

8.3.3 预测结果分析 …………………………………………………（189）

8.3.4 研究结论 ………………………………………………………（191）

8.4 统筹城乡人口发展的问题及对策 …………………………………（192）

8.4.1 统筹城乡人口发展的问题 ……………………………………（192）

8.4.2 统筹城乡人口发展的对策 ……………………………………（195）

8.5 低碳经济与新能源开发研究 ………………………………………（201）

8.5.1 浙江省的能源消费及碳排放特征 ……………………………（201）

8.5.2 低碳经济与新能源开发 …………………………………… （207）

8.5.3 浙江省发展新能源的 SWOT 分析 …………………… （212）

8.5.4 浙江省发展新能源的技术特征 …………………………… （216）

8.5.5 浙江省发展低碳经济的政策设计 ………………………… （223）

第九章 总结与展望 ………………………………………………… （232）

9.1 主要结论 …………………………………………………… （232）

9.2 建议 ………………………………………………………… （234）

9.3 展望 ………………………………………………………… （235）

附录 ………………………………………………………………… （237）

参考文献 …………………………………………………………… （251）

后记 ………………………………………………………………… （264）

前　言

　　人口迅速增长以及人类不合理的行为造成的气候变化和环境污染，已经威胁到人类自身的生存。中国作为世界第一人口大国，其人口因素在实施可持续发展战略中始终处于核心地位。可以肯定地说，中国的发展问题最终都是人口的数量、结构、素质和分布及其资源环境与地理空间的相互关系模式所呈现的区域性、复杂性和多样性所决定的。然而，面对严峻的资源环境问题，定量分析我国人口资源环境约束关联模式，并对其作仿真预测，凝练出反映不同经济发展地区的人口资源环境约束关联演进微观特征目标模式集合，成为亟待解决的问题。经济社会发展中不断累积和加深的人口资源环境矛盾，以及如何破解这个影响中国发展的最大困局，始终是我国决策层高度重视的问题。

　　气候变化已经成为世界各国共同面临的严峻问题。《联合国气候变化框架公约》（UNFCCC）将"气候变化"定义为："经过相当一段时间的观察，在自然气候变化之外由人类活动直接或间接地改变全球大气组成所导致的气候改变。"UNFCCC因此将因人类活动而改变大气组成的"气候变化"与归因于自然原因的"气候变率"区别开来。据政府间气候变化专门委员会报告，如果温度升高超过2.5℃，全球所有区域都可能遭受不利影响，发展中国家所受损失尤为严重；如果升温4℃，则可能对全球生态系统带来不可逆转的损害，造成重大的全球经济损失。据2006年我国发布的《气候变化国家评估报告》，气候变化对我国的影响主要集中在农业、水资源、自然生态系统和海岸带等方面，可能导致农业生产不稳定性增加、南方地区洪涝灾害加重、北方地区水资源供需矛盾加剧、森林和草原等生态系统退化、生物灾害频发、生物多样性锐减、台风和风暴潮频发、沿海地带灾害加剧、有关重大工程建设和运营安全受到影响。

中国是受气候变化影响威胁较大的国家。国内相关研究的预测表明：近50年来，中国沿海海平面年平均上升速率为2.5毫米，略高于全球平均水平。中国山地冰川快速退缩，并有加速趋势。2005年中国土地荒漠化面积约为263万平方公里，已经占到整个国土面积的27.4%。极端天气现象日益频繁。2008年1—2月的冰雪灾害使得部分铁路干线陷于瘫痪，部分地区断水断电；2009年春，北方出现大面积的干旱；2009年11月初，北方出现历史罕见的强降雪天气，低温天气比正常年份提前了20—30天，南方多个城市天然气供应短缺，电煤供应紧张，造成了巨大损失。据预测，与2000年相比，2020年中国年平均气温将升高1.3℃—2.1℃，2050年将升高2.3℃—3.3℃。到2030年，西北地区气温可能上升1.9℃—2.3℃，西南可能上升1.6℃—2.0℃，青藏高原可能上升2.2℃—2.6℃。未来50年中国境内的极端天气与气候事件发生的频率可能性增大，将对经济社会发展和人们的生活产生很大影响。

长期以来，由于区域人口与资源环境关系模式领域的研究一直处于自然科学和社会科学的许多学科领域的交叉边缘状态，在研究方法上常常以宏观的研究方法和手段为主导，使得人口与资源环境关系模式研究一直处于宏观层面上，本书就我国区域人口与资源环境约束关系的诸多特征模式的微观层次进行多维度的深入、有效的研究。本书基于跨学科的人口与资源环境模式识别与微观仿真的研究目的和意义就是面向我国经济建设主战场，运用数理人口学、系统工程、人口、资源与环境经济学、地理信息系统等多学科的前沿性、综合性的研究方法和手段，整合以空间聚类、关联和判别技术、GIS分析技术、系统仿真、多目标可能—满意度方法等而构成模型库和方法库，引入到我国及相关区域的人口资源环境约束关联的系统模式识别与宏、微观仿真研究之中，深入剖析、辨识我国区域人口与资源环境关系模式的复杂多样性的微观机制，构筑面向未来的、我国人口与资源环境约束关联分析的、标志向导型方法技术体系，为我国实施有区域针对性的可持续发展战略和跨越式发展战略奠定坚实的方法技术基础。

本书的主要内容分为三大部分共计九章。第一部分，气候变化约束下人口城市化与能源消费；第二部分，"人口—经济—资源—环境"协调可持续发展约束下的适度人口研究；第三部分，以浙江省为例，对区域人口可持续发展进行案例研究。

　　在本书的撰写过程中，浙江大学的叶赛仙、陈虹、程显涛等同学以及厦门大学的庞运彪、程远亮等同学做了大量的基础资料的搜集、整理等工作，为本书的撰写打下了比较坚实的基础，在此表示衷心的感谢。

米红　周伟　马鹏媛

第一部分

气候变化约束下的人口城市化与能源消费

应对气候变化，事关我国经济社会发展全局和国家的根本利益。我国生态环境脆弱、气候条件差，是最易受气候变化不利因素影响的国家之一，同时我国正处于城市化与工业化的快速发展阶段，能源消费量及温室气体排放量增长较快，应对气候变化的形势极为严峻。中国至今未能超越发达国家曾经走过的发展模式，这使中国面临着难以回避的以重化工为主导的工业化道路与有效地控制碳排放和环境污染的矛盾；此外，中国还受到日益增长的消费需求、有限的技术能力、激烈的国际竞争等制约，这些都使中国社会可持续发展的可行性区间非常有限。

社会经济发展模式、能源消费以及由此产生的气候变化、环境污染问题，直接影响着中国经济的发展质量和民众的生活质量。此外，温室气体排放与气候变化的研究对未来的全球产业结构和经济格局调整有重要影响，也涉及我国与发达国家之间环境外交斗争的前沿性问题。系统地研究人口增长、经济发展、碳排放以及环境约束问题，对探索新的发展模式，实现"人口—资源—环境"协调发展有重要的理论与实践意义。

针对上述问题，需要从系统科学的角度，探究"人口—资源—环境"整体的演化规律，深入分析影响二氧化碳排放的各个组成部分及其相互作用。已有的研究文献指出，人口增长、经济发展、城市化、工业化、产业结构变化等都对二氧化碳排放产生影响。在特定的发展阶段，以城市化、工业化为主要推动力的能源消费和二氧化碳排放会出现快速增长的局面。

由于中国所处的历史阶段与发达国家工业化时期不同，全球化石能源供应量不再充裕且能源价格在高位运行，气候变化与环境污染对人类经济活动的制约日益明显。中国必须摆脱目前的"高能耗、高排放、高污染"的发展模式，转向"低能耗、低排放、低污染"的资源节约型、环境友好型的低碳发展模式。

第 一 章

绪　　论

1.1　研究背景与意义

1.1.1　研究背景

在实现现代化的过程中，中国面临着人口、资源、环境和经济基础薄弱的沉重压力，城市化、工业化过程中的资源短缺、环境污染和生态破坏等压力使中国的发展模式难以持续。中国从来没有，将来也不可能有发达国家在工业化时期享有的资源环境容量。这样的一个制约使中国无法回避快速稳定的经济增长要求与相当有限的资源和环境支撑能力的尖锐矛盾。

经济增长与资源环境支撑能力之间的矛盾源于"人口—资源—环境"复杂系统的失衡。人类社会系统从自然界输入物质和能量，经过加工、处理和转化来满足人类自身发展的需要；同时，人类社会系统也向自然界输出物质和能量，这一活动势必会对地球生物圈产生一定影响。人类改造自然的能力不断提高，改变了自然界物质循环和能量流动的正常形态，导致人与自然关系的失衡。能源消费、温室气体排放与气候变化则是其中最为严峻的问题，也是世界各国共同关注的重大问题。

人类经济活动导致大气温室气体浓度大幅增加，温室效应增强，从而引起全球气候变暖。大气中温室气体类型主要包括二氧化碳（CO_2）、甲烷（CH_4）、氧化亚氮（N_2O）、氢氟碳化物（HFC_s）、全氟化碳

（PFC$_S$）、六氟化硫（SF$_6$）等[①]。不同温室气体在大气中的浓度差异较大，对大气温度的影响程度也不同。二氧化碳是最重要的温室气体，对全球变暖的影响占75%以上。工业革命前，二氧化碳在大气中的浓度大约为280ppm（1ppm为百万分之一），并处于稳定状态。自1750年以来，全球累计排放了1万多亿吨二氧化碳，其中发达国家排放约占80%[②]。随着全球经济的增长，二氧化碳排放量快速增加。2005年，大气中二氧化碳浓度达到379.75ppm，2008年二氧化碳浓度达到385.20ppm，呈持续快速增长之势[③]。

根据《中华人民共和国气候变化初始国家信息通报》，2004年中国温室气体排放总量约为61亿吨二氧化碳当量（扣除碳汇后的净排放量约为56亿吨二氧化碳当量），其中二氧化碳排放量约为50.7亿吨，从1994年到2004年，中国温室气体排放总量的年均增长率约为4%，二氧化碳在温室气体排放总量中所占的比重由1994年的76%上升到2004年的83%。根据美国能源信息管理局（EIA）的数据，2006年中国的能源消费产生的二氧化碳排放量达到60.18亿吨，超过美国成为全球二氧化碳排放量最大的国家。

1992年，联合国环境与发展大会通过了《联合国气候变化框架公约》（UNFCCC），以协调各国共同应对气候变化。1997年，人类历史上首次以法规的形式限制温室气体排放的《京都议定书》确定了发达国家2008—2012年的"第一承诺期"量化减排指标（以1990年的排放量为参考基准）。在"第一承诺期"内，包括中国在内的发展中国家不承担强制减排的义务。但是，目前欧美发达国家提出，在"第一承诺期"结束后，中国和其他发展中大国也应承担量化减排责任。2009年6月波恩会议期间，美国、日本等国要求中国和其他"较先进"的国家承担减排义务，这样他们才会签订新的减排协议。而美国能源部部长朱棣文在清华大学演讲时，也呼吁中国在发展中国家中率先制定2050年减排目标。欧盟曾提出，如果欧盟中期能达到减排30%的目标，那么发展中国家也应该在基

---

① UNFCCC：《京都议定书》，1997年。

② 解振华：《积极应对气候变化　加快经济发展方式转变》，《国家行政学院学报》2010年第1期，第8—14页。

③ 世界气象组织：《2008年温室气体公报》2009年版。

准情景下减排15%—30%。2009年12月，UNFCCC第十五次缔约方会议（简称COP15）在哥本哈根举行。这次会议探讨2012年之后世界各国的温室气体减排问题。各国基于温室气体的历史排放数据与现实排放数据进行减排协商，会议虽然达成了《哥本哈根协议》，但不足以有效约束全球的温室气体排放。目前有关减排温室气体的谈判仍在继续，中国作为全球二氧化碳排放量最大的国家，在未来的碳减排中将承担更多的国际责任。

1.1.2　研究意义

按照UNFCCC公布的数据，1990年到2007年，有23个国家的二氧化碳排放已经处于下降状态。这些国家在20世纪前半期的二氧化碳排放处于平缓增长状态；二战结束后至20世纪70年代后期经历了一个快速增长的阶段；20世纪70年代末至20世纪80年代初期已到达二氧化碳排放峰值。UNFCCC的温室气体减排约束机制是从1992年开始制定的，《京都议定书》在1997年商定，而这些国家则早在UNFCCC机制形成之前就进入了二氧化碳排放的下降阶段，说明这些国家二氧化碳排放的下降是由经济发展的内在规律决定的，其主导因素是这些国家工业化、城市化进程已基本完成，能源消费高速增长的时期已经结束。

城市化、工业化是传统农业社会向现代工业社会转变的过程。在这一过程中，农村人口向城市聚集，农业在国民经济中的比重下降，工业和服务业的比重上升。在工业化前期，伴随着制造业与重化工业的快速发展，能源消费量大幅增长。进入工业化后期，经济发展的形态进一步高级化，包含运输业、公共福利事业、贸易、金融、保险、房地产、卫生、科学研究与技术开发等行业的第三产业成为主导产业。第三产业关键因素是信息和知识，而不是大量资源的消耗，因此能源消费增长放缓，二氧化碳排放量出现负增长。1990年，实现二氧化碳减排的发达国家的城市化率均在70%以上，第三产业比重均在60%以上。同一时期中国和印度的城市化率低于30%，第三产业比重低于40%。

因此，对于中国二氧化碳排放量的研究，必须考虑到中国城市化与工业化的现实。城市化与工业化对能源需求的影响是多维的，例如人口向城市的聚集增加了对城市住房、道路、各类交通工具、供水供电及其他基础设施的需求，这些设施都会大幅增加对能源的需求。几乎所有主要经济体在现代化的过程中都会经历一个"重化工业"的阶段，这一阶段的一些行业如钢铁、建材、电力、石化、冶金、重型机械、铁路、汽车等会以超出常规的速度发展，其发展受到城市化进程产生的强劲需求的带动，这些产业都是资本密集型、能源密集型的，在短期内会导致能源需求快速增加，并可能引发能源供应紧张。

然而，由于温室气体排放的研究在我国起步较晚，我国至今没有建立碳排放的监测、统计体系，没有全国性、连续性的碳排放数据资料，相关基础研究不足，使得我国在制定长期的减排战略、经济转型战略方面缺乏足够的理论与数据支撑，还可能使我国在气候谈判、国际贸易等领域处于被动的地位。例如，发达国家越来越多地将"绿色壁垒"取代"关税壁垒"作为贸易保护的工具，若按照欧盟制定的相关标准，我国要持续保持8%的GDP增长率，同时在国际贸易分工中仍然处于中低端产业链的条件下，未来将面临巨额的碳排放贸易处罚。

由于我国的城市化、工业化仍将以较快的速度发展，未来全国的温室气体排放仍会持续增加。在这种情况下，探索我国二氧化碳排放量测算的理论方法，建立"人口—经济—能源—CO_2排放"模型，对未来的温室气体排放量进行测算，进而确定我国降低CO_2排放的模式，并确定我国在温室气体减排中承担的国际责任的限度，有着极为重要而紧迫的现实意义。

1.2　文献综述

1.2.1　"人口—经济—能源—环境"研究

本书的核心内容是经济发展中的能源消费与二氧化碳排放问题，属于"人口—经济—资源—环境"可持续发展系统的一部分。该系统包含的因素众多，内部结构复杂，规模庞大，是一类开放的复杂巨系统。

最早开始复杂系统研究的是20世纪初的贝塔朗菲（Von Bertalanffy）和怀特海（Alfred Whitehead），20世纪50年代以后，普里高津（Prigagine）的"耗散结构理论"以及哈肯（Haken）的"协同学"为复杂性研究的进步作出了重要贡献①。20 世纪 80 年代末、90 年代初，钱学森提出"开放的复杂巨系统"的概念。钱学森指出，处理复杂巨系统的方法论是"从定性到定量综合集成方法"（meta‐synthesis）。这种方法论的特点是把科学理论、经验和专家判断相结合，形成和提出经验性假设，通过人机结合，将不同领域的科学和经验知识、定量与定性的知识、理性与感性的知识结合起来，经过反复对比逐次逼近，实现从定性到定量的转化，达到最后的重新认识，从而对经验性假设的正确与否作出明确结论②。

对于"人口—经济—资源—环境"可持续发展系统，国际上比较成熟的理论与模型较多，研究内容涵盖了能源、经济、环境的不同领域。按照建模的方法分类，主要有以下模型：

（1）系统动力学模型

早期较有代表性的研究是罗马俱乐部于 1972 年发表的研究报告《增长的极限》，其使用的模型是采用系统动力学思想建立的，把世界当成一个整体，将人口、农业、经济、污染和不可再生资源通过正负反馈建立复杂的联系，并对各方面因素在各种条件下的变化进行探索。国际应用系统分析研究所（the International Institute for Applied Systems Analysis，IIASA）与世界能源委员会（the World Energy Council，WEC）合作开发的 IIASA‐WEC E3 模型，对"能源—经济—环境"系统进行仿真，以连续的、相互独立的情景分析方式，研究受不确定性因素影响的未来社会能源技术的一系列可能的发展状况③。

当气候变化问题成为关注焦点之后，碳排放与气候变化被纳入系统动力学模型之中，这方面具有代表性的是 DICE 模型和 FREE 模型。DICE（Dynamic Integrated Climate‐Economy Model）是研究经济发展与碳排放、气候变化的经典模型，是由耶鲁大学的 Nordhaus 等学者在 20 世纪 90 年代发展起来的。DICE 模型集成了经济系统、碳排放、气候和地球物理系统，研究气候变化与经济影响的多反馈机制。FREE 模型（Feedback Rich Energy Economy Model）是麻省理工学院的 Thomas S. Fiddaman 开发的系

---

① 冯英浚：《大系统多目标规划的理论及应用》，科学出版社 2004 年版。

② 钱学森：《系统科学、思维科学与人体科学》，《自然杂志》1981 年第 1 期，第 3—9 页。

③ 魏一鸣、吴刚、刘兰翠、范英：《能源—经济—环境复杂系统建模与应用进展》，《管理学报》2005 年第 2 期（2），第 159—170 页。

统动力学模型，在 DICE 模型的基础上改进了变量之间反馈关系[①]。这两个模型都是以全球的碳排放及气候变化为研究对象。

（2）"自上而下"分析模型（Top‒Down Model）

从宏观经济角度出发，以能源价格、经济弹性为主要的经济变量，集中地表现它们与能源消费和能源生产之间的关系，主要适用于宏观经济分析和能源政策规划方面的研究。模型的最上端以生产函数连接能源投入与经济产出。生产函数的设定用来反映生产要素之间的替代关系，并根据"能源—经济—环境"的设定关系，分析能源消费对经济增长和环境变化的影响问题。典型代表是基于一般均衡理论的 CGE 模型、MACRO 模型、投入产出模型等[②]。这种建模方法的不足之处在于对资源生产和利用技术的描述比较抽象，资源消耗变化的原因不够明确。

（3）"自下而上"分析模型（Bottom‒Up Model）

"自下而上"分析模型是从工程角度出发，对以能源消费和能源生产过程中所使用的技术为基础进行详细的描述和仿真，通过预测技术创新或新能源的使用，导致技术及成本结构的变化，来对具有成本优势的能源技术进行选择，在评估资源生产技术的替代效应上具有较高的可信度。MARKAL 模型和 LEAP 模型是此类模型的代表。国际能源署（IEA，International Energy Agency）开发的 MARKAL 模型以能源供应、转换为中心，用于分析高效能源技术的引入及其效果。瑞典斯德哥尔摩环境研究所开发的长期能源替代规划（LEAP）模型是一个基于情景分析的"能源—环境"模型，特别侧重终端能源消费的分析[③]。"自下而上"分析模型对一般经济和非技术市场要素的反馈分析较少。

（4）混合能源模型（Mixed Energy Model）

"自上而下"和"自下而上"的建模方法在很多情况下是互补关系，而不是替代关系。一些研究结构将这两种方法综合起来，形成包括能源开采、转化、需求、环境、宏观经济等模块的综合集成模型。具有代表性的

---

① Thomas Fiddaman, "Feedback Complexity in Integrated Climate‒Economy Models", Massachusetts Institute of Technology, June 1997.

② 李继峰、张阿玲：《混合式能源—经济—环境系统模型构建方法论》，《系统工程学报》2002 年第 22 期（2），第 170—175 页。

③ 姜涛、袁建华、何林、许屹：《人口—资源—环境—经济系统分析模型体系》，《系统工程理论与实践》2002 年第 12 期，第 67—72 页。

是 MARKAL－MACRO 模型，保持 MARKAL 模型原有的对能源系统的完整技术描述系统，添加宏观经济 MACRO 模块来建立能源与经济系统的联系，从而形成混合模型，对能源系统与经济系统之间的关系进行了探索[①]。模型将现实简化为：能源系统为经济系统提供能源服务，而经济系统为能源系统的生产支付成本的连接关系，拓展了可研究范围，即在温室气体减排的影响分析中，既能够计算对能源系统的影响，还能计算对整个经济系统的影响。

1.2.2 城市化与工业化研究

最早的人口迁移与城市化理论是 Raven Stein 的"人口迁移律"，该理论认为人口迁移是为了改善生活质量，迁移人口的数量随迁入中心距离的增加而渐少。在此基础上，Bogue 提出了"推—拉"理论，认为流出地中不利的社会经济条件是迁移的推力，流入地使移民生活条件改善的因素成为拉力，迁移行为在这两种力量的作用下发生[②]。美国社会学家吉佛在"推—拉"理论的基础上引入"万有引力定律"，建立了人口迁移的重力模型，使人口迁移的定量分析成为可能。

英国经济学家刘易斯在 20 世纪 50 年代中期提出了二元结构下的人口城乡迁移模型。刘易斯认为，发展中国家普遍存在着"二元经济结构"：农业部门和工业部门。经济的发展依赖于现代工业部门的扩张，而现代工业部门的扩张又需要农业部门提供丰富廉价的劳动力。其劳动力的转移过程可概述如下：工业部门在生产中获得的利润假定全部用于投资，形成新的资本积累，从而生产的扩张会进一步吸引农村人口向城市转移[③]。

在此基础上，托达罗提出了改进的理论。托达罗认为，一个农业劳动者决定他是否迁入城市的原因不仅决定于城乡实际收入差距，还取决于城市的失业状况，模型如下：

---

① 邓玉勇、杜铭华、雷仲敏：《基于能源—经济—环境（3E）系统的模型方法研究综述》，《甘肃社会科学》2006 年第 3 期，第 209—212 页。

② Bogue D. J., A migrant's－eye view of the costs and benefits of migration to a metropolis. In *Internal Migration: A Comparative Perspective*［M］, New York: Academic Press, 1977.

③ Lewis W. A., Economic development with unlimited supplies of labor, *The Manchester School of Economic and Social Studies*, 1954, 22: 139－191.

$$\begin{cases} M = f\ (d)\ ,\ f' > 0 \\ d = pw - r \end{cases} \tag{1.1}$$

M 表示从农村迁入城市的人口数，d 表示城乡预期收入差异，$f' > 0$ 表示人口迁移是预期收入差距的增函数。w 表示城市实际工资水平，r 为农村实际收入，p 为就业概率。托达罗模型的基本含义是：①促进农民向城市迁移的决定，是预期的而不是现实的城乡工资差异，它取决于两个因素：一是工资水平，二是就业概率。②农村劳动力在城市获得工作机会的概率与城市的失业率成反比[①]。这一模型揭示人口迁移是预期收入差距的增函数，函数的具体形式则因时因地而不同。

在定量研究人口迁移与城市化的模型中，Keyfitz 模型是应用较为广泛的模型之一，该模型的形式如下：

$$\begin{cases} \dfrac{\mathrm{d}P_r\ (t)}{\mathrm{d}t} = (r - m)\ P_r\ (t) \\ \dfrac{\mathrm{d}P_u\ (t)}{\mathrm{d}t} = mP_r\ (t)\ + uP_u\ (t) \end{cases} \tag{1.2}$$

其中 $P_r\ (t)$ 和 $P_u\ (t)$ 分别是在 t 时刻的农村与城市人口，r 为农村人口的自然增长率，u 为城市人口的自然增长率，m 为农村人口迁移率（净迁出率）[②]。

Keyfitz 模型能够描述农村人口向城市迁移的一般规律，在研究人口城市化特征方面具有重要的理论意义。该模型的系数均为常数，而现实中的人口自然增长率与迁移率受社会经济等方面的影响，不会保持恒定，这是该模型的不足之处。

库兹涅茨和钱纳里提出，伴随着经济增长，最为基本的结构转变就是城市化与工业化，即人口持续不断地从农村向城市迁移，以农业为主导的经济向以工业和服务业为主导的经济转变。他们概括了工业化与城市化关系的一般变动模式：随着人均收入水平的上升，工业化的演进导致产业结构的转变，带动了城市化程度的提高。城市化水平的提高又会增加消费需

---

① Todaro M. P. , A model of labor migration and urban unemployment in less developed countries, *The American Economic Review*, 1969, 59 (1): 138 – 148.

② Keyfitz N. , Do cities grow by natural increase or by migration? *Geographical Analysis*, 1980, 12 (2): 142 – 156.

求，促使工业化程度继续提高①。

1.2.3 城市化与工业化对能源消费影响的研究

已有研究表明，城市化与工业化在刺激能源消费方面作用明显。Jones D. W. 指出，伴随着城市化而发生的传统农业向机械化农业的转型、经济分工的细化、人员与商品移动空间范围的扩大、城市基础设施建设和生活方式的改变等，都会引起能源需求的增加②。Hiroyuki 利用多个国家1980—1993 年的数据进行分析，发现城市化率与人均能源消费的对数存在正相关关系，随着民众收入的提高和能源消费总量的增加，能源消费结构也相应地发生变化③。Dzioubinski & Chipman 认为在发展中国家，城市化的发展会导致更高水平的居民能源消费。在城市化过程中，居民能源消费会发生两方面的变化，一是传统的有机物燃料向商业燃料转变；二是家用电器的能源消费比例上升④。在城市化、能源消费对环境的影响方面，Parikh 等的研究表明，城市化水平和能源消耗及二氧化碳的排放存在相关关系，商品生产、运输中直接或间接的能源消费、终端使用的能源消费以及能源品种的转换，都会导致全球变暖或温室效应。F. Urban，R. M. J. Benders & H. C. Moll 注意到发展中国家的能源消费特征与发达国家有很大不同，他们比较了 12 个"能源—经济—环境"模型，发现现有的能源模型都是基于发达国家的特征而提出的，并不适合发展中国家的一般情况，例如很多发展中国家的农业人口对生物质能源有很强的依赖，电能尚未全面普及等⑤。

中国的能源消费与所处的城市化阶段密切相关。David F. Gates 和 Jason Z. Yin 研究了中国的城市化与居民和商业能源之间的关系。通过分析

① 蔡孝篇：《城市经济学》，南开大学出版社 1998 年版，第 41—47 页。

② Jones, D. W., How urbanization affects energy use in developing countries, *Energy Policy*, 1991, 19：621 – 630.

③ Hiroyuki M., The effect of uthanization on energy consumption, *the Journal of Population Problems*, 1997, 53（2）：43 – 49.

④ Oleg Dzioubinski and Ralph Chipman, Trends in consumption and production：household energy consumption, DESA Discussion Paper 1999（6）, http：//www. un. org/esa/Papers. htm.：1 – 11.

⑤ F. Urban, R. M. J. Benders, H. C. Moll, Modelling energy systems for developing countries, *Energy Policy*, 2007（35）：3473 – 3482.

家电耗能的城乡差异，发现城市化对电力的需求大大提高。随着城市化的推进，居民和商业能源相应增加，并且能源消费结构由直接燃烧煤炭和有机物而转向使用电力、石油、天然气等较清洁的能源①。Lei Shen 等认为中国能源利用效率较低，如果继续现有的能源（及矿产）消费水平，中国将达不到其城市化发展目标②。

国内学者对能源需求和碳排放进行了宏观分析。汪旭晖、刘勇利用协整分析方法研究了中国能源消费与经济增长，认为经济增长对能源消费有直接的依赖作用③。耿海青对 1953—2002 年中国的煤炭、石油、天然气消费量和城市化率进行相关分析，发现相关系数都在 0.9 以上④。梁巧梅、魏一鸣等运用多地区投入产出分析方法，对不同的技术、经济发展路线下全国各区域未来包括煤炭、原油、天然气的一次能源需求进行情景分析和预测⑤。朱勤等对中国能源消费碳排放变化的因素进行了分解，发现第二产业碳排放的持续增长抵消了第一、三产业碳排放下降的效应，从而使排放总量不断上升，因此，降低第二产业的比重对碳减排的影响最为显著⑥。

1.2.4 对二氧化碳减排的国际责任的研究

应对气候变化的国际机制要体现在《联合国气候变化框架公约》的原则：一是"共同但有区别的责任"原则，发达国家要全面履行《气候变化公约》中规定的义务，率先实现温室气体的减排，并向发展中国家

① David F. G. , Jason Z. Y. , Urbanization and Energy in China: Issues and Implications, In: Aimin Chen, Gordon Liu and Kevin Zhang (editor), *Urbanization and social welfare in China*, Burlington VT: Ashgate Publishing, 2004, 14 – 16.

② Lei S. , Shengkui C. , Aaron James Gunson, Urbanization, sustainability and the utilization of energy and mineral resources in China, *Cities*, 2005, 22 (4): 287 – 302.

③ 汪旭晖、刘勇：《中国能源消费与经济增长：基于协整分析 Granger 因果检验》，《资源科学》2007 年第 29 期 (5)，第 57—62 页。

④ 耿海青：《能源基础与城市化发展的相互作用机理分析》，博士学位论文，中国科学院地理科学与资源研究所，2004 年。

⑤ 梁巧梅、魏一鸣、范英、Norio Okada：《中国能源需求和能源强度预测的情景分析模型及其应用》，《管理学报》2004 年第 1 期 (1)，第 62—66 页。

⑥ 朱勤、彭希哲、陆志明、吴开亚：《中国能源消费碳排放变化的因素分解及实证分析》，《资源科学》2009 年第 31 期 (12)，第 2072—2079 页。

提供资金，转让技术，帮助进行适应和减缓气候变化的能力建设；二是可持续发展的原则，发展中国家要在可持续发展框架下，在得到发达国家资金、技术和能力建设支持下，采取适当的国内减缓行动。但各国政府、研究机构基于不同的利益考虑，提出了各种不同的减排方案①。

例如，美国提出基于 GDP 碳排放强度下降的方案，该方案可以允许一个国家在经济增长较快时有更多的碳排放空间，但实际上，由于美国的人均碳排放远超过其他主要发达国家，这一方案为美国留下较大的减排弹性。巴西提出以有效排放为指标分配 UNFCCC 附件 I 国家的碳排放限额以考虑历史责任，从而体现"污染者付费"的原则。荷兰国家公众健康与环境研究所 RIVM 的逐渐参与法将巴西提出的减排义务的分担法通过设置阈值的方式扩展到了发展中国家，其多阶段参与法则要求发展中国家按照基准排放情景阶段、碳排放强度下降阶段、稳定排放阶段与减排阶段 4 个阶段承担减排义务。

对于中国在国际上应承担的二氧化碳减排责任，陈文颖等提出"两个趋同"的分配方法。"两个趋同"的含义：一是趋同年（2100 年）各国的人均碳排放相同，二是 1990 年到趋同年各国累计的人均碳排放相等，给出了中国在"两个趋同"分配方法下对应于不同二氧化碳浓度水平到 2100 年的碳允许排放界限②。丁仲礼等认为"人均累计排放指标"最能体现"共同而有区别的责任"原则和公平正义准则，先设定 2050 年地球大气二氧化碳浓度控制在 470ppmv 的目标，并以 1900 年为起点，以 150 年内的人均累计排放权为核心测算了各国的减排责任③。潘家华提出"碳预算方案"，旨在构建 2012 年后国际气候制度公平基础的方案，根据该方案，1900—2050 年间全球碳预算大约为年人均 2.33 吨，排放量超出预算的发达国家，以支付转移和累进碳税等方式交换发展中国家排放额度的盈

---

① 何建坤、柴麒敏：《关于全球减排温室气体长期目标的探讨》，《清华大学学报》（哲学社会科学版）2008 年第 4 期，第 15—25 页。

② 陈文颖、吴宗鑫、何建坤：《全球未来碳排放权"两个趋同"的分配方法》，《清华大学学报》（自然科学版）2005 年第 45 期（6），第 850—853 页。

③ 丁仲礼、段晓男、葛全胜、张志强：《2050 年大气 CO_2 浓度控制：各国排放权计算》，《中国科学 D 辑：地球科学》2009 年第 39 期（8），第 1009—1027 页。

余①。张中祥认为，应该适时向世界阐明何时对温室气体排放总量进行控制；而且外界适当的二氧化碳减排压力有利于中国国内的环境保护与可持续发展②。

综上所述，在"人口—经济—能源—环境"的研究方面，系统动力学模型所研究的范围最为全面，Top‑Down Model 和 Bottom‑Up Model 分别侧重于经济和技术角度对能源系统进行模拟和仿真；Mixed Energy Model 在结构上包括经济、供应、转化、需求、环境等模块的综合集成模型。DICE 模型和 FREE 模型是在气候变化问题受到关注之后开发的系统动力学模型，可以对碳排放问题进行细致的研究。同时，这两个模型均以全球能源消费与气候变化为研究目标，特定国家的碳排放不能直接用于气候变化的研究，只能从中提取部分模块，进行能源与碳排放的研究。

在人口迁移、城市化与工业化的研究方面，刘易斯模型与托达罗模型的具体形式需要根据不同区域的特点而定，Keyfitz 模型的参数设为常数与符合现实中的社会状况，需要进一步修正。

由于发达国家多在 20 世纪 80 年代之前就基本完成城市化与工业化，之后的社会经济结构处于相对稳定的状态，相应的"经济—能源—环境"模型多是针对当时的社会经济状态设定参数，而没有涉及城市化与工业化在不同发展阶段对能源消费和二氧化碳排放的影响。包括中国在内的发展中国家，在发展中经历了社会经济结构的巨大变革，在应用上述模型研究能源与环境问题时，需要注意模型参数的设定和基准情景的各种假设是否符合本国或本地区能源系统的实际情况。对中国而言，快速进行的城市化与工业化则是影响能源与环境的最重要的因素，有必要针对这一特点建立新的"人口—经济—能源—环境"模型。

在二氧化碳减排中的国际责任方面，不同国家基于不同利益的考量，提出的减排方案均以维护自身利益为出发点。发展中国家侧重于以"人均碳排放权"来确定各国责任，多是从"平等"的角度进行切入，而很少考虑区域环境的承载力是否允许种种平等减排方案。事实上，即使没有

---

① 潘家华：《碳预算方案：一个公平、可持续的国际气候制度框架》，《中国社会科学》2009 年第 5 期，第 22—27 页。

② 张中祥：《美国拟征收碳关税中国当如何应对》，《国际石油经济》2009 年第 8 期，第 13—16 页。

《联合国气候变化框架》和《京都议定书》，各国从保护国内的环境出发，仍然要限制化石能源的过度消费，限制有害气体的排放。因此，本书将以城市化、工业化为出发点对未来的能源消费与二氧化碳排放进行系统研究，并以中国生态环境容量和 UNFCCC 框架作为主要约束条件，提出相应的减排战略。

1.3 基本概念界定

在所有的温室气体中，二氧化碳是对全球气候变化影响最大的气体。大气中二氧化碳的来源各不相同，但与能源开采、加工、转化、输送、消费相关的二氧化碳占据了绝大部分。因此，本书将与能源相关的二氧化碳作为主要研究对象。文中所涉及的"碳排放"也特指由能源消费而产生的二氧化碳。

能源可以根据不同的标准划分成不同形式的能源，如按能源的产生周期可分为可再生能源和不可再生能源，按能源的使用性能可分为燃料型能源和非燃料型能源，按能源的技术利用状况可分为常规能源和非常规能源，本书按照能源的形成条件将其分为一次能源和二次能源。一次能源又称初级能源，是指自然界现成存在，并可直接取得而不改变其基本形态的能源，如原煤、石油、天然气、水能、生物质能、地热能、风能、太阳能等；二次能源是指由一次能源经过加工而转换成另一种形态的能源产品，如电力、蒸汽、焦炭、煤气以及各种石油制品等。我国的统计年鉴在对能源的统计是就煤、石油、天然气、水、核燃料等进行统计。

能源需求总量，一般是指一次能源需求总量，是煤、石油、天然气、水力、核燃料等一次能源需求量之和。从能源生产到能源消费需要经过中间环节，产生能源损失。中间环节损失包括选煤和型煤加工损失，炼油损失，油气田损失，发电、电厂供热、炼焦、制气损失，输电损失，煤炭储运损失，油气运输损失。消费环节体现为终端能源消费，是终端用能设备入口得到的能源，如企业、家庭运输工具等能源消费。终端能源消费量等于一次能源消费量减去能源加工、转化和储运这三个中间环节的损失和能源工业所用能源后的能源量。

能源生产量是指一定时期内全国一次能源生产量的总和。包括原煤、原油、天然气、水电、核能发电量，目前我国风能、太阳能、生物质能的开发规模也逐渐增大（其中风力发电规模已接近于核能发电），所以也计入能源生产量。能源消费量是指一定时期内全国物质生产部门、非物质生产部门和生活消费的各种能源的总和。

城市化是指农村人口转化为城镇人口的过程，即农村人口向城市地区集中，以及农业人口变为非农业人口，城市人口在总人口中的比重逐步提高的过程。工业化是生产要素和劳动力从农业向非农产业转移的动态过程。从产业结构上看，工业化体现为第二、三产业产值在国民生产总值中的比重不断上升的过程；从就业结构上看，工业化体现为第二、三产业就业人数在总就业人数中比重持续增加的过程。

1.4　数据来源

能源消费产生的二氧化碳数据无法直接获得，只能通过对不同类型的能源在不同的使用状态下分别测算其二氧化碳的排放，并加以汇总。国际上开展全球范围温室气体排放数据收集、分析、计算、评价、建档、信息发布工作的主要机构有：《联合国气候变化框架公约》国家温室气体清单计划小组（UNFCCC）、世界资源研究所（WRI）、国际能源署（IEA）、美国能源信息管理局（EIA）和美国橡树岭国家实验室二氧化碳信息分析中心（CDIAC）。从上述机构公布的时间数列数据集来看，WRI、IEA、EIA 只统计二氧化碳数据；UNFCCC 则考虑多种温室气体并将其折算为二氧化碳当量；CDIAC 以二氧化碳数据为主，并统计了微量气体浓度的数据。上述机构的温室气体排放数据已成为国际气候谈判的重要依据。各温室气体数据集的来源主要是公开出版物、会议与论坛、政府统计部门，计算方法以 IPCC 的基准方法为主，但不同数据集对计算方法有不同的改进。

我国目前尚没有建立碳排放的测算统计体系，没有连续性的碳排放数据。根据 2004 年发改委组织编制的《中华人民共和国气候变化初始国家信息通报》，2004 年中国二氧化碳排放量约为 50.7 亿吨。从 1994 年到 2004 年，中国温室气体排放总量的年均增长率约为 4%。考虑到数据的可获得性、连续性、广泛性和可比性，本书以 UNFCCC、EIA 和 CDIAC 公布的资料作为主要数据源。

人口、经济、能源数据以《中国统计年鉴》为主要数据来源。此外，有关人口的生育、死亡、迁移数据以国家人口和计生委"人口宏观管理与决策信息系统"提供的数据为准。

1.5 方法、技术路线与创新点

1.5.1 研究内容与方法

将人口重心与经济重心的偏离程度视作推动农村人口向城市迁移的动力，利用修正后的人口迁移重力模型，对未来中国的城市化水平进行仿真。城市化与工业化之间存在内在联系，以钱纳里模式为参照，分析产业结构的变化。城市化与工业化水平的提高促进了城市基础设施建设，推动第二、第三产业以较快速度增长，尤其是建材、交通、服务业等领域发展较快，相应地各产业对能源的消费需求也大幅增长。而居民收入的提高会促进汽车、家用电器等的消费，从而使生活用能大幅增长。在对人口城市化与工业化定量研究的基础上，将 DICE 模型、FREE 模型和 MARKAL – MACRO 模型用于对全国经济、能源与环境的研究。DICE 模型和 FREE 模型中包含了碳循环和气候变化因素，由于气候变化需要在空间大尺度上进行分析，一般需要将模型应用于国家层面乃至全球性的研究，本书借鉴其经济与能源子系统的理论与方法。MARKAL – MACRO 模型是混合能源模型，通过宏观经济与能源技术的综合来描述能源消费、资金、劳动力和经济产出的关系。在借鉴上述模型主要思想的基础上，提取经济、技术与能源消费模块，并加入人口与城市化的子系统，对中国的"人口—经济—能源—碳排放"的复杂系统进行分析。通过对各产业能源消费的测算可以得出全国能源消费总量，结合中国的能源消费构成以及各类能源（如化石能源、水能、核能等）的二氧化碳排放特点可以测算二氧化碳排放总量。考虑到我国目前的能源结构逐步优化，以及新能源产业、低碳产业的发展趋势，二氧化碳减排的要求，预测清洁能源增长的比重，从而可以推导未来消费的构成和二氧化碳排放量的变化。在考虑环境约束的同时，以"人均碳排放权均等"的原则，用"可能—满意度（P – S）"方法分

析中国在国际上应承担的二氧化碳减排责任。本研究的内容与结构如图
1.1 所示。

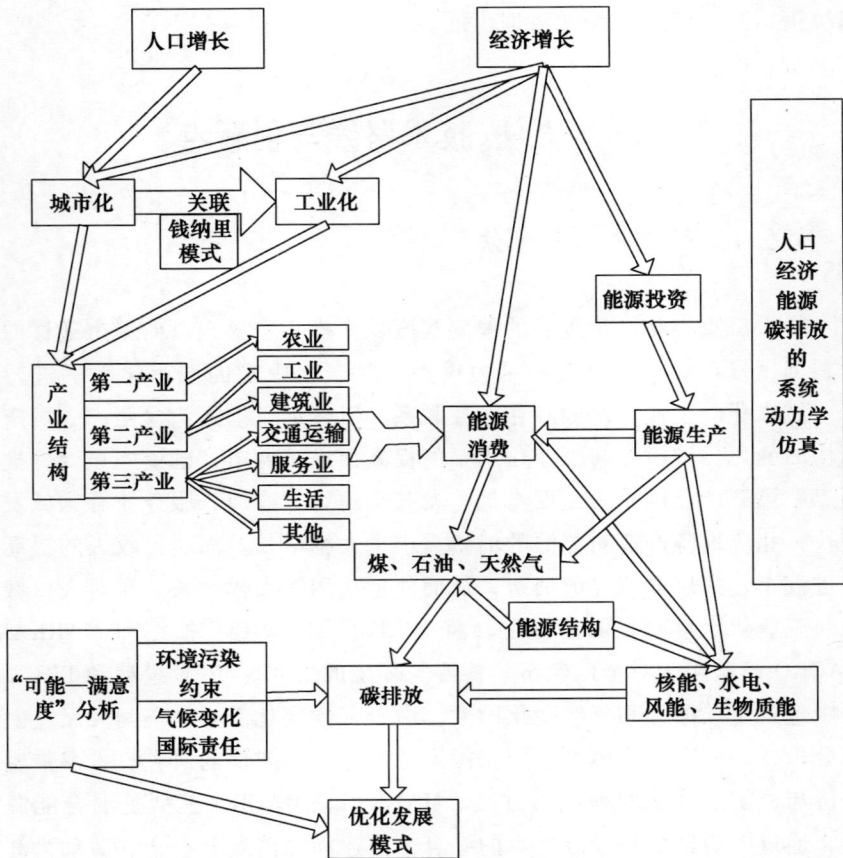

图 1.1 研究思路与结构

1.5.2 研究技术路线

以系统工程、数理人口学、发展经济学、环境经济学等多学科的前沿
性、综合性的研究方法和手段，以中国城市化、工业化过程中所体现的发
展模式入手，深入剖析我国在城市化、工业化过程中的能源消费特征，探
索二氧化碳排放的复杂的微观机理。结合国际上前沿的二氧化碳排放的研
究理论，将 DICE 模型、FREE 模型和 MARKAL – MACRO 模型的理论方法

用于对全国经济、能源与环境的研究，建立我国二氧化碳排放的系统动力学模型，对能源消费产生的碳排放进行测算。根据国际间碳排放的历史与现状，探讨中国碳减排的国际责任。在此基础上，以"可能—满意度"法为工具，对环境容量和气候变化对能源消费和碳排放的约束进行研究，并提出优化发展模式、降低碳排放的路径选择。本书的技术路线如图1.2所示。

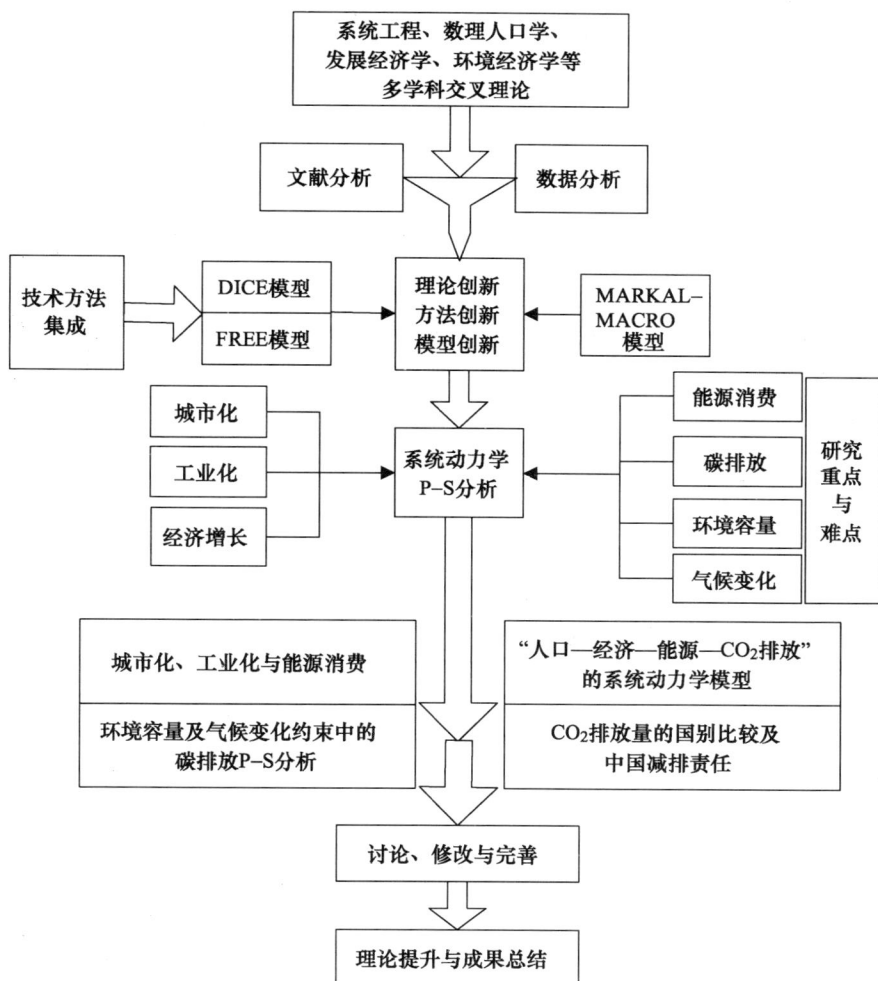

图1.2 研究的技术路线

1.5.3 创新点

（1）研究视角的创新

现有的相关研究一般将宏观经济增长变量（投资、消费等）作为能源消费与二氧化碳排放的主要影响因素，没有对城市化与工业化进行定量分析。本书将城市化与工业化视作推动能源消费与碳排放增长的主要动力，以数理人口学理论为基础，定量分析未来中国的城市化发展水平，并以钱纳里模式为参照，得出工业化过程中三次产业的相对比重，进而确定各行业的增长速度。这一研究为对未来的能源消费与碳排放进行仿真奠定了量化的社会经济基础。

（2）研究理论的创新

当前国际上对碳排放的研究多着眼于大气中温室气体的浓度及气温升高限值方面，以此倒推允许碳排放的数额。国内的研究侧重于强调发展中国家与发达国家的历史排放量悬殊，应承担不同的减排责任。本书提出同时考虑气候变化与环境污染来分析碳排放问题。发达国家已进入后工业化时代，现代服务业是主导产业，重工业、制造业比重较低，加之在法律、行政等方面较好地解决了环境保护问题，因此不特别强调污染问题。但目前中国环境保护机制不健全，在一定程度上，污染问题比气候变化更为严峻。因此，在分析碳排放问题时，应当将环境污染置于与气候变化同等重要的位置。

（3）方法与模型的创新

现有"经济—能源—气候"模型一般直接对城市化与工业化水平进行赋值。本书在借鉴现有模型的基础上，再将城市化与工业化纳入系统动力学模型。人口迁移的定量分析是人口统计学的难点，单纯从人口学角度难以准确描述。本书以 Keyfitz 迁移模型和重力模型为基础，引入地理信息系统中人口重心与经济重心概念，对传统的人口迁移模型进行了修正，并对中国未来的城市化水平进行预测。参照城市化与工业化关联的钱纳里模式分析中国工业化可能的模式。

DICE 模型、FREE 模型和 MARKAL‐MACRO 模型用于对全国经济、能源与碳排放的研究。DICE 模型和 FREE 模型中包含了碳循环和气候变化因素，由于气候变化需要在空间大尺度上进行分析，一般需要将模型应用于国家层面乃至全球性的研究，本书借鉴其能源和经济关联模块，纳入中国的"人口—经济—能源—碳排放"系统动力学研究。

（4）研究成果的创新

本书创新之处是对中国二氧化碳排放峰值进行测算。中国已经确定了 2020 年的二氧化碳排放强度控制目标，但 2020 年中国还未达到排放峰值，国家层面也没有对峰值时间和数值进行估计。本书建立"人口—经济—能源—气候变化"的系统动力学模型，分三种情景对未来碳排放峰值及到达峰值的时间进行测算。

引入气候变化与环境容量的约束条件，用"可能—满意度（P－S）"方法对未来的能源消费和碳排放进行分析，从人均能源消费、单位产值能耗强度、人均碳排放、能源结构变化、应对气候变化的允许排放量、环境允许能耗等多角度得出不同能源消费和碳排放量下的"可能—满意度"。

第 二 章

城市化、工业化及对能源消费的影响

2.1 人口迁移与城市化的系统动力学

数理人口学把城市化定义为农村人口转化为城镇人口的过程，指的是"人口向城市地区集中，以及农业人口变为非农业人口的过程"。城市化过程首先表现为大量农村人口进入城市，城市人口在总人口中的比重逐步提高。从就业看，随着城市化的推进，使得原来从事传统的第一产业的劳动力转向从事现代高效的第二、第三产业，产业结构逐步升级转换。对于发展中国家来说，人口城市化是促进工业化、实现现代化的必要条件。人口迁移是人口城市化研究的重要内容，人口的迁移对人口城市化发展水平具有重要的影响作用。

由于人口迁移本身的复杂性以及详细准确的连续性迁移数据较为缺乏，使得人口迁移模型与生育、死亡模型相比显得不够成熟。而且现有的研究中，将人口迁移理论与城市化理论结合起来进行系统性定量研究的成果较少，本书尝试以系统动力学为工具，在借鉴 Keyfitz 模型和重力模型的基础上，将人口迁移与城市化现象以动态的方式有机地结合起来进行系统研究。

2.1.1 人口迁移与城市化的 Keyfitz 模型

在研究人口城市化的数理人口学模型中，Keyfitz 模型是应用较为广泛

的模型之一。该模型的形式如下:

$$\begin{cases} \dfrac{dP_r(t)}{dt} = (r-m)P_r(t) \\ \dfrac{dP_u(t)}{dt} = mP_r(t) + uP_u(t) \end{cases} \tag{2.1}$$

其中 $P_r(t)$ 和 $P_u(t)$ 分别是在 t 时刻的农村与城市人口,r 为农村人口的自然增长率,u 为城市人口的自然增长率,m 为农村人口迁移率(净迁出率)[①]。

该模型的解为:

$$\begin{cases} P_r(t) = P_r(0)e^{(r-m)t} \\ P_u(t) = \dfrac{mP_r(0)}{r-m-u}(e^{(r-m)t}-e^{ut}) + P_u(0)e^{ut} \end{cases} \tag{2.2}$$

以下根据式(2.2)推导城市化率。设 $P(t)$ 为总人口,$S(t)$ 是城市人口与农村人口的比值,即:

$$S(t) = \frac{P_u(t)}{P_r(t)} \tag{2.3}$$

则式(2.2)可以表示为

$$\begin{cases} P_r(t) = \dfrac{P(0)}{1+S(0)}e^{(r-m)t} \\ P_u(t) = \dfrac{P(0)}{1+S(0)}\left[\dfrac{m}{r-m-u}e^{(r-m)t} + \left(S(0) - \dfrac{m}{r-m-u}\right)e^{ut}\right] \end{cases} \tag{2.4}$$

当 $r-m-u=0$ 时,

$$P_u(t) = \frac{P(0)S(0)}{1+S(0)}e^{(r-m)t} \tag{2.5}$$

根据式(2.4)可以得到

$$S(t) = \frac{m}{r-m-u} + \left(S(0) - \frac{m}{r-m-u}\right)e^{(u+m-r)t} \tag{2.6}$$

$$\frac{dS(t)}{dt} = [(u+m-r)S(0) + m]e^{(u+m-r)t} \tag{2.7}$$

定义 $\Phi(t)$ 为城市化率,则

① Keyfitz N., Do cities grow by natural increase or by migration, *Geographical Analysis*, 1980, 12(2): 142 - 156.

$$\Phi(t) = \frac{S(t)}{1+S(t)} \qquad (2.8)$$

$$\frac{d\Phi(t)}{dt} = \frac{1}{[1+S(t)]^2}[(u+m-r)S(0)+m]e^{(u+m-r)t} \quad (2.9)$$

对 $\Phi(t)$ 单调性的分析：

（1）如果 $r < u + \frac{1+S(0)}{S(0)}m$，$\Phi(t)$ 是单调递增的，即城市化率持续上升

（a）$\Phi(t) \in [0,1]$，当 $r < u+m$

（b）$\Phi(t) \in [0, \frac{m}{r-u}]$，当 $r > u+m$

（2）如果 $r > u + \frac{1+S(0)}{S(0)}m$，$\Phi(t)$ 是单调递减的

$$\Phi(t) \in [1, \frac{m}{r-u}]$$

（3）如果 $r = u + \frac{1+S(0)}{S(0)}m$，$\Phi(t)$ 保持恒定

$$\Phi(t) = \frac{S(0)}{1+S(0)}$$

在城市建立初期，人口规模较小，自然增长率低而迁移率高；在城市人口比重上升的过程中，农村人口逐渐减少，迁移率先升高后降低；在城市化后期，城乡人口的自然增长率降到较低水平，迁移率也趋向于零。Rogers 曾用该理论分析了苏联在 20 世纪 70 年代的人口城市化规律，指出当时苏联人口符合 $r < u+m$，因而其城市化模式是单调递增的[①]。

Keyfitz 模型能够描述农村人口向城市迁移的一般规律，在研究人口城市化特征时有重要的理论意义。通过分析城乡人口的自然增长率和迁移率在数量上的关系，可以对未来某个地区的城市化水平作出预测。需要注意的是，该模型包含着一个假定：r、u 和 m 均是常数，而现实中的人口自然增长率与迁移率受社会经济等方面的影响，不会保持恒定，这就限制了Keyfitz 模型的应用。为使该模型更加接近于实际的人口现象，本书在借鉴该模型原理和重力模型的基础上，将人口增长率、迁移率设为随时间变化

---

① Rogers, A., Two methodological notes on spatial population dynamics in the Soviet Union. RM - 76 - 48. Laxenburg, Austria: International Institute for Applied Systems Analysis, 1976.

的量，分析各参数的相互影响，进而仿真得到各年度的迁移人口、城市化率。

2.1.2　人口迁移的重力模型

重力模型是最早提出的迁移的模型，其出发点是认为大多数迁移所越过的距离很短；当迁入地距离迁出地越远时，由于迁移中存在种种障碍，迁移人数迅速下降；每个迁移流都将产生一个反向迁移流。重力模型公式为：

$$M_{ij} = \text{K} \frac{P_i P_j}{D_{ij}} \tag{2.10}$$

式中 K 为系数，M_{ij} 为 i 地到 j 地的迁移人数，P_i、P_j 分别为 i 地和 j 地的人口数，D_{ij} 为 i 地到 j 地的距离。该模型的形式与物理学中的重力公式相似，因此被称为重力模型。但需要注意的是，这只是一个经验模型，没有任何确切的理论支持其正确性。在应用重力模型进行的研究表明，该模型只能解释国际人口迁移中 58% 的差别[①]。

2.1.3　迁移模型的修正

为使人口迁移模型更加接近于实际的人口现象，设定农村人口增长率、城市人口增长率、人口迁移率均为随时间变化的量，记为 r（t）、u（t）和 m（t），在 Keyfitz 模型基础上建立系统动力学模型，分析各参数的相互影响，进而更加准确地描述城市化现象。

Keyfitz 模型中，农村人口的变化率正比于农村人口基数，城市人口变化率受城市人口基数和迁移人数的共同影响。迁移人数是其中的关键变量。为此，应用重力模型来推算迁移人口。

农村人口向城市的迁移可能发生在省与省之间，也可能是同一省内的不同县市之间，也可能是一个县市内从农村到城市的迁移，因此迁入地与迁出地的距离影响就极为复杂。要研究全国范围内农村人口向城市的迁

---

① 张羚广、蒋正华、林宝：《人口信息分析技术》，中国社会科学出版社 2006 年版，第 216—217 页。

移，不可能将全国各地的农村与城市的距离一一对应地描述。本书引入人口重心与经济重心的距离作为影响人口迁移的一个重要因素。在物理学上，一个物体的各部分都要受到重力的作用，从效果上看，可以认为各部分受到的重力最终要集中作用于一点，这一点就是物体的重心。类似地，所谓经济重心就是指在区域经济空间中存在的某一点，在该点各个方向上的经济力量能够维持平衡；人口重心就是一定区域内某个时期人口分布在空间平面上力矩达到平衡的点。人口迁移的一个重要动力来自于收入差距，收入差距与区域经济发展水平密切相关，而经济重心与人口分布重心的距离可以在一定程度上体现出经济发展的不平衡性。

需要注意的是，人口重心与经济重心之间的距离是从宏观上抽象出来的，用以表明人口分布与经济发展水平的偏离程度，这一距离与人口的迁移距离显然不是一个概念。在研究城市化时，由于全国各地都存在农村人口向城市的迁移行为，既可能发生城郊向城区的迁移，也可能发生省际之间的迁移，其迁移距离从几十千米到几千千米不等。有研究表明，距离是影响我国省际人口迁移的一个基本地理要素，但其影响的大小却存在明显的省际差异[①]。省际距离对人口迁出数量与迁入数量的影响也不相同。现实中，进城务工行为主要受区域经济发展水平、预期收入、就业机会等因素的影响，其流出地与流入地的距离并不对迁移形成重要阻碍。而人口重心与经济重心之间的距离则将全国作为一个整体，判断人口分布与经济活动的不平衡程度。这一距离越大，说明人口与经济的空间分布差异越大，客观上促使人口迁移的规模加大。如果这一距离为零，则说明人口与经济的空间分布在整体上重合（局部仍可能不重合），人口与经济活动的分布较为均衡，人口迁移的动力减小。

从农村迁入城市的主要是农村的剩余劳动力。显然，剩余劳动力越多，迁入城市的人口越多。随着城市化的持续进行，农村人口所占比重将逐步降低，城市人口比重逐渐升高。当城市人口比重超过农村人口比重时，城市化速度会逐步降低，最终使城市化率接近于稳定的高水平。因此可以近似认为，人口迁移规模与农村人口数成正比，与城市人口数成反比。

---

① 王桂新：《我国省际人口迁移与距离关系之探讨》，《人口与经济》1993 年第 2 期，第3—8 页。

最初的重力模型仅考虑迁出地、迁入地的人口数及空间距离，没有涉及经济参数。由于迁移行为受到收入差别的影响，在最初的重力模型的基础上，根据经济活动数据将其修正为：

$$M_{ru} = \mathrm{K} \frac{P_r W_u D}{P_u W_r} \tag{2.11}$$

式中 K 为系数，M_{ru} 为从农村迁移到城市的人口数，W_r 为我国农村居民人均纯收入，W_u 为城市居民人均可支配收入，P_r 为农村人口总数，P_u 为城市人口总数，D 为全国人口重心与经济重心的空间距离。

人口重心与经济重心的空间距离从宏观上描述了人口分布与经济活动的不平衡性，而这种不平衡正是形成人口迁移的重要原因。重心是力矩最小的点。总力矩为 $S = \sum_{i=1}^{n} M_i \cdot R_i$，要使总力矩最小，则应满足：$\partial S / \partial x_i = 0$，$\partial S / \partial y_i = 0$，此式无解析解，需用以下迭代公式求解：

$$\begin{cases} X^{k+1} = \dfrac{\displaystyle\sum_{i=1}^{n} \dfrac{m_i x_i}{\sqrt{(x_i - x^k)^2 + (y_i - y^k)^2}}}{\displaystyle\sum_{i=1}^{n} \dfrac{m_i}{\sqrt{(x_i - x^k)^2 + (y_i - y^k)^2}}} \\[4em] Y^{k+1} = \dfrac{\displaystyle\sum_{i=1}^{n} \dfrac{m_i y_i}{\sqrt{(x_i - x^k)^2 + (y_i - y^k)^2}}}{\displaystyle\sum_{i=1}^{n} \dfrac{m_i}{\sqrt{(x_i - x^k)^2 + (y_i - y^k)^2}}} \end{cases} \tag{2.12}$$

在区域经济研究中，假设某一个区域由 n 个次一级区域 i 构成，那么该区域某种属性的"重心"通常采用如下的计算方法来表示：

$$\begin{cases} X = (\sum M_i \cdot X_i) / \sum M_i \\ Y = (\sum M_i \cdot Y_i) / \sum M_i \end{cases} \tag{2.13}$$

其中 X、Y 分别表示某一区域某种属性的"重心"所在地理位置的经度和纬度；X_i、Y_i 分别表示第 i 个次一级区域中心的经度和纬度；M_i 表示第 i 个次一级区域的某种属性的量值。此处 X_i、Y_i 采用各省会城市所在的地理坐标作为次一级区域中心的经度值和纬度值。在度量"经济重心"时，采用 GDP 作为某一区域的经济量值；在度量"人口重心"时，采用年末人口总数作为某一区域的人口分布量值。应用上述方法得到全国人口重心与经济重心之后，再采用以下公式计算两者之间的距离：

$$D = N \cdot [(C_s - P_s)^2 + (C_k - P_k)^2]^{1/2} \tag{2.14}$$

其中 D 表示经济重心与人口重心之间的距离；P_s、P_k 表示人口重心的经度和纬度值，C_s、C_k 表示经济重心的经度和纬度值；N 为常数，是把地理坐标（以度为单位）转换为平面距离对应的值，此处 N 值取 111.111 千米[①]。根据《中国统计年鉴》中历年我国各省区的人口数及各地生产总值，计算结果如表 2.1 所示。

为求公式（2.11）中的系数 K，将公式变形可得：

$$K = \frac{M_{ru} P_u W_r}{P_r W_u D} \tag{2.15}$$

其中 W_r、W_u、P_r、P_u 可由《中国统计年鉴》获得，D 的值由式（2.14）获得。

表 2.1　　　　　　　　我国历年人口重心与经济重心的距离

年份	人口重心		经济重心		距离（千米）
	经度	纬度	经度	纬度	
1996	113.40	32.62	115.05	32.73	183.65
1997	113.45	32.59	115.10	32.71	183.70
1998	113.44	32.58	115.14	32.73	188.79
1999	113.43	32.57	115.18	32.73	194.61
2000	113.46	32.52	115.21	32.76	195.86
2001	113.42	32.54	115.22	32.77	201.17
2002	113.41	32.54	115.19	32.72	198.51
2003	113.41	32.53	115.20	32.71	199.77
2004	113.41	32.50	115.17	32.72	197.12
2005	113.47	32.50	115.17	32.76	190.64
2006	113.48	32.50	115.15	32.76	188.65
2007	113.48	32.50	115.14	32.75	187.22
2008	113.48	32.50	115.13	32.72	184.81

①　廉晓梅：《我国人口重心、就业重心与经济重心空间演变轨迹分析》，《人口学刊》2007年第 3 期，第 23—28 页。

迁移人数 M_{ru} 的计算采用如下方法：分别考虑城市人口与农村人口的出生率与死亡率，得到其自然增长率，由此可计算城乡人口的自然变动。设第 t 年城市人口数为 P_{ut}，该年人口的自然增长率为 r，如果没有农村人口的迁入，$t+1$ 年的城市人口为 $P_{ut}(1+r)$，由于存在迁移人口，则净迁移人数为 $P_{u(t+1)} - P_{ut}(1+r)$。同理，如果考虑农村人口的迁出，也可以获得净迁移数据，两个净迁移数据取平均值。其中，数据取 1996—2008 年。

表 2.2 最后一列为历年的 K 值，可见该值在 1.67—1.96 之间波动，出现频率最高的在 1.81—1.88 之间，可认为是一常数。这说明，对重力模型的修正公式是符合客观事实的。对历年 K 值取平均得 K = 1.832 万人／千米，因而公式变为：

$$M_{ij} = 1.832 \frac{P_i W_j D_{ij}}{P_j W_i} \tag{2.16}$$

表 2.2   系数 K 的计算

年份	城市人口（万人）	农村人口（万人）	迁移人口（万人）	城市居民可支配收入（元）	农村居民纯收入（元）	人口—经济重心距离	系数 K（万人／千米）
1996	37304	85085	1759	4838.9	1926.1	183.65	1.671
1997	39449	84177	1756	5160.3	2090.1	183.70	1.815
1998	41608	83153	1762	5425.1	2162.0	188.79	1.861
1999	43748	82038	1769	5854.0	2210.3	194.61	1.821
2000	45906	80837	1800	6280.0	2253.4	195.86	1.873
2001	48064	79563	1795	6859.6	2366.4	201.17	1.860
2002	50212	78241	1801	7702.8	2475.6	198.51	1.870
2003	52376	76851	1827	8472.2	2622.2	199.77	1.929
2004	54283	75705	1579	9421.6	2936.4	197.12	1.791
2005	56212	74544	1598	10493.0	3254.9	190.64	1.961
2006	57706	73742	1326	11759.5	3587.0	188.65	1.679
2007	59379	72750	1357	13785.8	4140.4	187.22	1.777
2008	60667	72135	1247	15780.8	4760.6	184.81	1.713

数据来源：《中国统计年鉴》1996—2009 年。

采用上述方法确定迁移人数，结合农村人口基数得到人口迁移率 m (t)。$r(t)$ 和 $u(t)$ 则是根据人口学中的分要素预测方法推算得出，建立如下的系统动力学模型。其中，t 为时间变量。历年城乡出生与死亡人口由 Monte Carlo 方法得到。人口重心与经济重心之间的距离变化，由已有数据的趋势外推得到。

2.1.4 对城乡人口自然增长的 Monte Carlo 仿真

为对农村人口向城市的迁移和城市化率进行测算，需要先计算城乡人口的自然增长规模。本书用 Monte Carlo 方法进行城乡人口自然增长的微观仿真。

2.1.4.1 Monte Carlo 仿真原理

Monte Carlo 方法，又称随机抽样或统计试验方法，属于计算数学的一个分支，它是在 20 世纪 40 年代中期为了适应当时原子能事业的发展而发展起来的。

当所要求解的问题是某种事件发生的概率，或者是某个随机变量的期望值时，它们可以通过某种"试验"的方法，得到这种事件出现的频率，或者这个随机变数的平均值，并用它们作为问题的解。这就是 Monte Carlo 方法的基本思想。Monte Carlo 方法通过抓住事物运动的几何数量和几何特征，利用数学方法来加以模拟，即进行一种数字模拟实验。它是以概率模型为基础，按照这个模型所描绘的过程，通过模拟实验的结果，作为问题的解。可以把 Monte Carlo 方法归结为三个主要步骤：构造或描述概率过程；实现从已知概率分布抽样；建立各种估计量。

利用 Monte Carlo 方法进行仿真时要用到两个基础工具：随机数和分布函数，随机数是实现抽样过程的基础手段，要求分布均匀，并有足够长的周期。常用的是平均分布在（0，1）之间的随机数，用 ε 表示。下式 F 是 ε 的累计概率分布。

$$F(\varepsilon) = \begin{cases} 0, & \varepsilon < 0 \\ \varepsilon, & 0 \leq \varepsilon \leq 1 \\ 1, & \varepsilon \geq 1 \end{cases}$$

分布函数是 Monte Carlo 方法中的重要概念。在人口仿真中，应用到多种人口分布函数，如年龄分布函数，死亡分布函数，生育胎次分布函数等。例如，根据人口普查的原始资料，可以归纳出人口的年龄分布函数：

FX （I），$i = 0$，1，2，$\cdots$，IT，IT 为人的年龄上限，如 100 岁。

FX （I）的含义是第 I 岁的人占总人口的比例，如 FX （2） $= 0.0175$，表示 2 岁人口占总人口的 1.75%，根据这个定义，有 $\sum_{i=0}^{IT} FX(I) = 1$。

同理，可以归纳出死亡的年龄别分布函数，死亡的时间别分布函数，初婚年龄（分性别）的分布函数，女性生育年龄的分布函数，两胎间隔时间的分布函数等。

2.1.4.2 Monte Carlo 仿真过程

对于单个人口样本，整个模拟过程可以分解为图 2.1 所示的三大模块：

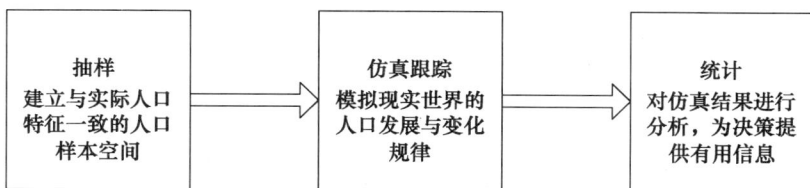

图 2.1 Monte Carlo 仿真结构

2.1.4.2.1 抽样

根据普查统计数据，用计算机进行抽样模拟得到各人口样本的基本状态，确定样本空间。抽样的子模块如图 2.2 所示。

（1）年龄抽样

（2）性别抽样

（3）分性别的婚姻状况抽样

（4）育龄女性生育状态抽样，已生孩子数，初育年份抽样

2.1.4.2.2 "生长"仿真跟踪

可以模拟该人口样本受教育，或是服兵役的过程，如果能得到相关概

率，可以模拟他的任何生长状况。

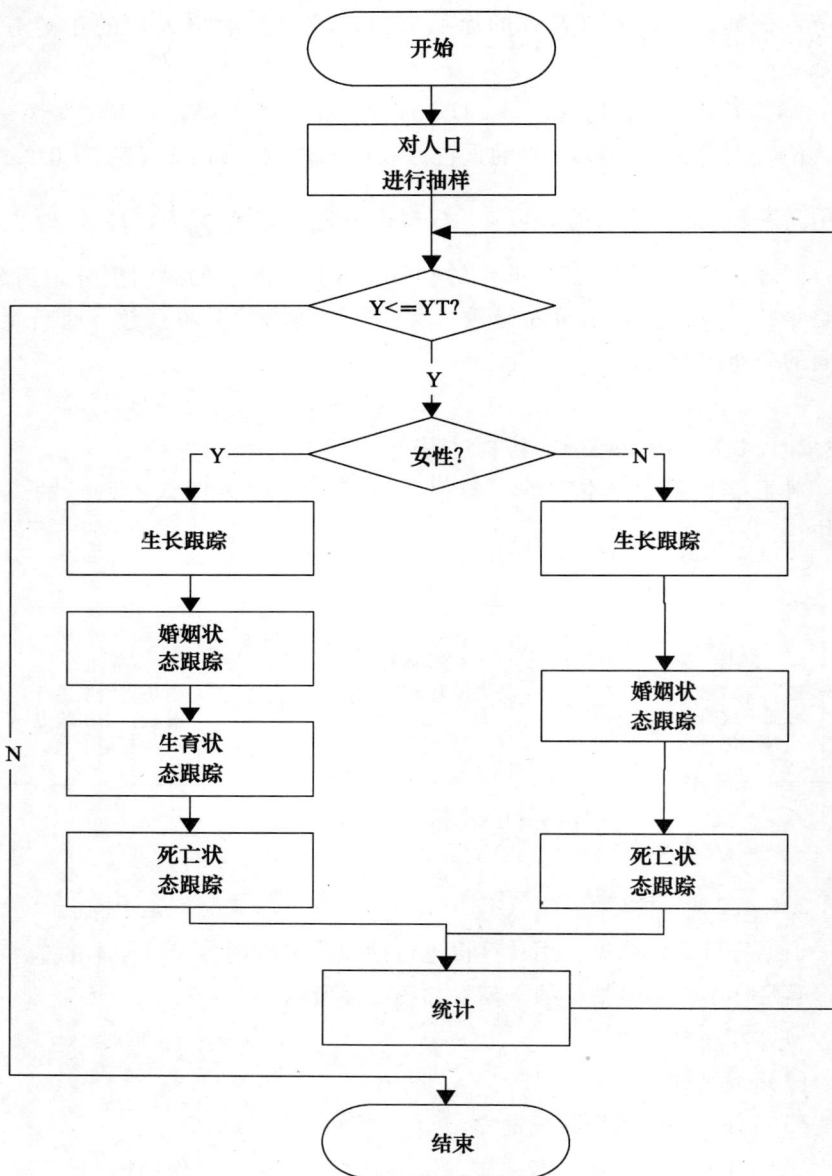

```
              ┌─────────────┐
              │    开始     │
              └─────────────┘
                    │
                    ▼
              ┌─────────────┐
              │   对人口    │
              │  进行抽样   │
              └─────────────┘
                    │
                    ▼
              ◇─────────────◇
              │   Y<=YT?    │──────────┐ N
              ◇─────────────◇          │
                    │ Y                │
                    ▼                  │
         Y    ◇─────────────◇    N     │
      ┌───────│    女性?    │───────┐  │
      │       ◇─────────────◇       │  │
      ▼                             ▼  │
┌───────────┐               ┌───────────┐
│  生长跟踪  │               │  生长跟踪  │
└───────────┘               └───────────┘
      │                             │
      ▼                             ▼
┌───────────┐               ┌───────────┐
│  婚姻状    │               │  婚姻状    │
│  态跟踪    │               │  态跟踪    │
└───────────┘               └───────────┘
      │                             │
      ▼                             │
┌───────────┐                       │
│  生育状    │                       │
│  态跟踪    │                       │
└───────────┘                       │
      │                             ▼
      ▼                       ┌───────────┐
┌───────────┐                 │  死亡状    │
│  死亡状    │                 │  态跟踪    │
│  态跟踪    │                 └───────────┘
└───────────┘                       │
      │                             │
      └──────────┬──────────────────┘
                 ▼
           ┌───────────┐
           │   统计    │
           └───────────┘
                 │
                 ▼
           ┌─────────────┐
           │    结束     │
           └─────────────┘
```

图 2.2　Monte Carlo 仿真过程

2.1.4.2.3　"婚姻"仿真跟踪

根据初婚率、离婚率、再婚率来模拟一个人口样本的初婚年龄、离婚年龄、再婚年龄。

2.1.4.2.4　"生育"仿真跟踪

根据递进生育概率来跟踪一个育龄女性样本的生育年龄、生育胎次，当生育事件发生时，要产生二代人口样本进行跟踪，并且可以逐年来统计出生人数和出生率。这是人口样本进入样本空间的主导因素。

2.1.4.2.5　"死亡"仿真跟踪

这是人口样本退出样本空间的主导因素。可以把样本当作一个封闭人群，用生命表来预测死亡预测。

2.1.4.3　抽样及跟踪仿真的实现

2.1.4.3.1　抽样过程

以年龄抽样为例，说明抽样过程。当对个体进行调查时，首先要对其进行标注，进行年龄抽样。年龄抽样的含义是每抽取一个样本，判断其年龄。一次仿真过程可能要设计数百万乃至更大规模的人口样本，只要随机数具有高度的均匀性和足够长的周期，用它进行随机抽样，人口样本的年龄分布一定会与实际的人口年龄分布函数相吻合。

年龄抽样的算法：

（1）产生随机数 R，$0 \leqslant R \leqslant 1$；

（2）令 $x = 0$，$F = F(0)$；

（3）当 $x \leqslant W$（年龄上限）时，执行（4）；

（4）若 $R \leqslant F$，则年龄 $= x$，转到（6）；

（5）否则 $x = x + 1$，$F = F + F(x)$，转到（3）；

（6）结束

该算法流程图见图 2.3。

2.1.4.3.2　跟踪过程

以死亡跟踪为例，说明跟踪过程，见图 2.4。算法如下：

（1）输入 1 岁生命表死亡概率 $FD[x] = {}_nQ_x$；

（2）输入年龄 x；

（3）输入预测年份 k；

（4）产生随机数 R，$0 \leqslant R \leqslant 1$；

（5）令 $F = FD [k, x]$;

（6）若 $R < F$，标记死亡，否则转到（7）；

（7）死亡年龄 $DA = x$;

（8）结束

```
                    ┌──────────────────┐
                    │   年龄抽样开始    │
                    └──────────────────┘
                            │
                    ┌──────────────────┐
                    │   产生随机数R     │
                    └──────────────────┘
                            │
                    ┌──────────────────┐
                    │   中间变量F=0     │
                    └──────────────────┘
                            │
                    ┌──────────────────┐
                    │     年龄x=0       │
                    └──────────────────┘
                            │
                    ┌──────────────────┐◄────────┐
                    │    F=F+FA(x)      │         │
                    └──────────────────┘         │
                            │                     │
          Y            ◇ R<=F? ◇                  │
     ┌────────────────     N                      │
     │                     │                      │
┌──────────┐          ◇ x<W ◇                    │
│  年龄=x   │      N                Y             │
└──────────┘  ┌───────         │                 │
     │        │          ┌──────────────┐        │
     │        │          │   x=x+1       │────────┘
     │        │          └──────────────┘
     │        │
     └────────┴────────────┐
                    ┌──────────────────┐
                    │   年龄抽样结束    │
                    └──────────────────┘
```

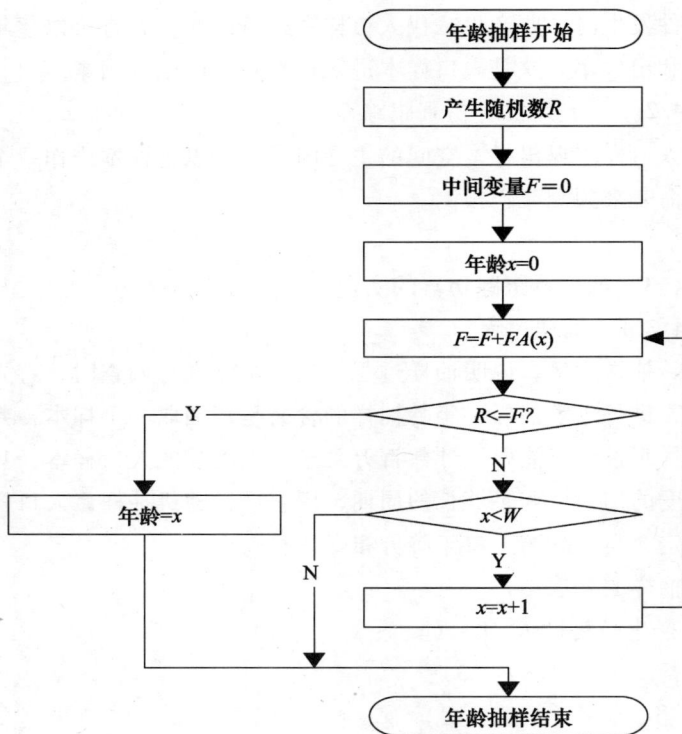

图 2.3　年龄抽样流程图

在用 Monte Carlo 方法对人口进行仿真时，先考虑抽样模块中的年龄抽样、性别抽样、婚姻状况抽样、育龄女性生育状态抽样四个部分，仿真跟踪模块中的婚姻仿真、生育仿真、死亡仿真三个部分。最后进行各种人口指标的统计，例如历年死亡人数、出生人数、各年龄尚存人数、人口金字塔的变动等。本书主要用该方法计算历年城乡出生与死亡人数。

```
┌─────────────────┐
│    一次死亡       │
│    仿真开始       │
└─────────────────┘
        │
        ▼
┌─────────────────┐
│    输入年龄x      │
└─────────────────┘
        │
        ▼
┌─────────────────┐
│   输入预测年份k   │
└─────────────────┘
        │
        ▼
┌─────────────────┐
│   产生随机数R     │
└─────────────────┘
        │
        ▼
┌─────────────────┐
│   F=FD(k, x)     │
└─────────────────┘
        │
        ▼
      ╱ R<F? ╲───────────┐
      ╲      ╱           │
        │ Y               │ N
        ▼                 │
┌─────────────────┐       │
│   标记死亡        │       │
│   死亡年DA=x      │       │
└─────────────────┘       │
        │◄────────────────┘
        ▼
┌─────────────────┐
│    一次死亡       │
│    仿真开始       │
└─────────────────┘
```

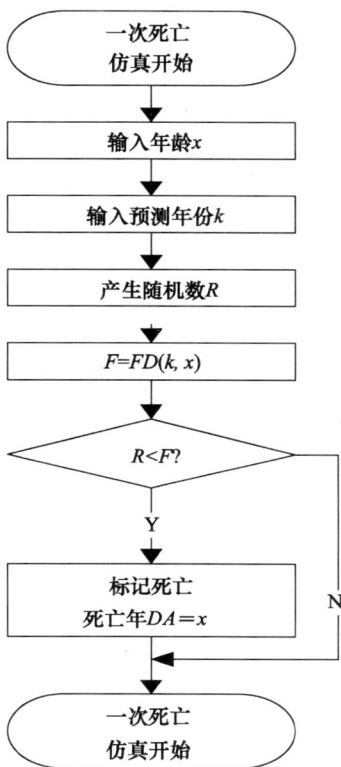

图 2.4 死亡仿真跟踪流程图

2.1.5 对未来城市化水平的预测

农村人口向城市的迁移形成了中国的城市化。近年来的城市化水平每年大约提高 0.8 个百分点。但关于城市化率的预测，目前还比较粗略，本书结合人口迁移的重力模型对城市化过程做定量分析。以 Monte Carlo 微观仿真为基础，分别对城市和农村人口进行预测。由于人口从农村到城市的迁移会影响到城乡人口总量，而迁移数量又受到城乡人口规模的影响，这是一个含有反馈的过程。由于模型存在反馈回路，适宜用系统动力学研究。

系统动力学是研究信息反馈系统动态行为的计算机仿真方法。它有效地把信息反馈的控制原理与因果关系的逻辑分析结合起来，面对复杂的实际问题，从研究系统的内部结构入手，建立系统的仿真模型。该方法擅长处理多维、非线性、高阶、时变的系统问题。社会、经济等系统一般来说是非常复杂的，描述它们的方程往往是多维、非线性、高阶、时变的。对于这样复杂的数学模型，通常是采取降阶、线性近似等方法进行求解，这些方法由于忽略了许多重要的信息，得到的结果不可靠。而系统动力学是建立在数学模拟技术基础上，对这类复杂系统的处理比较有效。

构建如图2.5所示的系统动力学模型。历年城乡出生与死亡人口由Monte Carlo方法得到[1]。人口重心与经济重心之间的距离变化，由已有数据的趋势外推得到。随着城市化水平的提高，这一距离是不断缩小的。城市居民可支配收入与农村居民纯收入的比值，近年来在2.46—3.27之间波动，且呈现逐年扩大的趋势。其原因在于，城市居民可支配收入增长较快，而农民收入增长放缓。如果这一趋势持续下去，城乡收入差距进一步扩大，将不利于经济的健康发展和社会的稳定，国家一直在采取多种措施促进农民收入的提高。因此，本书选择近十年来城市居民可支配收入与农村居民纯收入比值的平均值2.883，并假定保持不变。对上述系统动力学模型用 Vensim 软件运行仿真，结果如表2.3所示。

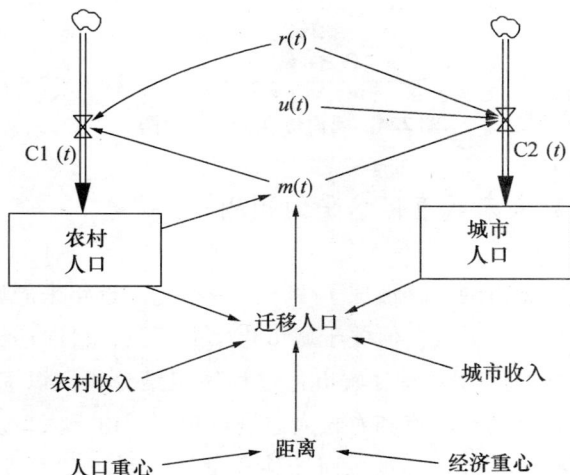

图2.5 人口迁移与城市化的系统动力学模型

---

[1] 根据国家人口和计划生育委员会的"人口宏观管理与决策信息系统（PADIS）"提供的分年龄、性别、城乡的人口数和生育模式、死亡模式测算。

由表 2.3 可以看出，未来我国农村人口将持续减少，城市人口将持续增长，2013 年城市人口超过农村人口，城市化水平将不断提高，按照现有模式发展，2050 年估计能达到 64.1%。随着农村与城市人口的此消彼长，每年迁移到城市的人口将逐渐减少，从 2010 年的 1000 多万降低到 2050 年的 300 多万；城市化速度也由每年提高 0.8 个百分点降低到每年 0.2 个百分点。

表 2.3　　　　　　　　　　对未来我国城市化水平的计算

年份	城市化率（%）	农村人口（万人）	城市人口（万人）	迁移人数（万人）	年份	城市化率（%）	农村人口（万人）	城市人口（万人）	迁移人数（万人）
2010	47.9	70399	64839	1032	2031	58.8	60182	85864	507.16
2011	48.7	69804	66274	88.42	2032	59.1	59728	86447	493.48
2012	49.4	69248	67673	947.88	2033	59.5	59271	86993	480.35
2013	50.1	68721	69032	910.23	2034	59.8	58810	87502	467.72
2014	50.8	68206	70340	875.17	2035	60.1	58344	87973	455.57
2015	51.4	67700	71596	842.41	2036	60.4	57873	88404	443.88
2016	52.0	67203	72804	811.74	2037	60.7	57397	88799	432.61
2017	52.6	66718	73969	782.93	2038	61.0	56911	89149	421.74
2018	53.1	66241	75091	755.83	2039	61.3	56412	89451	411.26
2019	53.7	65765	76164	730.27	2040	61.6	55905	89710	401.13
2020	54.2	65293	77194	706.12	2041	61.9	55382	89915	391.35
2021	54.7	64820	78176	683.26	2042	62.2	54865	90102	381.9
2022	55.1	64352	79118	661.59	2043	62.4	54333	90238	372.75
2023	55.6	63884	80018	641.01	2044	62.7	53794	90334	363.89
2024	56.1	63413	80872	621.43	2045	62.9	53246	90389	355.32
2025	56.5	62943	81687	602.79	2046	63.2	52694	90411	347.01
2026	56.9	62476	82466	585.01	2047	63.4	52158	90433	338.96
2027	57.3	62013	83212	568.03	2048	63.7	51620	90427	331.15
2028	57.7	61553	83925	551.81	2049	63.9	51075	90384	323.58
2029	58.1	61094	84604	536.28	2050	64.1	50559	90367	316.23
2030	58.4	60639	85252	521.42					

2.1.6　对仿真模型的进一步讨论

2.1.6.1　政策因素

本模型是从人口学理论出发，结合发展经济学理论来研究城市化问题，在模型设计时没有考虑政策变量。现实中，我国农村人口向城市的迁移明显受到政策因素的影响。从 20 世纪 80 年代中期开始，国家放宽农村人口进城务工的限制，城市化进程明显加速。目前户籍制度仍然存在，城乡之间的基础设施、教育机会、社会保障等存在很大差距，这些差距在未来相当长的时间内仍会继续存在。如果未来国家在宏观层面放宽对农村人口迁入城市的政策限制，提高进城务工人员的福利待遇，增加对农村的公共服务，人口的迁移行为会发生何种变化，需要进一步研究。

2.1.6.2　城乡收入变化因素

城乡收入差距是促进农村人口向城市迁移的重要推动力。未来城乡收入差距会持续存在，这种差距的扩大不利于扩大内需市场，也不利于城乡协调发展和社会的稳定。增加农民收入是政府的工作重点和难点之一。如何保持农民收入的增长，缩小城乡收入差距仍面临着不确定性。根据本书提出的迁移模型，农村居民人均纯收入是影响迁移规模的重要变量，这一变量使得未来人口迁移和城市化水平也存在一定的不确定性。

2.1.6.3　城市环境容量的限制

从纯粹的经济学角度看，城市化有利于提高农民收入，有利于社会的公平与协调发展，有利于土地资源的集约利用。然而，目前我国的公共服务部门的服务职能尚未完善，公共服务有较大的不足。同时，城市的水资源、土地资源已经严重短缺，能源消耗高速增长，交通拥挤、水污染、空气污染、垃圾处理等问题困扰着国内绝大多数城市。目前，北京市一年增加的人口相当于一座中等城市的规模。日益庞大的城市规模给生态环境带来沉重压力。虽然城市化是社会经济发展的必然规律，但我国作为世界第一人口大国，在城市化过程中要面临比其他国家更为复杂的生态环境问题。从可持续发展的角度看，城市吸纳外来人口的规模是有限的，要根据自然环境条件、经济发展水平、公共服务水平等因素确定城市的人口规模。

2.2 中国工业化进程分析

2.2.1 工业化的一般规律——钱纳里模式

工业化是在市场需求的引导下，生产要素和劳动力从农业向非农产业转移的动态过程。从产业结构上看，工业化体现为第二产业产值在国民生产总值中的比重不断上升的过程，从就业结构上看，第二产业就业人数在总就业人数中比重持续增加。在工业化进程中，工业产值的快速增长，新兴部门大量出现，高新技术广泛应用，劳动生产率大幅度提高，国民消费层次全面提升。产业结构变动是经济增长过程中所出现的必然现象，经济增长是产业结构演变的基础；另一方面，产业结构的及时合理调整又是经济总量获得新的增长的必要条件，产业结构的转换与升级促进了经济的较快增长。

英国经济学家威廉·配第（William Petty）最早对产业结构演变及其动因进行了分析，认为工业的收益比农业多，而商业的收益又比工业多，这种产业之间的收益差异会推动劳动力由低收入产业向能获得高收入的产业流动。科林·克拉克（Colin Clark）在其出版的《经济进步的条件》一书中研究经济发展与产业结构变化之间的关系时提出了三次产业分类，认为随着人均国民收入水平的提高，劳动力首先由第一产业向第二产业转移；当人均国民收入水平进一步提高后，劳动力便由第二产业向第三产业转移。美国经济学家西蒙·库兹涅茨（Simon Kuznets）进一步收集和整理了欧美主要国家长期统计数据，发现在工业化过程中，工业部门和服务业部门的产值比重和就业比重都趋于上升，但在这两个部门中，产值比重和就业比重的变化趋势略有区别，工业部门在产值比重持续上升的同时，就业比重大体不变或略有上升；服务业在产值比重大体不变或略有上升的同时，就业比重上升幅度较大。工业化过程中生产结构的变动，会引起生产要素如资本和劳动力等从农村向城市转移，即带来城市化现象。

20 世纪 60 年代以来，一些经济学家对经济增长与结构演变进行了更加深入广泛的研究。其中，美国经济学家霍利斯·钱纳里（Hollis Chen-

ery）的"标准结构"最具影响。钱纳里利用 101 个国家 1950—1970 年的统计资料进行归纳分析，发现在一定的人均国民生产总值水平上，有一定的生产结构、劳动力配置结构和城市化水平相对应。人均 GDP 超过 400 美元时，工业的产值比重超过农业；超过 500 美元（1964 年美元）时，城市人口在总人口中占主导地位；超过 800 美元时，工业中雇佣的劳动力超过农业生产部门；当收入水平超过 1500 美元时，这些过渡过程才告结束。钱纳里构造出一个著名的"世界发展模型"，由发展模型求出一个经济发展的"标准结构"，即经济发展不同阶段所具有的经济结构的标准数值。

钱纳里模式概括了世界上多数国家的工业化中的产业和就业特征，为分析和评价不同国家或地区在经济发展过程中产业结构提供了参照规范，同时也为不同国家或地区根据经济发展目标制定产业结构转换政策提供了理论依据。针对部分发达国家和发展中国家的工业化与城市化相互关系的研究进一步验证了钱纳里模式[①]。在库兹涅茨和钱纳里之后，其他学者从聚集经济、人力资本状况、技术进步、经济政策等方面探讨了产业结构变动与城市化的关系。

表 2.4　　　　　　　　工业化与城市化演变的钱纳里模式

人均 GDP (1964 年美元)	产业结构比重（%）			就业结构比重（%）			城市化率（%）
	第一产业	第二产业	第三产业	第一产业	第二产业	第三产业	
100	45.2	14.9	39.9	65.8	9.1	25.1	22.0
200	32.7	21.5	45.8	55.7	16.4	27.9	36.2
300	26.6	25.1	48.3	48.9	20.6	30.4	43.9
400	22.8	27.6	49.6	43.8	23.5	32.7	49.0
500	20.2	29.4	50.4	39.5	25.8	34.7	52.7
800	15.6	33.1	51.3	30.0	30.3	39.6	60.1
1000	13.8	34.7	51.5	25.2	32.5	42.3	63.4
1500	12.7	37.9	49.4	15.9	36.8	47.3	65.8

数据来源：钱纳里、塞尔奎：《发展的格局》，中国财政经济出版社 1989 年版。

---

① ［日］大渊宽、森冈仁：《经济人口学》，张真宁等译，北京经济学院出版社 1989 年版，第 53—57 页。

国内学者利用我国数据，对我国工业化与城市化相互关系进行了分析。许学强等的研究表明①，一个省区的城市化水平，与工业化水平正相关，与人口密度负相关。李培祥、李诚固认为工业化发展各阶段产业结构与城市化间存在对应关系：城市化初期对应产业结构中农业占主导，工业次之，服务业比例最小的状态；加速时期产业结构特点是工业比重最高，服务业次之，农业最小；高级阶段则是第三产业、工业、农业依次排列。郭克莎和周叔莲将中国的城市化与工业化进行了国际对比和实证分析，认为中国的城市化并没有严重滞后于工业化。城市化率的上升与工业产值比重上升的相关性较低，而与非农产业就业比重变化的相关性较强，中国的问题在于工业化的偏差而不在于城市化的偏差②。孙自铎认为，第二产业的扩张并没有推动我国城市化水平相应的增长，以工业化带动城市化的战略实施效果并不明显③。

2.2.2　中国的工业化特征

本书将中国最近30年的产业结构与就业结构数据在钱纳里模式的框架下进行比较。由于钱纳里模式的经济水平是以1964年美元为基准进行测算的，所以需要把中国历年的人均GDP以1964年美元价值来换算。换算的方法是：将按当年价格计算的人均GDP扣除通货膨胀因素，换算成1978年人民币价值；以1978年人民币与美元汇率折算成美元价值，再以美国1964—1978年GDP平减指数换算成1964年美元价值④。比较的结果如表2.5所示：

---

① 许学强、周一星、宁越敏：《城市地理学》，高等教育出版社1997年版。

② 郭克莎、周叔莲：《工业化与城市化关系的经济学分析》，《中国社会科学》2002年第2期，第44—55页。

③ 孙自铎：《试析我国现阶段城市化与工业化的关系》，《经济学家》2004年第5期，第43—46页。

④ GDP平减指数，一国生产的所有产品有关数量的价格加权平均指数，包括消费品和投资品价格变动。利用GDP平减指数测算可比价格的经济规模参考了郭克莎、周叔莲的研究成果（郭克莎、周叔莲：《工业化与城市化关系的经济学分析》，《中国社会科学》2002年第2期，第44—55页）。

表 2. 5   中国的产业结构与就业结构

年份	人均 GDP （1964 年 美元）	产业结构比重（%）			就业结构比重（%）			城市化率（%）
		第一产业	第二产业	第三产业	第一产业	第二产业	第三产业	
1978	118	28.2	47.9	23.9	70.5	17.3	12.2	17.9
1980	144	30.2	48.2	21.6	68.7	18.2	13.1	19.4
1985	215	28.4	42.9	28.7	62.4	20.8	16.8	23.7
1990	293	27.1	41.3	31.6	60.1	21.4	18.5	26.4
1995	406	19.9	47.2	32.9	52.2	23.0	24.8	29.0
2000	533	15.1	45.9	39.0	50.0	22.5	27.5	36.2
2005	752	12.2	47.7	40.1	44.8	23.8	31.4	43.0
2008	982	11.3	48.6	40.1	39.6	27.2	33.2	45.7

数据来源：《中国统计年鉴》，中国统计出版社 2009 年版。

其中人均 GDP 按照前文所述方法折算。

　　比较表 2.4 和表 2.5 发现，在同一经济发展水平上，中国的第二产业产值比重远高于其他国家。如在人均 GDP 为 200 美元以下的阶段，钱纳里模式下的第二产业产值比重低于 22%，而中国则高达 47%；在 500 美元阶段两种模式分别为 30% 和 45%；在 1000 美元阶段两种模式分别为 35% 和 49%。在第三产业产值比重方面则出现相反状况，中国在人均 GDP 从 100 美元增加到 1000 美元过程中，第三产业比重从 24% 增长到 40%；其他国家则从 40% 增长到 52%。可见，在同一经济水平上，中国的第二产业比重超过世界上的多数国家，而且近 30 年来一直在 41%—49% 的范围内波动，其比重与经济发展水平没有相关性，第三产业发展则较为滞后。

　　在就业比重方面，钱纳里模式下第二产业的就业比重与同期的产值比重较为接近，人均 GDP 从 100 美元增加到 1000 美元的过程中，第二产业的就业比重从 9% 提高到 33%，中国的第二产业就业比重从 17% 提高到 27%，变化幅度较小，说明第二产业在促进就业方面作用不明显。钱纳里模式下，第三产业就业比重从 25% 提高到 42%，中国的第三产业就业比重从 12% 提高到 33%，与其他国家的差距较为明显，且就业比重的差距大于产业比重的差距。

在城市化方面，钱纳里模式下人均 GDP 在 100 美元时对应的城市化率是 22%，人均 GDP 在 1000 美元时对应的城市化率是 63%；中国的这一数据分别是 18% 和 46%，随着经济水平的提高，中国与其他国家的城市化平均水平差距有所扩大。这一差距与各产业就业比重的差距是一致的。

2.3　中国工业化与城市化存在的问题

工业化与城市化发展之间存在密切的关系。在经济活动中，由于各产业的生产方式、所需资本、技术及产业关联度等属性的不同，产业与人口聚集存在互动关系。农业需要大规模使用土地，因此农业经营者适合居住在比较分散的农村。资本密集型、技术密集型产业和服务业只有在城市中才能获得规模经济效益。城市的人员往来更密切、交流更频繁，会进一步促进信息的传播，有利于技术和制度的创新。随着经济的发展，主导产业由农业向制造业和服务业为主转变，这种结构变动需要劳动力、资本投资和居住地点向城市转移，由此带动了城市化进程。

在钱纳里归纳的模式中（如图 2.6 所示），普遍的现象是城市化率高于工业化率（以第二产业的产值比重代表工业化率）。随着经济的发展，第三产业的比重会持续提高（目前发达国家的第三产业比重一般在 70% 以上），第二产业的比重在达到最高值以后会有所下降，其结果是城市化率与工业化率之间的差距会逐渐加大。

中国的工业化与城市化过程与其他国家有明显不同，体现在第二产业的比重一直较高，但较高的产值比重并没有带来较高的就业比重，城市化水平也一直低于其他国家在相同发展阶段的比重（如图 2.7 所示）。这是由于中国在经济发展过程中实施重工业优先发展的赶超战略，将重工业的发展视作现代化的主要内容，因此即使在较低的经济水平上也集中了全国的财力进行大型工业项目的投资。工业产值比重片面上升，超过了人均收入水平上升所引起的需求结构转变的要求；工业化过程中服务业发展滞后，影响了非农产业就业的增长。这些偏差导致工业化不能有效带动就业结构和消费结构的转变，从而带动城市化的进程。

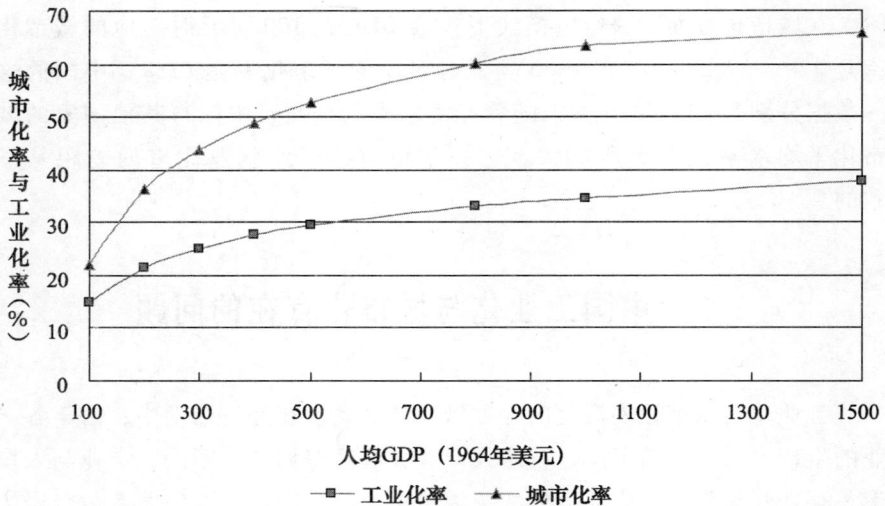

图 2.6   钱纳里模式的城市化率与工业化率

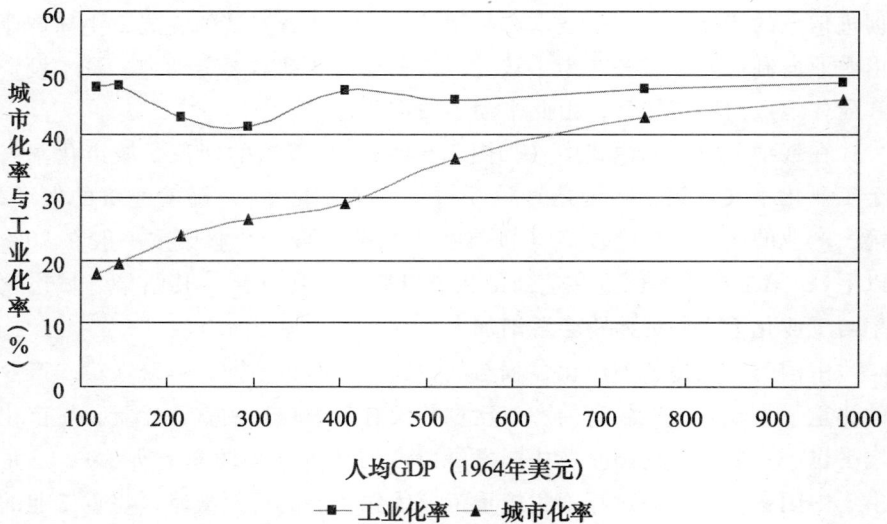

图 2.7   中国的城市化率与工业化率

如图 2.8 所示，与世界主要经济体相比，我国的第三产业发展明显滞后。发达国家的第三产业比重均在 60% 以上，美国、德国超过 70%。作为发展中国家的墨西哥和巴西，第三产业比重也超过 60%；印度、菲律宾超过 50%，中国 2008 年的第三产业比重仅有 40.1%，落后于其他发展中大国。以经济总量来估算，如果我国的第三产业比重能增加 10 个百分点，经济产出将增加 3 万亿元，按照目前的就业弹性估算[①]，至少增加3000 万个就业岗位，而城市人口的比重将增加 0.5 个百分点。

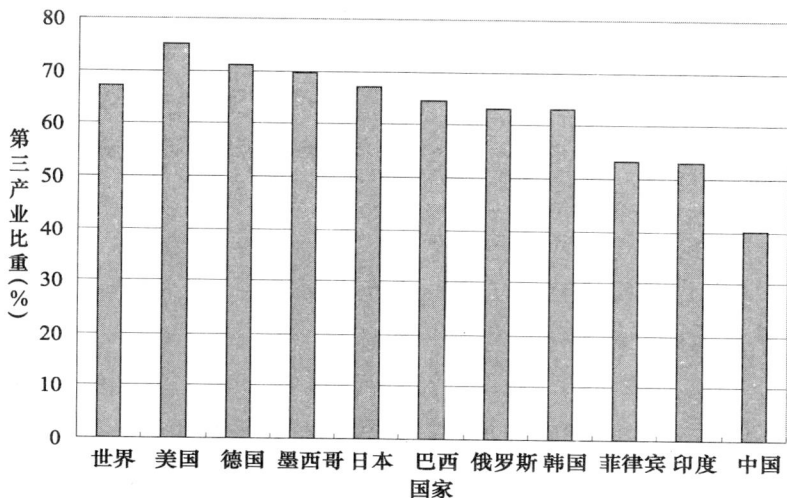

图 2.8　部分国家的第三产业比重

数据来源：中国的数据为 2008 年，其余国家为 2005 年，取自《世界统计年鉴》2007年版。

图 2.9 与图 2.10 是我国三大产业产值与就业的贡献对比。从产值比重上看，第三产业的比重 30 年来仅仅增长了 16 个百分点，第二产业比重多在 45%—50% 区间波动。2002 年，第三产业比重达到最高值 41.5%，之后又有所下降。在就业比重方面，第二产业的就业比重小幅波动，第三产业的就业比重持续上升。1994 年，第三产业的从业人员超过第二产业，到 2008 年，第三产业的就业比重已经超过第二产业 6 个百分点。从产值结构与就业结构的对比中可以发现，第三产业的就业带动优势明显。但2002 年至今，本应该带动更多就业的第三产业产值比重却不升反降。出

---

① 李红松：《我国经济增长与就业弹性问题研究》，《财经研究》2003 年第 4 期，第 23—27页。

现这种现象，主要是以重化工业为主导的产业政策与追求 GDP 快速增长的投资政策所致。虽然国家层面制定的"十五"、"十一五"发展规划都提出要调整经济结构、产业结构，但在现实执行中并没有贯彻这一原则。

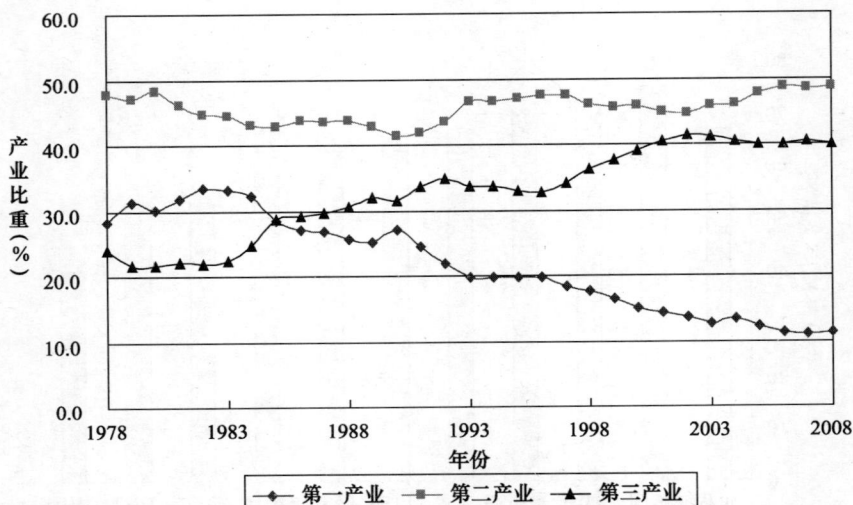

图 2.9　三次产业的产值比重

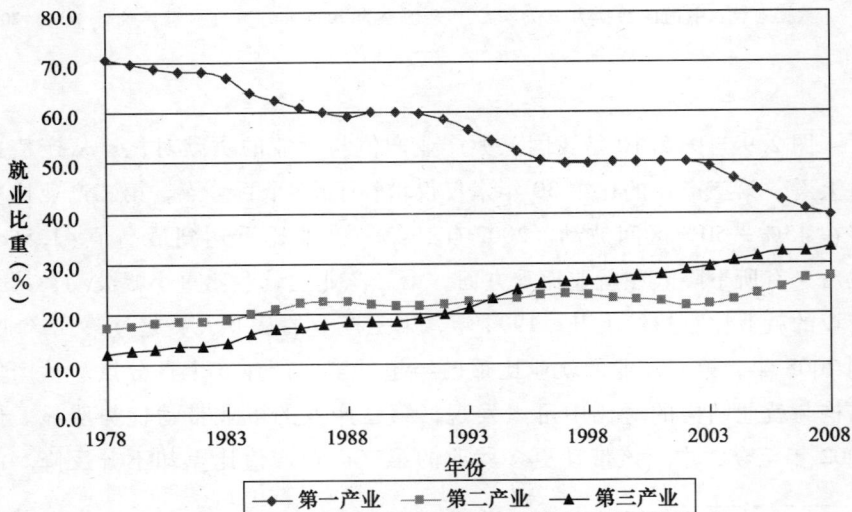

图 2.10　三次产业的就业比重

　　我国实施的以工业化带动城市化的战略，必须要有市场的需求才有可能实现。而我国现阶段的现实是，工业领域很多行业供给能力过剩，工业企业不是不具备生产能力，而是缺乏市场需求①，因此形成了对出口贸易的依赖。在 2008 年开始的全球金融危机影响下，很多依赖出口订单的企业经营困难。另一方面，通过城乡二元户籍制度抑制人口的流动，从而抑制了城市化进程。由图 2.11 可以看出，我国的城市化率高于印度，但低于其他主要发展中国家。目前我国的人均 GDP 已达到 3000 美元，一般国家在这一经济水平的城市化率高于 55%。由于城市人口的增长将提高对住房、家电、汽车、基础设施等领域的商品与服务需求，也会增加对餐饮、物流、金融保险等服务业的需求，将会极大地扩大国内市场，从而扩大就业，提高各行业劳动者的收入。国际经验也表明，第三产业的发展与城市化水平密切相关。城市化水平过低，其后果是城乡消费市场得不到有效开拓，居民消费能力不足。为保持 GDP 的增长速度，只能依赖政府投资、出口贸易，这就进一步强化了重工业的发展模式，加大了工业化与城市化的差距。

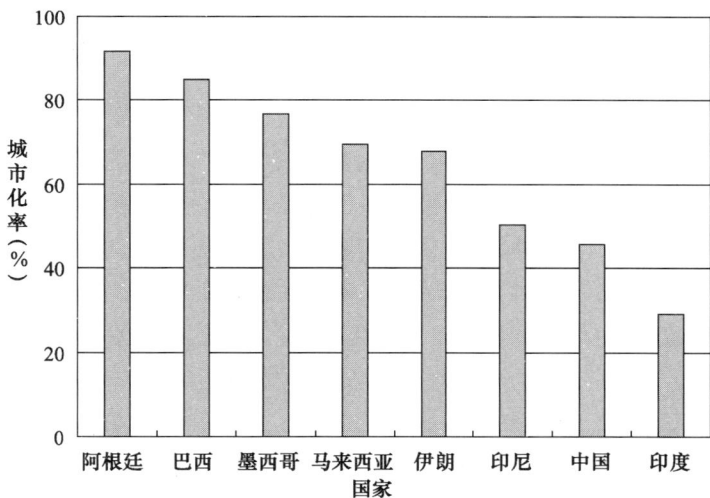

图 2.11　中国与部分发展中国家城市化水平的比较

---

　　①　孙自铎：《试析我国现阶段城市化与工业化的关系》，《经济学家》2004 年第 5 期，第 43—46 页。

产业结构的重型化在金融危机中被进一步强化。为减轻全球金融危机的冲击，我国提出了 4 万亿的经济刺激计划。这一方案对农村基础设施、医疗卫生、生态环境、保障性住房等加大了支持力度。另一方面，在高速铁路、公路、机场等基础设施领域也加大了投资，同时钢铁、冶金、船舶、汽车等行业成为首先受益的行业，大型工程的投资所占比重最大。受此影响，2010 年连续两个季度投资增幅保持在 30% 以上。据国家统计局初步测算，2009 年前三季度投资对 GDP 贡献了 7.3 个百分点。在投资与金融政策的支持下，部分行业的产能过剩问题进一步凸显。2009 年 9 月26 日，工信部联合九部委发布《国务院批转抑制部分行业产能过剩若干意见的通知》，对钢铁、水泥、平板玻璃、煤化工、多晶硅、风电设备等六大行业产能过剩进行抑制。这六大行业均为资本密集型的高耗能产业，对资源与环境的压力较大，对就业的贡献较小，虽然能在短时间内创造GDP，但不利于经济社会的可持续发展。

2.4 城市化、工业化对能源消费和碳排放的提升作用

城市化、工业化是传统农业社会向现代工业社会转变的过程。在这一过程中，农村人口向城市聚集，农业在国民经济中的比重下降，工业和服务业的比重上升。城市化与工业化对能源需求的影响是多维的，例如人口向城市的聚集增加了对城市住房、道路、各类交通工具、供水供电及其他基础设施的需求，这些设施都会大幅增加对能源的需求。世界经济大国在现代化的过程中都经历了一个"重化工业"的阶段，这一阶段的一些行业如钢铁、建材、电力、石化、冶金、重型机械、铁路、汽车等会以超出常规的速度发展，其发展受到城市化进程产生的强劲需求的带动，这些产业都是资本密集型、能源密集型的，在短期内会导致能源需求快速增加，并可能引发能源供应紧张。进入工业化后期，即所谓"后工业社会"，经济发展的形态进一步高级化。后工业社会的主要经济部门是以加工和服务为主导的第三产业，又可称为"现代服务业"，诸如运输业、公共福利事业、贸易、金融、保险、房地产、卫生、科学研究与技术开发等。第三产业关键因素是信息和知识，而不是大量资源的消耗。发达国家已进入一个

以高技术含量、高附加值为特征的知识经济时代，主导产业由重工业、化工业、机械制造业转变为精密加工业、高端制造业和现代服务业。当中国经济进入第三产业为主的时代后，二氧化碳排放量会出现显著下降。

城市化与工业化的不断发展，人类生产和生活在城市的高度集聚，使得城市成为能源消费和污染高度集聚的区域。世界观察研究所的报告声明，尽管全球城市的面积只占陆地面积的 2%，但却消耗了将近 3/4 的世界能源，贡献了 3/4 的世界污染物。中国的能源消费也主要集中在城市，2000 年，中国 663 座城市消耗 10.8 亿吨标煤，占全国能源消费总量的82.8%[①]。并且，能源消费集中在城市的比例大大高于矿产品、水和土地等其他资源。

城市化对能源消费的影响是多方面因素造成的。在生活方式、消费能力方面，城乡居民有很大差别。例如，在食品消费方面，城市居民的动物类食品消费量比农村居民高，而粮食消费比农村居民低。在日常生活方面，城市居民的家用电器、家用汽车等耐用消费品的普及率远高于农村居民；各类消费品的生产运输需要跨越较大空间，增加了运输、存储的耗能；城市景观照明、建筑采暖、制冷耗能量极大；一次性消费品、包装材料的消耗量也主要集中在城市。在能源种类方面，城市消费各种化石能源、非化石能源、电力等，而农村目前很大一部分能源来源于农作物的秸秆，属于植物光合作用的产品，其来源于土壤和大气，最终返回大气，实现了碳吸收和碳排放的平衡。

由于新增城市人口的规模庞大，中国是世界上每年新建建筑量最大的国家，每年 20 亿平方米新建面积，消耗了全世界 55% 的水泥和 30% 的钢材。但由于制度不健全、决策失误、建筑质量等问题，中国建筑的平均寿命只有 25—30 年（发达国家的建筑平均寿命在 70 年以上）。建筑垃圾的数量已占到城市垃圾总量的 30%—40%。据对砖混结构、全现浇结构和框架结构等建筑的施工材料损耗的粗略统计，在每万平米建筑的施工过程中，仅建筑垃圾就会产生 500—600 吨；每万平方米拆除的旧建筑，将产生 7000—12000 吨建筑垃圾，而中国每年拆毁的老建筑占建筑总量的 40%。

---

① 李艳梅：《中国城市化进程中的能源需求及保障研究》，博士学位论文，北京交通大学，2007 年。

城市建筑是耗能的重要领域。联合国环境规划署的报告认为，全球能源使用以及与此相关的温室气体排放有 1/3 与建筑物耗能有关。因此，通过推进建筑物节能，有望大幅降低温室气体排放。报告指出，全球建筑物每年产生 86 亿吨当量二氧化碳，到 2030 年这一数字将增至 156 亿吨当量二氧化碳。受人口增长、城市化和现代化进程影响，发展中国家的建筑物数量到 2050 年几乎将比现在增长一倍。在中国，目前有 90% 以上的建筑是高能耗建筑，其中大型公共建筑单位建筑面积能耗约为普通居民建筑的 10 倍。这些建筑在使用过程中，其采暖、空调、通风、照明等方面消耗的能量已占中国总能耗的 30% 左右。

现代交通工具多是以化石能源为动力（或以化石能源转化而成的电力为动力），运输是能源消费的一个重要部门。在美国、欧洲、日本等发达国家，交通部门所消费的能源在终端能源消费中的比重都在 30% 左右。虽然我国运输部门能源消费在终端能源消费中的比重还不到 10%，但是以家用汽车为代表的能源消费量增长很快。

工业部门的能源消费占有重要地位。各个国家和地区在所处工业化的发展阶段、技术进步情况、产业和产品结构等许多方面的差异而存在显著不同。在发达国家，由于第三产业已成为国民经济的主导产业，工业部门的能源消费比重一般在 30% 以下，而尚未完成工业化的国家，尤其是处在工业化中期的发展中国家，工业部门所消费的能源在全部能源消费中的比重很高。中国改革开放以来，工业部门所消费能源不断增加，而且在能源消费总量中的比重一直在 70% 以上。

城市化、工业化的进程主导着中国的能源及其他资源的消费状况。以 2007 年为例，中国 GDP 占世界总量的 6% 左右，而钢材消费量大约占世界钢材消耗的 30% 以上，水泥消耗大约占世界水泥消耗量的 55%。在全球共同应对气候变化的背景下，2009 年 11 月，中国制定了控制温室气体排放的行动目标，到 2020 年每单位国内生产总值产生的 CO_2 排放比 2005 年下降 40%—45%。要达到这一目标，电力、水泥、钢铁等高耗能行业需要率先节能降耗。

从能源消费增长与经济增长的相对速度来看（见图 2.12），1996 年之前我国的能源消费弹性一直低于 0.7，即能源消费每增加 0.7 个百分点就可以支撑经济增长 1 个百分点。1997—1998 年发生东南亚金融危机，我国的经济增长放缓，能源消费量下降，能源弹性系数出现负值，此后有所上升。2002 年以后，随着各地增加对大型工业项目的投资，高耗能、高污染的行业再次快速增长，并导致 2003—2005 年的能源消费弹性超过 1。

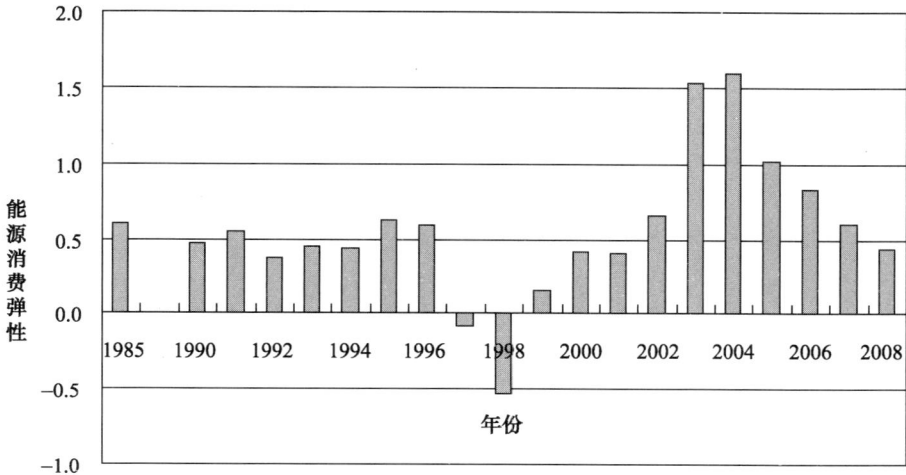

图 2.12　中国的能源消费弹性变化

我国单位 GDP 能耗高，一个重要原因在于产业结构调整滞后。2000年至今，我国第三产业的比重一直停留在 40% 的水平上，而第二产业中高耗能、高污染的行业产能过剩，且没有得到有效控制。2003 年，EIA 在其发表的《2003 年国际能源展望》报告中，根据中国在 20 世纪 80 年代和 90 年代取得的节能进步，预测中国由能源消费产生的二氧化碳排放量到 2030 年之前不会达到美国的水平。但是中国自 2001 年以来能源消费增长幅度远远超过 EIA 的预测。1980—2000 年中国年均能源消费增长速度为 4.25%；2000—2007 年，中国的经济增长速度与 1980—2000 年大致相同，但能源消费增长速度达到 9.74%。中国能源消费产生的二氧化碳排放在 2007 年已超过美国。这一现象主要原因在于中国快速城市化、工业化过程中没有有效控制高耗能、高污染的企业发展，与产业升级和可持续发展政策执行不力有关。相对于与我国发展水平相当的印度，我国单位 GDP 所排放的二氧化碳高出一倍，原因就在于第三产业比重过低。现阶段，应鼓励民间资本进入第三产业，尤其是对中小型服务业企业采取扶持政策，吸纳就业扩大内需，摆脱对重化工业和出口加工业的依赖，促使经济向低碳经济转型。

目前我国已提出新型工业化的概念。新型工业化，是指以信息化带动工业化，以工业化促进信息化，以科技含量高、经济效益好、资源消耗低、环境污染少、人力资源优势得到充分发挥为主要目标的工业化道路。与传统的工业化相比，新型工业化的突出特点是：第一，以信息化带动的、能够实现跨越式发展的工业化。以科技进步和创新为动力，注重科技进步和劳动者素质的提高，在激烈的市场竞争中以质优价廉的商品争取更大的市场份额。第二，能够增强可持续发展能力的工业化。要强调生态建设和环境保护，强调处理好经济发展与人口、资源、环境之间的关系，降低资源消耗，减少环境污染，提供强大的技术支撑，从而大大增强我国的可持续发展能力和经济后劲。

2.5　城市化进程对碳排放的抑制作用

另一方面，城市化产生了人口规模效应，体现为对土地、水、能源等资源的集约利用。在节约能源和碳减排方面，主要表现为：

2.5.1　城市化促进集中供热，比分散供热节能

我国农村在冬季普遍采用自备煤炉取暖，部分小城镇采用锅炉分散供暖，而这部分中小锅炉热效率普遍比电站锅炉低得多，燃料消耗高得多。一个小锅炉房在采暖期每平方米的供暖面积煤耗 31 公斤，而集中供热中心的煤耗还不到 20 公斤，即集中供热中心可以节省 1/3 的煤耗。据有关部门统计，我国的冬季取暖热能利用率只有 28%—30%，如果每年热能利用率提高 1%，就相当于节约能源 3%，等于增产 1000 多万吨标准煤。以北京为例，北京市热力集团肩负着北京市全市 30% 的居民家庭、1.2 亿平方米的供热任务，通过热电联产，热电厂的余热通过热力管网输送到热力站，最终到达居民小区。北京每年取暖用煤需求量为 700 万—800 万吨，集中供热率已经达到 70%。

我国北方地区冬季都需要供暖，在特定的低温天气下，长江以南部分

地区的居民也需要多种方式的供暖。假定冬季需要供暖的人口为全国人口的 50%，即为 6.5 亿。城市化率每提高 1%，有 650 万人由分散取暖转变为集中供暖，人均住房面积 25 平方米，则每个采暖季因集中供暖而节约的煤炭为：

$$6.5 \times 10^6 \times 25 \times 11 = 1.79 \times 10^9 \text{千克} = 179 \text{万吨标准煤}$$

相应地，每个采暖季可减排二氧化碳在 380 万吨以上。

2.5.2　城市化缩短交通距离，提高公共交通利用率

中国农村由于公共交通设施欠缺，居民出行越来越依赖于摩托车、自行车、电动自行车，部分先富起来的居民已经拥有家庭汽车。农村机动车的能源消费和碳排放已经形成较大规模。2008 年年底，我国农村摩托车的家庭普及率已超过 50%。由于农村地域广阔，进城务工人员日益庞大，对于家在郊区而在城区务工的农民而言，摩托车、电动自行车成为主要交通工具。与城市公交相比，摩托车、电动自行车的能效低下。

根据《中国城市畅行指数 2006 年度报告》提供的数据，中国大中城市上下班通勤距离平均为 9.9 公里，其中北京、上海、天津三个直辖市的通勤距离最远，分别为 19.3 公里、16 公里和 13.4 公里，其通勤时间也位居前三位，分别为 43 分钟、36 分钟和 32 分钟，相应的三个城市的平均行驶速度为 26.6 公里/小时、26.9 公里/小时及 25 公里/小时。而通勤距离最短的哈尔滨上下班路程仅 5.9 公里，通勤时间平均为 19 分钟。

由于居住地与工作地点不一致，而农村与城市的平均距离远大于城市的平均通勤距离，每天往返的务工人员在交通上将耗费较多的能源。假设城市化率每提高 1%，每年有 1300 万人在城市居住工作，分别有 20%、40%、60% 的人从原来的私人交通工具（摩托车、电动车、家庭汽车）改为公交车或地铁，每人每年因此节约 200 升标准油，则在三种方案下，分别节约能源为：

$$1.3 \times 10^7 \times 200 \times 0.2 = 5.2 \times 10^8 \text{升} = 5.2 \times 10^5 \text{立方米}$$
$$1.3 \times 10^7 \times 200 \times 0.4 = 1.04 \times 10^9 \text{升} = 1.04 \times 10^6 \text{立方米}$$
$$1.3 \times 10^7 \times 200 \times 0.6 = 1.56 \times 10^9 \text{升} = 1.56 \times 10^6 \text{立方米}$$

如果考虑到公交系统的普及可能会减少个人购买机动车的需求，则节能效果更为显著，每年节能将达到 200 万吨标准油以上，减排二氧化碳

400 万吨以上。

2.5.3 城市化降低生育率，减少总人口，从而减少碳排放

根据相关研究，人口增长对二氧化碳排放的净作用约为 1∶1，即 1% 的人口增长导致 1% 的碳排放增量。

表 2.6 人口增长对碳排放的影响

研究者	1%的人口增长对应的碳排放增长百分比
Dietz and Rosa 1997	1.15
Shi 2003	1.43
York，Dietz and Rosa 2003	0.98
Rosa，York and Dietz 2004	1.02
Cole and Neumayer 2004	0.98

2000 年，农村总和生育率为 1.43，城市生育率为 0.94，相当于每个农村妇女比城市多生 0.49 个孩子，农村生育水平比城市高 52%。城市化水平的提高将有效降低生育率，从而降低碳排放的增长速度。中国代表团在哥本哈根大会上指出，计划生育政策使中国少生 4 亿人口，对全球减排温室气体意义重大。

2.5.4 城市化促进人口结构转变，老龄化降低能源消费及碳排放

Michael Dalton 等（2008）将人口年龄结构变量引入到"能源—经济增长"模型中，使用美国消费者支出调查数据考察不同年龄组特征家庭的消费、储蓄、资本形成及劳动力供给等状况，采用动态一般均衡方法分析各变量间的互动关系。研究认为，不同年龄组特征造成的代际差异导致家庭的直接和间接的能源消费需求的不同，在人口压力不大的情况下，人口老龄化对长期碳排放有抑制作用，这种作用在一定的条件下甚至会大于能降低能源强度与碳排放强度的技术变革因素对碳排放的影响。

第 三 章

"人口—经济—能源—CO_2 排放"的
系统研究

20 世纪 70 年代之前，世界范围内能源生产和供给充裕，能源被视作普通原材料的一部分，并没有受到特殊重视。1973 年中东战争爆发后，能源稀缺、能源效率、能源价格、能源保障等问题作为战略性研究受到重视[①]。80 年代以后，全球资源与环境问题日益严重，能源、经济与可持续发展成为学术研究新的热点，新的理论、方法、模型不断涌现。

在研究"经济—能源—碳排放"的模型中，应用系统动力学方法的DICE 模型、FREE 模型和应用非线性动态规划理论的 MARKAL - MACRO模型最具有代表性。这些模型综合考虑了经济增长、能源投资、能源需求、碳排放及气候变化问题等。本书在借鉴上述模型的基础上，耦合人口增长、城市化与工业化子系统，进行能源与碳排放的系统动力学分析，系统的结构如图 3.1 所示。由于城市化与工业化进程中产业结构的变化，使各行业发展速度不同，从而导致能源消费需求的差异。为了更全面科学地分析这种差异，应用情景分析法，设置三种不同的经济增长与能源消费模式，对不同模式下未来的碳排放进行分别测算。

---

① 林伯强：《能源经济学的历史与方向》，《中国石油石化》2008 年第 16 期，第 32—33页。

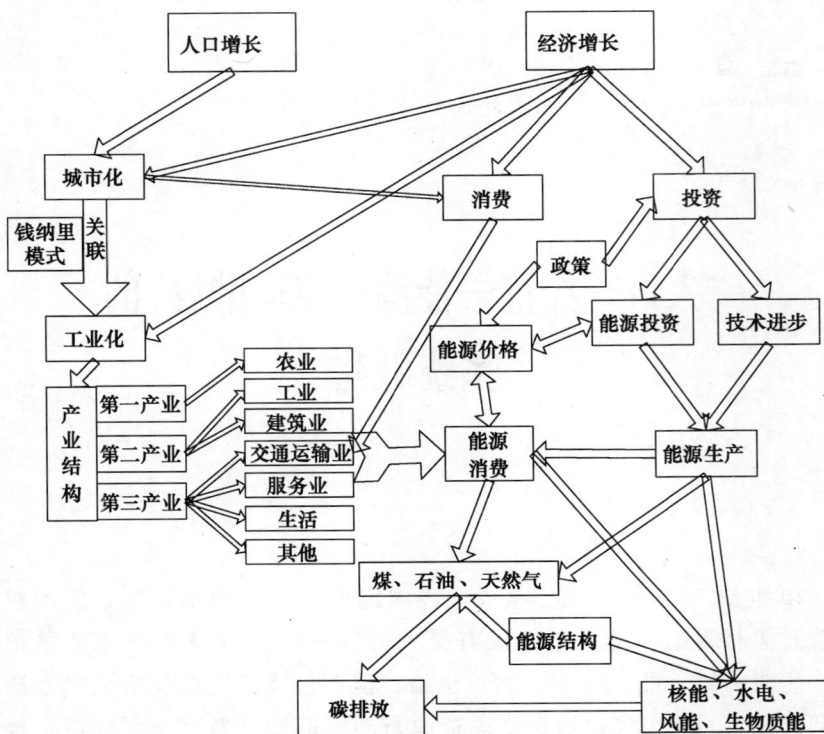

图 3.1 "人口—经济—能源—CO_2排放"系统结构

3.1 "人口—经济—能源—CO_2排放"系统仿真的情景分析

在第二章对人口、城市化、工业化的分析以及本章对能源与经济关联模式的分析基础上，建立新的"人口—经济—能源—CO_2排放"系统动力学模型，对中国未来的 CO_2 排放进行仿真。由于能源消费与碳排放涉及技术进步、政策变化等不确定因素，本书设定三种可能的发展模式，用情景分析法进行研究。

3.1.1 情景分析原理

情景分析是通过构造与现状和未来相对应的情景来实现对某问题的分

析。情景分析建立在对经济、产业或技术的演变提出各种关键假设的基础上，在对事实、假设和规律深入分析之后，通过对未来详细地、严密地推理和描述来构想未来各种可能方案。情景分析在能源需求、气候变化、经济评价、企业管理等领域应用非常广泛。

部分国际组织、政府机构和研究机构利用情景分析提出了若干温室气体浓度目标和温度控制目标以及温室气体减排方案。政府间气候变化专门委员会（IPCC）指出，若使气体的浓度稳定在较低水平，全球排放量必须在未来的10—15年里达到峰值，并且在21世纪中叶将排放量减少至2000年排放水平的一半[①]。联合国开发计划署（UNDP）发布《2007/2008人类发展报告》（Human Development Reports 2007/2008），呼吁发达国家率先减排，并首次为发展中国家制定了减排目标[②]。2007年，欧盟提出了双重减排目标，即（1）"单方面承诺"2020年温室气体排放量将在1990年的水平上减少20%；（2）带有附加条件地承诺2020年温室气体排放量将在1990年的水平上减少30%[③]。

国内方面，朱跃中运用情景分析法对中国未来20年交通部门能源需求和碳排放规模进行详细的预测[④]；梁巧梅等利用投入产出模型和情景分析法，对未来中国的能源需求和能源强度进行了预测[⑤]；许吟隆比较分析了温室气体排放综合效果[⑥]；姜克隽等利用国家发展和改革委员会能源研究所能源环境综合政策评价模型（IPAC模型），对中国未来中长期的能源需求与二氧化碳排放情景进行了分析[⑦]；付加锋、刘小敏从基准情景、

---

① IPCC：《气候变化2007年：综合报告》，http：//www. ipcc. ch/pdf/assessment - report/ar4/syr/ar4_ syr_ cn. pdf，2007。

② UNDP：《2007/2008人类发展报告》，http：//www. un. org/chinese/esa/hdr2007 - 2008/hdr_ 20072008_ ch_ ，2008。

③ Council of the European Union，Brussels European Council presidency conclusions，http：//register. consilium. europa. eu/pdf/en/07/st07/st07224 - re01. en07. pdf 2007.

④ 朱跃中：《未来中国交通运输部门能源发展与碳排放情景分析》，《中国工业经济》2001年第12期，第30—35页。

⑤ 梁巧梅、魏一鸣、范英、Norio Okada：《中国能源需求和能源强度预测的情景分析模型及其应用》，《管理学报》2004年第1期（1），第62—66页。

⑥ 许吟隆：《中国21世纪气候变化的情景模拟分析》，《南京气象学院学报》2005年第28期（3），第323—329页。

⑦ 姜克隽、胡秀莲、庄幸、刘强、朱松丽：《中国2050年的能源需求与CO_2排放情景》，《气候变化研究进展》2008年第4期（5），第296—302页。

低碳转型情景和约束减排情景对构建中国未来低碳经济发展情景框架、关键指标的选择与设定等问题进行了讨论①。

现有研究在情景设定中大多考虑了人口增长、城市化与工业化因素，但对于参数的设定均采取直接赋值的方法，没有应用数理人口学方法，根据出生、死亡、迁移等多变量测算人口规模及城市化水平，也没有将工业化与城市化的内在联系应用到情景设定中。此外，研究重点多立足于能源供需，对未来能源结构的变化也较少考虑。

3.1.2 情景分析的设定

模型中的参数设定是进行情景分析的关键。为减少赋值的主观性，在情景设定中尽可能选取稳定性强的变量（如人口变量相对于经济变量、能源消费变量更加稳定），在参考国内外现有文献的基础上，根据变量之间固有的关联模式设定不确定性较强的变量。此外，考虑现实中的政策目标及系统之间的反馈，对参数进行检验和调整。

从内在逻辑上考虑，人口与经济的发展是推动能源消费与相关二氧化碳排放的根本动力，城市化与工业化的需求则直接影响能源消费。所以，本书在设计能源消费与碳排放情景时，以人口增长与城市化为起点，根据城市化与工业化的互相作用来设定各产业、行业的发展速度与规模，进而确定仿真情景。

3.1.2.1 人口规模的变化

根据国家人口和计生委"人口宏观管理与决策信息系统"的数据计算，2035 年达到峰值 14.6 亿，之后逐渐下降，2050 年为 14.1 亿人。城市化的相关数据则由本书第二章测算而得。

3.1.2.2 经济发展的三种情景

按照《中国统计年鉴》中《综合能源平衡表》的分类标准，能源消费需求可分为农业、工业、建筑业、交通运输邮电业、批发零售餐饮

---

① 付加锋、刘小敏：《基于情景分析法的中国低碳经济研究框架与问题探索》，《资源科学》2010 年第 32 期（2），第 205—210 页。

业、生活消费、其他消费七大门类。要确定七大门类的增长速度,需要将其与三次产业对应起来:第一产业为农业;第二产业为工业、建筑业;第三产业包括交通运输邮电业、批发零售餐饮业、生活消费、其他消费。三次产业的结构变化根据第二章论述的城市化与工业化的关系确定。

在参照钱纳里工业化与城市化模式的同时,需要考虑我国的现实国情。例如,钱纳里模式下,第二产业的产值比重达到38%时,对应的第三产业产值比重为49%,城市化率为66%;而我国2008年第二产业比重达到48.6%,对应的第三产业比重只有40%,城市化率只有45.7%。由于政府主导的重工业投资规模较大,第二产业比重高的现状将会持续存在;阻碍城市化的户籍制度难以在短期内消除,城市化的速度仍会低于产业结构调整的速度。本书在第二章测算的人口增长及城市化的基础上,考虑钱纳里模式与中国国情的差异,对特定城市化率对应第二产业的产值比重分别设定高、中、低三种方案,相应地第三产业的产值比重也有三种方案;产业结构的变动反映了增长方式的变化(即由投资大型工业项目拉动经济增长转变为提高城市化的消费需求,以内需带动经济增长);同时考虑三种方案下能源结构的优化,由此设定了A、B、C三种发展情景。

1978—2008年,中国GDP总量增加了16.5倍(按可比价格计算),年均增长率为9.8%。2008年我国GDP总量为4.36万亿美元(按照当年汇率年平均价计算),随着经济规模的扩大,未来的经济增长率会逐步下降。综合已有的研究成果[①],对三种情景的经济增长速度进行预测。

3.1.2.2.1 基准情景

情景A为基准情景,依据中国的经济发展在21世纪中叶达到中等发达国家水平的目标设定宏观经济变量,第二产业仍将在一段时期内占较高比重,产业结构的重型化在2030年才能完成,此后第三产业比重

---

① 梁巧梅、魏一鸣、范英、Norio Okada:《中国能源需求和能源强度预测的情景分析模型及其应用》,《管理学报》2004年第1期,第62—66页;姜克隽、胡秀莲、庄幸、刘强、朱松丽:《中国2050年的能源需求与CO_2排放情景》,《气候变化研究进展》2008年第4期(5),第296—302页。

成为主导产业。由于第三产业不以能源的大量消耗为前提条件，将逐渐降低经济发展对能源的依赖。单位产值的能耗水平依据《节能减排综合性工作方案》① 的目标（万元国内生产总值能耗将由 2005 年的 1.22 吨标准煤下降到 2010 年的 1 吨标准煤以下，降低 20% 左右）进行设定，并认为单位产值能耗在 2010 年以后仍然继续下降，但下降速度有所放缓。

在情景 A 中，2010—2020 年年均增长速度为 7.7%；2020—2030 年为 6.8%；2030—2040 年为 5.5%；2040—2050 年为 4.6%。

3.1.2.2.2 优化发展情景

情景 B 为优化发展情景。第三产业在 2025 年之前成为主导产业，高耗能产业比重下降，使单位产值能耗下降。另一方面，能源利用效率的提高和一次能源结构的逐步改进，使二氧化碳和污染物排放下降。中国已确定了发展清洁能源的国家战略，非化石能源的比重将从目前的 9% 上升到 2020 年的 15%②。在此基础上，设 2030 年的非化石能源比重为 20%，2050 年为 30%。相应地，煤炭在一次能源结构中的比重由目前的接近 70% 下降到 2050 年的 50%，石油由于受到国内产能限制和国际市场的约束，消费比重难以提高。水电的开发利用由于受到自然条件、生态环境的约束，在 2035—2040 年将达到最高值，具有经济可行性的水电开发完毕。核能、风能及其他可再生能源的比重将逐步上升。

在情景 B 中，2010—2020 年年均增长速度为 7.4%；2020—2030 年为 6.6%；2030—2040 年为 5.0%；2040—2050 年为 4.2%。

3.1.2.2.3 气候变化约束情景

情景 C 为气候变化约束情景。按照政府间气候变化专门委员会（IPCC）的报告③，要使得大气中温室气体排放量稳定在较低水平，全球排放量必须在 2020—2025 年内达到峰值，并在 2050 年降低到 2000 年排放水平的一半。中国的经济发展阶段使得中国不可能在 2025 年之前达到排放峰值，但有效的节能减排有可能使峰值时间有所提前。在情景 B 的

---

① 国家发展改革委员会：《节能减排综合性工作方案》2007 年 6 月 3 日。

② 国家发展改革委员会：全国能源工作会议，http：//www. sdpc. gov. cn/xwfb/t20100115_324927. htm. 2010 – 01 – 15。

③ IPCC：《气候变化 2007 年：综合报告》，http：// www. ipcc. ch/pdf/assessment – report/ar4/syr/ar4_ syr_ cn. pdf。

基础上进一步降低单位产值能耗，并提高核能和可再生能源的比重，使煤炭在一次能源结构中的比重降低到2050年的40%左右。

在情景C中，2010—2020年年均增长速度为7.0%；2020—2030年为6.3%；2030—2040年为4.7%；2040—2050年为3.9%。

以上情景的设定如表3.1所示。

表 3.1　　　　　　　　城市化与工业化水平的设定

年份		2010	2015	2020	2025	2030	2035	2040	2045	2050
城市化率（%）		47.9	51.4	54.2	56.5	58.4	60.1	61.6	62.9	64.1
产业结构（%）	情景A 第一产业	10.9	10.0	9.2	8.5	8.0	7.5	7.1	6.8	6.4
	情景A 第二产业	48.8	48.1	47.2	46.2	43.9	41.8	39.0	36.3	34.2
	情景A 第三产业	40.3	41.9	43.6	45.3	48.1	50.7	54.0	57.0	59.4
	情景B 第一产业	10.8	9.9	9.1	8.4	7.9	7.4	7.0	6.7	6.3
	情景B 第二产业	47.4	46.7	45.8	44.4	42.2	39.8	36.9	33.9	30.8
	情景B 第三产业	41.8	43.4	45.1	47.2	49.9	52.8	56.1	59.5	62.9
	情景C 第一产业	10.8	9.8	9.0	8.3	7.7	7.2	6.8	6.4	6.0
	情景C 第二产业	47.2	46.5	45.4	44.0	41.9	39.5	36.7	33.6	30.5
	情景C 第三产业	42.0	43.7	45.5	47.6	50.4	53.3	56.5	60.0	63.5

3.2　参考模型

3.2.1　DICE 模型

DICE 模型（Dynamic Integrated Climate – Economy Model）是研究经济发展与碳排放、气候变化的经典模型，是由耶鲁大学的 Nordhaus 等学者在 20 世纪 90 年代发展起来的。DICE 模型以系统动力学为工具，集成经济系统、碳排放、气候和地球物理系统，研究气候变化与经济影响的多反馈机制。该模型的主要结构如图 3.2 所示。

图 3.2 中各要素间的关系图。图中包括：大气中CO₂浓度、净排放、CO₂排放强度、CO₂排放、CO₂部分减排、CO₂减排成本、人口、要素生产率、大气碳滞留、能源需求、技术、气候变化、消费、总产出、投资、资本、折旧、折旧率、化石能源碳排放、能源结构、CO₂存量、CO₂强迫辐射、CO₂转化率、强迫辐射、大气温度、温度变化、热传递等。

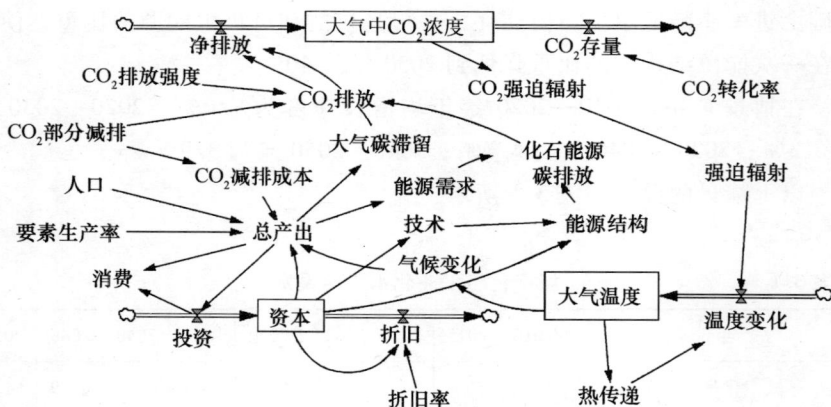

图 3.2　DICE 模型的结构

3.2.2　FREE 模型

　　FREE 模型（Feedback Rich Energy Economy Model）是拥有更多反馈关系的 DICE 模型的改进。本书在能源供需、价格等部分借鉴了 FREE 模型的理论。在能源消费部分，模型如图 3.3 所示。

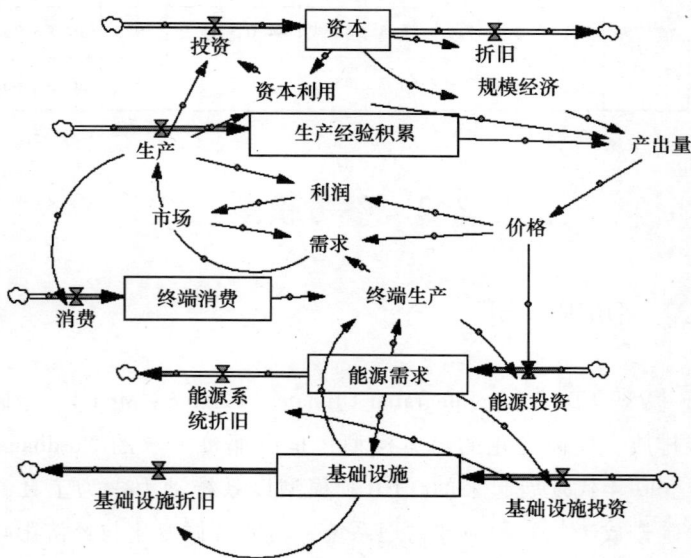

图 3.3 中各要素间的关系图。图中包括：投资、资本、折旧、资本利用、规模经济、生产、生产经验积累、产出量、利润、市场、需求、价格、消费、终端消费、终端生产、能源需求、能源投资、能源系统折旧、基础设施、基础设施折旧、基础设施投资等。

图 3.3　FREE 模型的能源消费

3.2.3　MARKAL - MACRO 模型

MARKAL - MACRO 模型是一个非线性动态规划模型，耦合了 MARKAL 模型与 MACRO 模型。MARKAL（Market Allocation）模型是一个基于单目标线性规划方法的能源分析工具。国际能源署在 1976 年组织实施的由多国共同合作的"能源技术系统分析规划"（Energy Technology Systems Analysis Program，ETSAP）的研究项目中开发了 MARKAL 模型。MARKAL 模型主要是由能源数据库及线性规划软件两部分所组成的部分均衡模型（Partial Equilibrium Model），以能源消费需求来驱动运行，模型没有涵盖能源系统与经济系统之间的相互作用机制。

为描述能源系统对经济系统的反馈影响，增加宏观经济分析模块 MACRO 模型。MACRO 模型是 Manne 等研究开发的一个宏观经济模型。它通过生产函数来描述能源消费、资金、劳动力和经济产出 GDP 的关系，模型的目标函数是寻求总的能源折现效用最大，模型最大的效用函数决定了一系列最优储备、投资、消费的结果。该模型集成了新古典主义宏观经济学的增长理论，其生产函数是以"柯布—道格拉斯函数"为基础而建立的：

$$Y = \left[aK\left(t\right)^{\rho kpvs} L\left(t\right)^{\rho\left(1-kpvs\right)} + \sum_{dm \in DM} b_{dm} D_{dm}\left(t\right)^{\rho} \right]^{1/\rho} \qquad (3.1)$$

$$L_0 = 1, \quad L\left(t\right) = \left[1 + grow\left(t-1\right)\right]^n L\left(t-1\right) \qquad (3.2)$$

$$\rho = 1 - \frac{1}{ESUB} \qquad (3.3)$$

其中，$Y\left(t\right)$ 为周期 t 内每年总产出；a、b_{dm} 为生产函数的系数；$K\left(t\right)$ 为周期 t 内每年的资本要素投入；$L\left(t\right)$ 为周期 t 内每年劳动要素投入；dm 为能源服务需求部门分类；DM 为能源服务需求部门的集合；$D_{dm}\left(t\right)$ 为周期 t 内每年 dm 部门的能源服务需求，$grow\left(t\right)$ 为周期 t 内每年的经济增长率；n 为每个规划周期的年数；$ESUB$ 为能源服务需求对资本和劳动力投入的替代弹性；$kpvs$ 为资本增加值在总增加值中的比例。按照《中国统计年鉴》中《综合能源平衡表》的分类标准，可将能源消费需求按行业进行分解。终端能源需求可分为农业、工业、建筑业、交通运输邮电业、批发零售餐饮业、生活消费、其他消费等。本书按照这一划分标准，将各部门的能源需求分别进行测算。

MARKAL – MACRO 模型的效用函数如下:

$$UTILITY = \sum_{t=1}^{T_e-1} udf(t) \lg C(t) + udf_{T_e} / [1 - (1 - udr_{T_e})^n] \quad (3.4)$$

$$udf(t) = \prod_{\tau=0}^{t-1} [1 - udr(\tau)]^n \quad (3.5)$$

$$udr(t) = kpvs/kgdp - depr - grow(t) \quad (3.6)$$

其中,$C(t)$ 为周期 t 内每年总消费;$udr(t)$ 为周期 t 内效用贴现率;$udf(t)$ 周期 t 的效用贴现因子;$kgdp$ 为基年的资本与国内生产总值之比;$depr$ 为折旧率;T 为规划期所有周期的集合,T_e 为最后一个规划期。

3.3 "经济—能源—碳排放"的系统动力学

3.3.1 经济子系统

应用"柯布—道格拉斯生产函数"对经济增长以及能源投入对经济的促进作用进行分析。"柯布—道格拉斯生产函数"是美国数学家柯布(C. W. Cobb)和经济学家保罗·道格拉斯(Paul H. Douglas)共同探讨投入和产出的关系时提出的生产函数,是经济学中使用最广泛的一种生产函数形式。该函数基本形式:

$$Y = A(t) L^\alpha K^\beta \mu \quad (3.7)$$

式(3.7)中 Y 是经济总产出,$A(t)$ 是综合技术水平,L 是投入的劳动力,K 是投入的资本,α 是劳动力产出的弹性系数,β 是资本产出的弹性系数,μ 表示随机干扰的影响。如果参数满足 $\alpha + \beta = 1$,则表明规模报酬不变,劳动投入量与资本投入量增加相同的倍数时,经济总产出也增加相同的倍数。在其他要素不变的情况下,分析能源投入与经济增长的关系,可以对柯布—道格拉斯生产函数进行修正:

$$Y = Y_0 \left(\frac{L}{L_0} \right)^\alpha \left(\frac{K}{K_0} \right)^{1-\alpha} \quad (3.8)$$

式(3.8)中 Y_0 是包含能源与劳动投入之外的基本产出,L_0 是初始的劳动力投入,K_0 是初始的资本投入。

边际产出 $MP_K = \dfrac{\partial Y}{\partial K}$, $MP_L = \dfrac{\partial Y}{\partial L}$ （3.9）

要素替代弹性 $\sigma = \dfrac{d\,(K/L)}{(K/L)} \Big/ \dfrac{d\,(MP_L/MP_K)}{(MP_L/MP_K)}$ （3.10）

替代系数 $\rho = \dfrac{\sigma - 1}{\sigma}$ （3.11）

在资本投入中，能源是最重要的投入要素之一。设 EN 为能源总投入，其计算方法为：

$$EN = EN_0 \left[\sum_I \gamma_i \left(\frac{ER_i}{ER_{i,0}} \right)^{\rho_e} \right]^{\left(\frac{1}{\rho_e} \right)}$$ （3.12）

EN_0 为初始能源总投入，ER_i 为能源需求，$ER_{i,0}$ 为初始能源需求，ρ_e 为能源替代系数，γ_i 为各类能源所占份额。

当能源市场出现变化时，能源消费需求与对能源行业的投入会相应地出现变化，此时的能源资本为：

$$KE = KE_0 \left[(1 - A\beta) \left(\frac{K}{K_0} \right)^{\rho_{ke}} + A\beta \left(\frac{EN}{EN_0} \right)^{\rho_{ke}} \right]^{\left(\frac{1}{\rho_{ke}} \right)}$$ （3.13）

式（3.13）中，KE 为能源资本投入，KE_0 为参考能源资本，A 为能源效率，K 为总资本，K_0 为初始资本，ρ_{ke} 为资本—能源替代弹性系数，β 为各类能源的消费比重。

3.3.2 能源需求子系统

能源作为资本品，应用于国民经济的各个行业。能源需求在很大程度上是与其他生产资料的投资同时进行，固定资产投资的增加必然需要能源投入的增加相配套。同时，能源是生产资料中的消耗品，更新折旧快于其他的生产资料。所以，能源需求量与宏观经济的投资高度正相关。

$$ER_i(t) = \int N_i(t) \left[I(t) + \varepsilon K(t) - (\delta + \varepsilon) ER_i(t) \right] dt$$ （3.14）

式（3.14）中 ER_i 为能源需求，I 为投资率，K 为资本总额，N_i 为资本的能源密度，ε 为能源投资更新率，δ 为能源投资折旧率。

资本的能源密度 $N_i(t) = \displaystyle\int \frac{ND_i(t) - N_i(t)}{\tau_n} dt$ （3.15）

τ 为能源强度滞后期，制度和技术进步引起能源消耗强度的下降，但这种下降需要一段滞后期才能显示出来。

$$更新资本的能源密度\ ND_i = N_T \left(\frac{M_i}{P_i}\right)^{\omega\sigma_e} \cdot \frac{AI_i}{\sum\limits_j AI_{i,j}} \qquad (3.16)$$

$$总资本能源强度\ N_T = \frac{\sum\limits_i ER_i}{K} \qquad (3.17)$$

$$调整能源密度\ AI_i = \frac{ER_i \left(\frac{M_i}{P_i}\right)^{\omega\sigma_e}}{K} \qquad (3.18)$$

式（3.18）中，M_i 为能源边际产出，P_i 为能源价格期望值，ω 为能源强度调节系数，σ_e 为能源内部替代系数。

能源需求模块存在多重反馈机制，其系统动力学结构如图3.4所示。

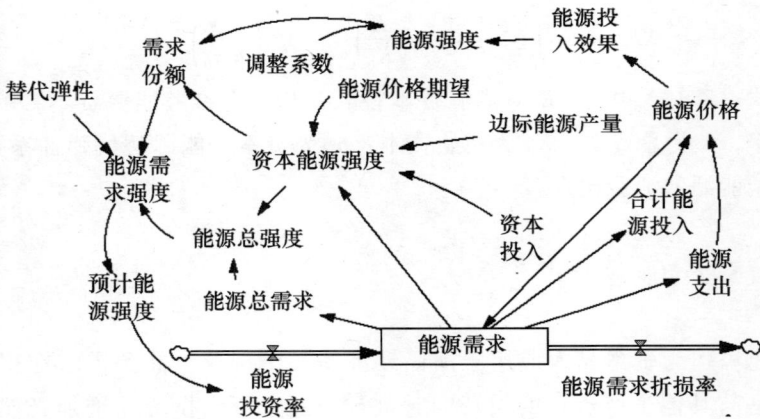

图3.4 能源需求部分的系统动力学结构

3.3.3 能源供应子系统

能源供应分为国内生产和净进口两部分。国内的能源生产主要受到资源储量和能源领域投资的影响。其中，化石能源和核能受资源储量影响较大，而可再生能源（尤其是风能、太阳能）在我国的储量约束尚不显著，但受成本、技术和政策因素影响较大。

$$EP_i = EP_{i,0} \left[\alpha_{i,0} \left(\frac{R_i}{R_{i,0}} \right)^\rho + (1 - \alpha_{i,r}) \; EI^\rho \right]^{\frac{1}{\rho}} \qquad (3.19)$$

EP_i 为能源产出，$EP_{i,0}$ 为初始能源产出，R_i 为能源储量，$R_{i,0}$ 为初始能源储量，$\alpha_{i,r}$ 为能源存储/消耗比，$\alpha_{i,0}$ 为初始能源比重，ρ 为能源替代系数。

对于不可再生能源，$\alpha_{F,r} = \left(\dfrac{R_{i,0}}{\tau EP_{i,0}} \right)^\rho$ τ 为剩余可开采时间。 （3.20）

对于可再生能源， $\alpha_{REN,r} = \left(\dfrac{R_{i,0}}{EP_{i,0}} \right)^\rho$ （3.21）

有效投入强度 $EI_i = TE_i \left(\dfrac{KE_i}{KE_{i,0}} \right)^\beta \left(\dfrac{V_i}{V_{i,0}} \right)^{(1-\beta)}$ （3.22）

TE_i 为能源技术，β 为资本比重，KE_i 为资本投入，$KE_{i,0}$ 为初始资本投入，V_i 为可变投入，$V_{i,0}$ 为初始可变投入。该子系统的系统动力学如图 3.5 所示。

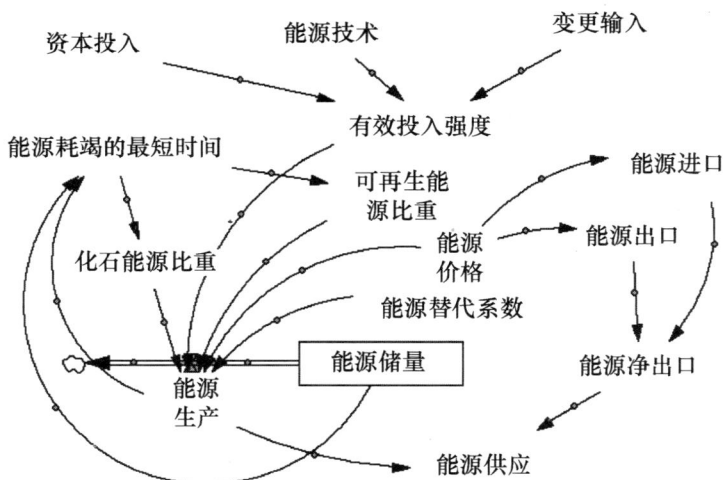

图 3.5 能源供应部分的系统动力学

3.3.4 能源价格子系统

商品价格一方面受到生产成本的影响，另一方面受到市场供需状态的影响。能源作为关系国计民生的商品，还受政府价格管制的影响。例如，煤炭的价格基本已实现市场化定价，但电力、成品油价格由发改委统一定价，而新能源如风能、太阳能由于目前规模较小，边际生产成本较高，需要财政补贴才能持续发展。能源价格子系统主要从生产成本的角度考虑，政策的影响在建模时分不同情景考虑。

$$P_i = PP_i + D_i + T_i \tag{3.23}$$

式（3.23）中，P_i 为能源价格，PP_i 为生产者价格，D_i 为能源分配，成本 T_i 为税负成本。

$$PP_i(t) = \int \frac{IP_i(t) - PP_i(t)}{\tau_p} dt \tag{3.24}$$

式（3.24）中，$IP_i(t)$ 为能源的名义生产价格，τ_p 为价格调整因子。

$$IP_i = PP_i \left(\frac{AC_i}{PP_i}\right)^\lambda \left(\frac{MC_i}{PP_i}\right)^\gamma \tag{3.25}$$

式（3.25）中，AC_i 为能源生产平均成本，MC_i 为能源生产边际成本，λ 为平均成本所占比重，γ 为边际成本所占比重。

能源价格的系统动力学结构如图 3.6 所示。

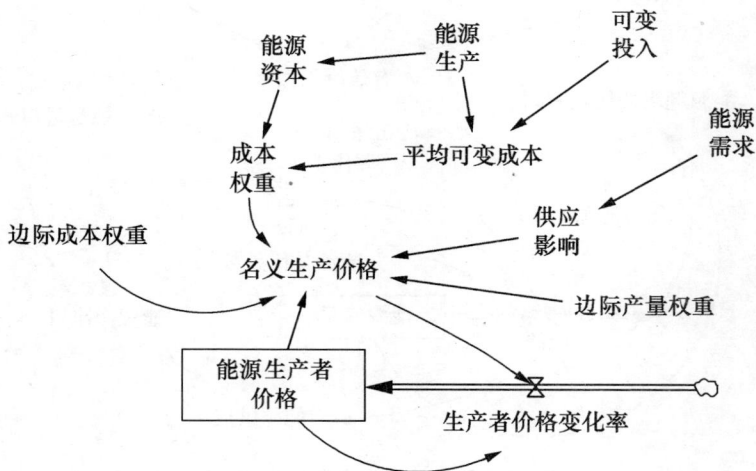

图 3.6 能源价格部分的系统动力学

3.3.5 能源政策子系统

政策对能源的影响体现在行业准入、价格控制、消费政策、税费政策、对外贸易等多方面。行业准入体现在扶持煤炭、石油、天然气行业的大型国有企业,而对中小企业采取限制措施,对高耗能行业则实施限制投资、控制产能等措施;价格控制体现在对生活用能和部分国有企业用能实施政府定价和价格补贴,而对煤炭等部分行业实施市场定价;消费政策体现在鼓励购买家用汽车、家用电器等刺激消费行为,对公共交通实施补贴等政策;税费体现在资源税、消费税、增值税、燃油附加费、车船费、通行费等;对外贸易政策体现在能源的进口关税、出口退税、进出口配额管理、外汇定价等。本书在设定经济发展与能源消费情景的过程中充分考虑政策的影响。

3.3.6 碳排放子系统

理论上,确定了每种能源的消费量,可以计算每种化石能源在燃烧时释放的 CO_2 量,进而可以测算出累积的 CO_2 排放量。

$$M = \delta \sum_{i=1}^{3} e_i h_i E \theta_i$$

其中,M 为 CO_2 的总排放量,E 为能耗总量,θ_i 为能源 i 在能源结构中的比重;其中 i = (1,2,3),分别表示煤炭、石油、天然气;e_i 为能源 i 释放单位热量时 CO_2 排放量,h_i 为燃料 i 的氧化率,δ 为标准燃料产生的热能,对于标准油,δ = 4.187 × 10^7KJ/toe;对于标准煤,δ = 2.931 × 10^7KJ/tce。

不同类型的能源在消费过程中产生的二氧化碳的量需要分别计算。对于化石能源,燃烧活动的二氧化碳排放系数与单位燃料的发热量、燃料含碳量、燃料碳氧化率有关。例如,不同类型的煤炭,其含碳量、发热量有一定差别,需要加权平均计算全国煤炭含碳量的平均值,进而得到煤炭燃烧时排放的二氧化碳[①]。本书应用国家应对气候变化协调委员会第三工作组的成果,数据如表 3.2 所示。

---

① 马忠海:《中国几种主要能源温室气体排放系数的比较评价研究》,博士学位论文,中国原子能科学研究院,2002 年。

表 3.2   不同化石燃料在燃烧时释放的 CO_2

燃料	煤炭	石油	天然气
单位热值的二氧化碳排放 （Kg CO_2/10^6 KJ）	24.78	21.47	15.30

数据来源：国家应对气候变化协调委员会第三工作组。

对于非化石能源，如核能、风能、太阳能，在利用过程中并不直接释放二氧化碳，但在设备生产、运输、安装以及运行维护等过程中仍然会排放二氧化碳。本书采用法国金融与经济部公布的数据（表 3.3，以单位发电量计）。

表 3.3   非化石能源释放的 CO_2

能源类型	水能	核能	风能	太阳能
CO_2 排放（g/kWh）	4	6	3—22	60—150

数据来源：法国金融与经济部报告，www.cea.fr.，2003 年。

根据以上分析，构建系统动力学模型，主要部分如图 3.7 所示。

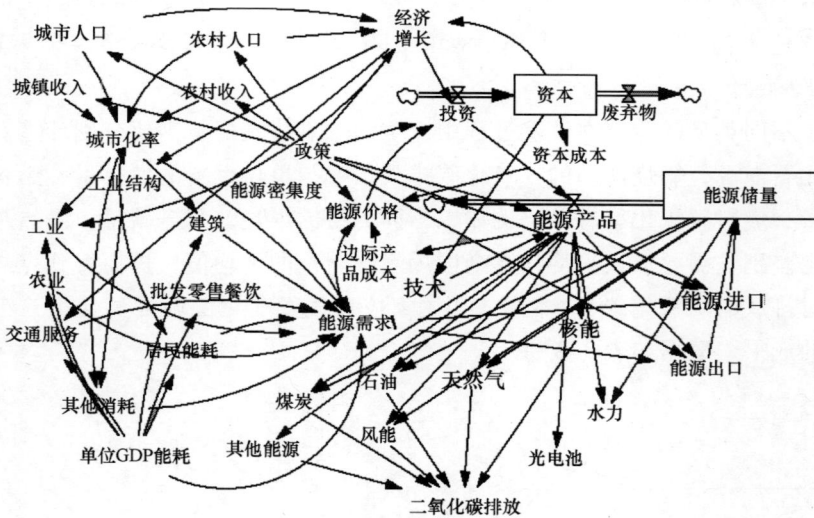

图 3.7　"经济—能源—碳排放"的系统动力学

3.4 系统仿真结果分析

3.4.1 主要仿真结果

在情景 A 下的能源消费如表 3.4 所示，中国的一次能源需求将在 2042 年达到峰值 71.36 亿吨标准煤，万元 GDP 能耗在 2050 年下降到 0.41 吨标准煤。能源消费弹性将从 2010—2015 年间的 0.67 下降到 2035—2040 年间的 0.26，并在 2042 年之后转为负值。这意味着随着工业化、城市化的完成，经济增长对能源消费增长的依赖逐渐降低，并最终实现在能源消费总量下降的条件下保持社会经济的持续发展。

表 3.4　　　　　　情景 A 的能源消费与二氧化碳排放

年份	2010	2015	2020	2025	2030	2035	2040	2045	2050
一次能源需求（10^{6}tce）	3058	3971	4813	5518	6079	6542	7094	6970	6570
煤	2054	2541	2888	3080	3154	3178	3170	2948	2613
石油	617	791	972	1142	1293	1405	1559	1572	1446
天然气	99	142	193	243	284	355	431	472	526
水电	181	266	341	402	449	488	599	569	545
核电	33	73	138	223	317	423	570	622	633
其他	73	158	281	429	582	694	764	789	807
终端能源消费（10^{6}tce）	1990	2619	3221	3750	4200	4542	5027	5007	4737
工业	1378	1747	2060	2309	2519	2662	2899	2854	2681
交通运输邮电	173	255	364	467	567	657	725	766	779
建筑业	46	74	96	117	113	102	86	73	56
生活	208	295	387	472	544	597	693	716	693
农业	61	77	96	119	151	183	245	255	241
批发零售餐饮	50	74	99	123	143	171	190	185	180
其他	73	98	120	143	161	170	187	158	105

年份	2010	2015	2020	2025	2030	2035	2040	2045	2050
终端消费构成（10^6tce）									
煤	1173	1456	1654	1768	1808	1823	1835	1711	1523
石油	514	660	814	956	1091	1192	1369	1392	1341
天然气	69	101	135	173	208	226	279	294	295
电力	102	185	302	453	633	832	1005	1063	1057
其他	130	217	315	401	458	468	540	547	521
CO_2排放（10^6t）	6705	8378	9863	10982	11764	12269	12951	12095	11072

在情景 A 下，中国的二氧化碳排放在 2041 年达到峰值，为 130.43 亿吨。工业领域的碳排放始终占据最大份额。建筑业领域的水泥、钢铁等高耗能行业的碳排放先上升后下降，原因在于中国的城市化在 2030 年之前的规模较大，为原材料行业创造了较大的需求；2030 年之后，随着城市化进程的放缓，重工业在国民经济中的比重下降。交通运输、农业、生活领域的碳排放所占比重持续增加，原因在于随着生活水平的提高，机动车、家用电器等消费品拥有率上升，农业领域能源投入取代劳动力投入等。

情景 B 仿真结果见表 3.5，中国的一次能源需求将在 2039 年达到峰值 63.28 亿吨，万元 GDP 能耗在 2050 年下降到 0.36 吨标准煤。能源消费弹性将从 2010—2015 年间的 0.65 下降到 2035—2039 年间的 0.21，并在 2039 年之后转为负值。

一次能源消费结构将发生显著变化。煤炭的比重将从目前的 68% 左右下降到 2030 年的 51.9%、2050 年的 39.8%；石油的比重变化不大，2050 年为 22%；天然气的比重将从 2008 年的 4% 提高到 8.3%，核能的比重将提高到 9.6%。由于水电对生态、地质的影响，具有技术性、经济性可开发的水电将在 2040 年前后达到峰值，比重为 10.9%。

由能源消费而排放的二氧化碳在 2037 年达到峰值 114.26 亿吨，并在 2050 年下降到 96.01 亿吨。在 2037—2042 年，能源消费量增加而碳排放降低，原因在于能源效率的提高和能源结构的优化。人均二氧化碳排放量在 2037 年达到 7.8 吨，2050 年为 6.8 吨。

表 3.5   情景 B 的能源消费与二氧化碳排放

年份	2010	2015	2020	2025	2030	2035	2040	2045	2050
一次能源需求（10^6tce）	3058	3821	4519	5132	5637	6068	6261	6027	5856
煤	2054	2445	2712	2864	2925	2948	2798	2550	2329
石油	617	761	913	1062	1199	1303	1376	1360	1289
天然气	99	137	181	226	263	329	380	408	469
水电	181	256	320	374	416	453	529	492	486
核电	33	70	130	207	294	392	503	538	564
其他	73	152	264	399	540	644	674	682	719
终端能源消费（10^6tce）	1990	2520	3024	3487	3895	4213	4437	4455	4330
工业	1388	1671	1924	2152	2336	2469	2569	2459	2363
交通运输邮电	173	255	351	444	536	591	641	645	679
建筑业	36	72	91	95	84	72	68	51	39
生活	208	284	363	439	514	574	594	593	611
农业	61	74	90	111	141	180	219	212	234
批发零售餐饮	50	71	93	114	133	159	179	160	170
其他	73	94	113	133	149	168	166	120	125
终端消费构成（10^6tce）									
煤	1173	1401	1553	1644	1677	1691	1620	1479	1357
石油	514	635	764	889	1012	1106	1208	1203	1195
天然气	69	97	127	161	193	210	246	255	263
电力	102	178	284	421	587	772	887	920	942
其他	130	209	296	373	425	434	477	473	464
CO_2排放（10^6t）	6705	8061	9219	10176	10862	11126	11257	10507	9601

　　情景 C 的仿真结果见表 3.6，中国的一次能源需求会在 2031 年达到峰值，为 51.76 亿吨标准煤，为基准方案峰值的 72.5%。相关的二氧化碳排放峰值出现在 2029 年，为 95.27 亿吨，并且峰值时间可以提前 12 年。万元 GDP 能耗将在 2050 年下降到 0.27 吨标准煤。相对于基准情景，C 方案下的化石能源比重在 2050 年由 70.4% 下降为 57.4%，核电的比重由 9.6% 上升到 14.0%。风能、太阳能及其他可再生能源的比重也进一步提高。

表 3.6 情景 C 的能源消费与二氧化碳排放

年份	2010	2015	2020	2025	2030	2035	2040	2045	2050
一次能源需求（10^6tce）	3058	3658	4216	4727	5079	4702	4341	3906	3503
煤	2054	2341	2530	2638	2636	2285	1940	1652	1393
石油	617	729	852	978	1080	1010	954	881	771
天然气	99	131	169	208	237	255	263	265	281
水电	181	245	299	344	375	351	367	319	291
核电	33	67	121	191	265	304	349	348	337
其他	73	146	246	367	487	499	467	442	430
终端能源消费（10^6tce）	1990	2412	2821	3212	3510	3265	3076	2806	2525
工业	1388	1600	1795	1982	2105	1913	1781	1600	1413
交通运输邮电	173	244	327	409	483	458	444	418	406
建筑业	36	69	85	87	76	56	47	39	23
生活	208	272	339	404	463	445	412	397	365
农业	61	71	84	102	127	139	152	144	140
批发零售餐饮	50	68	87	105	120	123	124	117	102
其他	73	90	105	122	134	130	115	92	75
终端消费构成（10^6tce）									
煤	1173	1341	1449	1514	1511	1310	1123	959	812
石油	514	608	713	819	912	857	837	780	715
天然气	69	93	118	148	174	163	171	165	157
电力	102	170	265	388	529	598	615	596	563
其他	130	200	276	344	383	336	331	307	278
CO_2排放（10^6t）	6705	7717	8507	9196	9437	8512	7519	6508	5663

3.4.2 对仿真结果的进一步分析

3.4.2.1 主要行业的碳减排

3.4.2.1.1 水泥行业

分析以上数据可以发现，工业、交通运输、生活用能是能源消费量最大的几个领域，这些领域的耗能都与城市人口增加、消费水平提高密切相关。其中，水泥、钢铁、交通运输既是高耗能产业，又是具有节能潜力的行业，可以采取一定措施来实现二氧化碳的减排。

水泥行业是典型的高耗能行业，其能源消耗在建材工业和整个工业部门中占有相当比重。据统计，2007 年中国水泥制造业能源消费总量为1.43 亿吨标准煤，占建材工业能源消费量的 73.4%，占整个工业部门能源消费量的 7.5%，水泥制造业万元增加值综合能耗是工业部门单位工业增加值能耗的 6 倍。2008 年中国水泥产量达到 14 亿吨，占世界水泥总产量的 48%[①]。

根据本书对城市化水平的预测，中国城市人口的增长会经历先上升后下降的过程，城市基础设施和住房的需求也呈同样的变化规律，水泥的年需求量也会先上升后下降。此外通过改进水泥的生产工艺、提高新型干法水泥比重、推广资源综合利用、淘汰落后产能、使用一定量的替代燃料等方法来实现水泥行业的节能降耗等，也可以在一定程度上实现碳排放的下降。

3.4.2.1.2 钢铁行业

未来钢铁的需求量也与城市化进程密切相关，其变化规律与对水泥的需求类似。2008 年，该行业能源消费占整个工业部门能源消费量的25.1%[②]。钢铁行业的节能技术进步对国民经济具有重要意义。《钢铁产业调整和振兴规划》中规定，到 2011 年重点大中型企业吨钢综合能耗不超过 620 千克标准煤，二次能源基本实现完全回收利用，冶金渣接近完全综合利用。目前我国的钢铁产能存在过剩现象，部分中小型钢铁企业，由于工艺设备落后，节能减排措施不到位，极大地影响了全行业低碳发展水平的提升。因此，需要进一步淘汰落后生产能力、实行设备大型化、推广和应用重点节能技术等。

3.4.2.1.3 交通运输业

交通运输业是能源消费持续上升的领域。2009 年，我国生产汽车1379.10 万辆，销售汽车 1364.48 万辆，产销均跃居世界第一位[③]。随着城市化的快速推进和城乡居民收入的提高，未来我国的机动车保有量还会大幅增加，交通运输业的能源消费也会持续增长，在能源消费总量中的比

---

① 贺成龙、吴建华、刘文莉：《水泥生态足迹计算方法》，《生态学报》2009 年第 29 期（7）。

② 国务院：《钢铁产业调整和振兴规划》，http：//www.gov.cn/zwgk/2009 - 03/20/content _ 1264318. htm。

③ 工业与信息化部：《2009 年汽车工业经济运行报告》2010 年 1 月 18 日。

重也会持续上升。目前我国境内的石油年产量已接近极限，国际市场的石油供应面临较大的不确定性，因此，开发新能源汽车（如燃料电池、太阳能汽车等）是保持汽车产业可持续发展的必然选择。从公共政策的角度看，鼓励发展公共交通是替代家用汽车使用的有效方式，也是降低能耗和碳排放的重要措施。

3.4.2.2 能源结构的优化

在目前的一次能源结构中，化石能源尤其是煤炭的比重过高，这是导致中国二氧化碳排放量较高以及空气污染严重的重要原因。中国 2008 年的能源消费中，煤炭占 69%，比世界平均水平高 40 多个百分点；石油和天然气合计占 22%，包含核电、水电、风电在内的清洁能源占比重仅仅为 9%。在电力结构中，火电比重偏高，核电、水电、风电等优质能源所占比例仅为 20% 左右。

我国水电装机已达 1.7 亿千瓦，居世界第一位，但考虑到对生态环境、地质灾害及移民的影响，未来发展空间有限。目前我国核电装机仅占电力总装机的 1.1%，同世界一些发达国家相比差距很大，也远远低于世界平均水平。2007 年世界核电消费 2.73 万亿千瓦时，占全球一次能源消费总量的 5.61%；而我国大陆核电消费 626 亿千瓦时，占一次能源消费比重仅为 0.77%。目前风电装机容量与核电相当，但由于风电受自然条件影响较大，发电设备利用小时数较低。2008 年，核电装机 910 万千瓦，风电装机 1200 万千瓦。就发电量而言，核电为 684 亿千瓦时，风电为 128 亿千瓦时。未来能够在较大规模上替代化石能源的主要是核电和风电，此外太阳能、生物质能、地热能、潮汐能等也可在一定范围内替代化石能源，减少二氧化碳和污染物质的排放。根据本书测算，如果碳排放峰值时期核电达到 3 亿千瓦、风电达到 3.5 亿千瓦，则比当前的能源结构降低碳排放强度 30% 以上。

3.4.2.3 实施碳捕获和储存

在可预见的时期内，煤炭发电仍将是我国主要的发电方式。据测算，到 2020 年，煤炭在一次能源中的比重仍在 55% 以上，煤电占总发电量的 60% 以上。在煤电仍将保持较高比重的前提下，对火电厂实施碳捕获和储存技术（CCS）将是短期内减少火电厂的排放量的有效途径。CCS 指从一个排放设备中把二氧化碳捕获，然后通过管道运输，最终注入地下可安全封存数千年的地质封存库。在中国发展该技术面临着技术、经济、政策以及项目执行层面等诸多挑战，主要是成本与能耗问题。发电厂或其他工业设施增添捕获、运输和封存二氧化碳设备，势必会增加能耗，以及基建和运营成本。所以，中国在作出减排承诺的同时，需要与发达国家进行技术与经济合作，以清洁发展机制为参照，参与国际范围内二氧化碳减排的市场交易，多方面推进二氧化碳的减排。

第四章

中国二氧化碳减排的国际责任

4.1 能源消费产生的二氧化碳的国际比较

　　作为全球二氧化碳排放量最大的国家，中国需要承担起"负责任的大国"的减排义务。但是，如果从历史累计排放量看，按照 EIA 的数据，1980—2006 年间中国二氧化碳累计排放量为 758.45 亿吨；同期美国的二氧化碳累计排放量为 1414.98 亿吨，接近于中国的两倍；欧洲的二氧化碳累计排放量为 1224.70 亿吨，也远大于中国。如果按人均二氧化碳排放量来计算，中国与发达国家的差距则更大。显然，"第一承诺期"结束后，中国所应承担的二氧化碳减排责任应与发达国家有较大程度的区别。

　　由于气候变化问题的广泛性与紧迫性，世界各国必须尽快采取行动，遏制二氧化碳排放不断增加的趋势。目前国际社会的共识是，发达国家与发展中国家在温室气体减排方面应承担"共同而有区别的责任"，这是基于对各国排放历史数据而作出的判断。从工业革命开始到 1950 年的两个世纪里，在人类利用化石燃料而产生的二氧化碳中，发达国家的排放占了95%。从 1950 年到 2000 年一些发展中国家开始实现工业化的半个世纪里，发达国家的排放量仍占到总排放量的 77%。基于此，我国学者提出，"人均碳排放权均等"是中国参与国际气候谈判和承担国际责任时应坚持的原则。

　　从维护自身利益和承担大国责任的角度，中国将逐步承担起控制二氧化碳排放量的国际责任。为确定责任的限度，有必要对中国的二氧化碳排放量对世界的影响进行多角度的分析。本书从排放总量、历史累计排放量、人均排放量等角度，对中国的二氧化碳排放与其他国家进行对比，并探讨未来实施二氧化碳减排的战略选择。

4.1.1　累计二氧化碳排放的国际比较

中国在 2008 年的二氧化碳排放总量超过 60 亿吨，居世界第一位，美国紧随其后（图 4.1）。除中美外，其他国家的排放量均低于 20 亿吨。但从 1900—1990 年的历史累计排放量的角度分析，中国的排放量并不突出，位居美国、俄罗斯、德国、英国之后（图 4.2）。如果考虑工业革命开始（1750 年前后）至 1900 年之前的排放，发达国家所占二氧化碳排放的比重更大。从西方开始工业革命的 1750 年前后到 1950 年的两个世纪里，在因人类利用化石燃料而产生的二氧化碳中，发达国家占了 95%。从 1950 年到 2000 年一些发展中国家开始实现工业化的半个世纪里，发达国家的排放量仍占到总排放量的 77%。据估计，从 1950 年到 2002 年，中国二氧化碳排放只占世界同期累计排放量的 9.3%。所以，尽管现在的增量来自于发展中国家，全球变暖主要还是由发达国家排放大量温室气体造成的，而不是发展中国家。相应地，在承担减排责任方面，发达国家应首先实施减排。

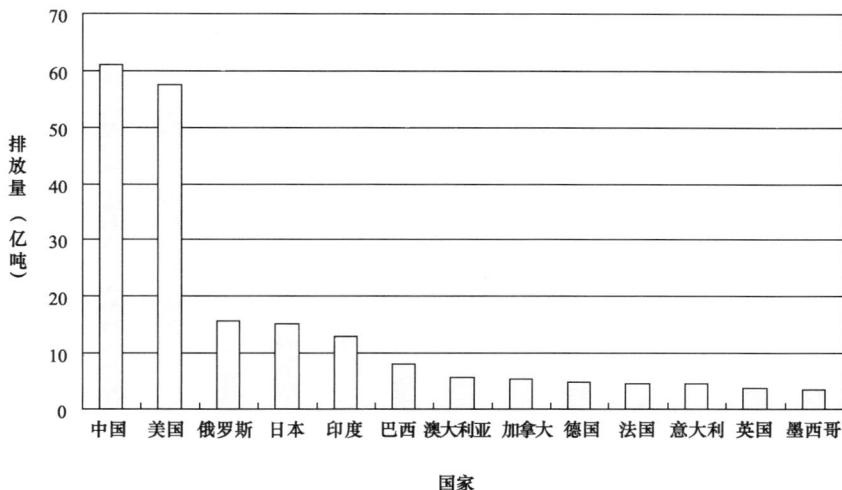

图 4.1　2008 年二氧化碳排放量居前列的国家

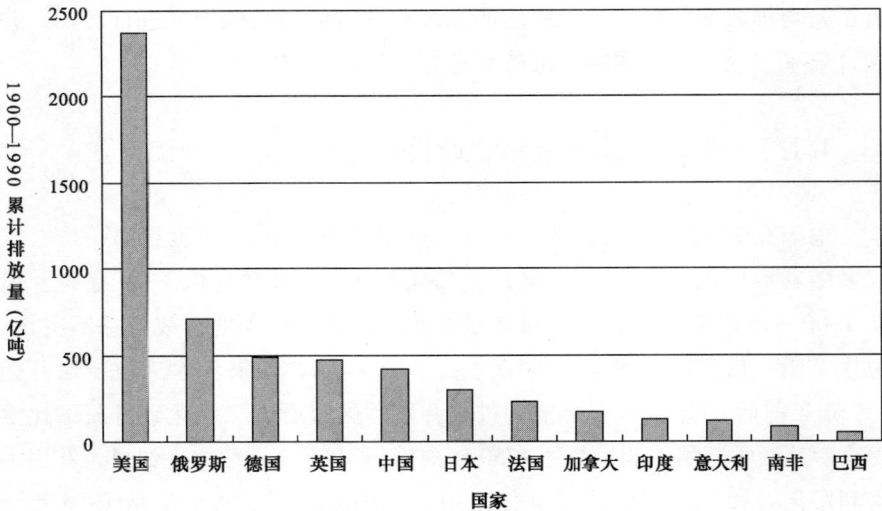

图 4.2 1900—1990 年二氧化碳历史累计排放量居前列的国家

4.1.2 人均二氧化碳排放的国际比较

按照 2008 年人均二氧化碳排放量由高到低的顺序选取若干国家，并与中国和印度进行对比（图 4.3）。人均二氧化碳排放最大的是卡塔尔、阿联酋、科威特等石油生产国，人均二氧化碳排放量在 30 吨以上，人均国内生产总值（GDP）在 4 万—7 万美元（购买力评价法测算，下同），这些国家的排放在很大程度上属于"奢侈排放"；人均二氧化碳排放量在 15—30 吨的是的是卢森堡、美国、澳大利亚、加拿大等，人均 GDP 在 3 万—5 万美元（卢森堡超过 7 万美元）；《联合国气候变化框架公约》附件一中的大多数国家人均二氧化碳排放量在 8—15 吨之间。中国、印度作为两个最大的发展中国家，人均 GDP 分别为 6757 美元和 2753 美元，二氧化碳排放量分别为 4.67 吨和 1.36 吨。对更多国家的相关分析表明，人均二氧化碳排放量与人均 GDP 具有显著的相关性，相关系数在 0.8 以上。图 4.3 仅选取了一年的人均排放量进行比较，如果以历史累计的人均排放量进行比较，则中印与发达国家的差别会更大。

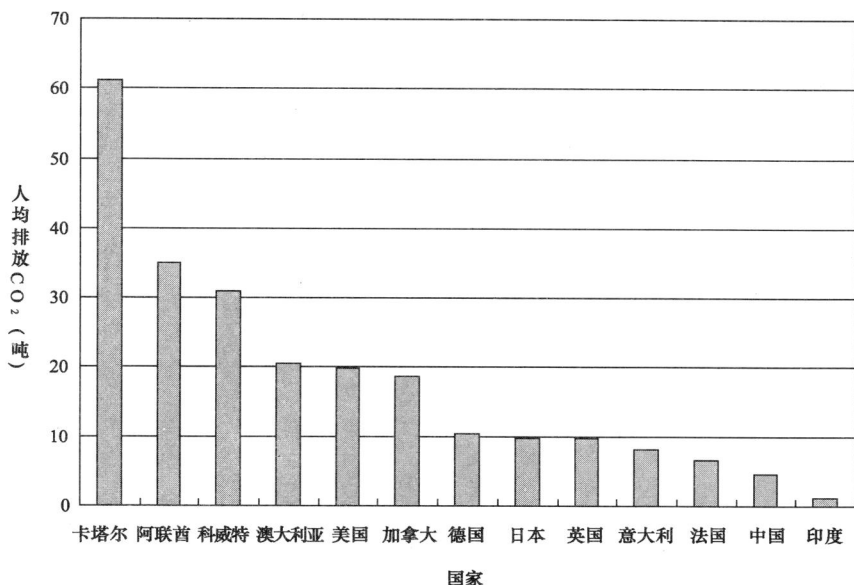

图 4.3 2008 年部分国家人均二氧化碳排放量

4.1.3 排放强度的国际比较

二氧化碳排放强度是指单位 GDP 增加值所排放的二氧化碳。如图 4.4 所示，乌克兰、俄罗斯排放强度最高，中印次之，发达国家的排放强度较低。中印处于相对较低的经济发展阶段，技术水平低，在国际产业分工中处于下游，商品附加值低，因而出现了人均二氧化碳排放量低但单位 GDP 排放量高的现象。目前在大多数发展中国家，二氧化碳排放权就是发展权。中国、印度等发展中国家人均二氧化碳排放量远远低于发达国家，排放总量中很大一部分是保证居民基本生活的"生存排放"。中国经济的高速增长持续了 30 年，城市化、工业化仍将保持较快的速度。未来随着中国经济的发展，能源消费和二氧化碳排放量必然还要持续增长，减缓温室气体排放将使中国经济发展速度受到一定的影响。

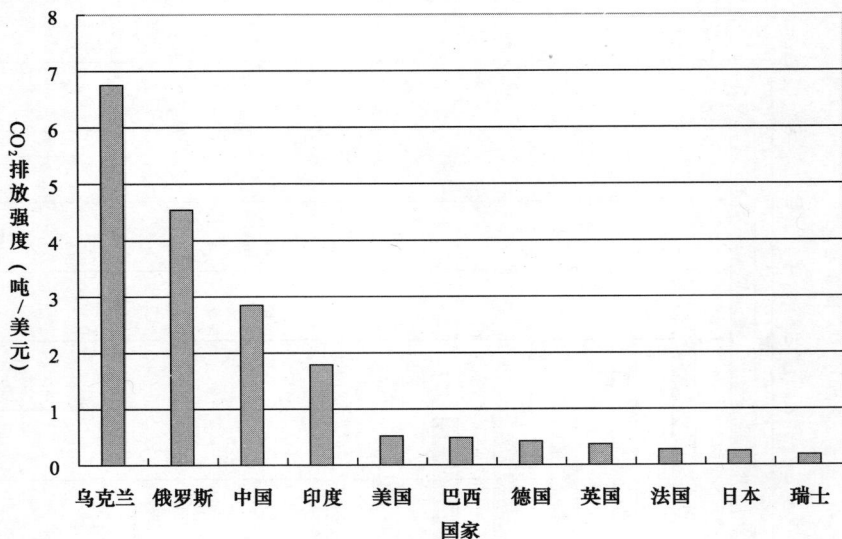

图 4.4　部分国家的二氧化碳排放强度

4.1.4　排放阶段的国际比较

《联合国气候变化框架公约》（UNFCCC）规定，在第一承诺期（2008—2012 年）之内，附件一涉及的 41 个缔约方负有减排的责任，减排量是以 1990 年为基期的。按照 UNFCCC 公布的数据，1990 年到 2007 年，附件一中有 23 个国家已经处于下降状态。图 4.5 选取了二氧化碳排放量较大的国家进行分析（另外俄罗斯、乌克兰、爱沙尼亚、捷克、斯洛伐克也都出现了二氧化碳排放量的下降，由于这些国家经历了政治与经济领域的巨大变革，处于转型阶段，且数据不连续，其二氧化碳排放规律不具有普遍性，所以不作具体分析）。

从图 4.5 中可以看出，这些国家在 20 世纪前半期的二氧化碳排放处于平缓增长状态；二战结束后至 20 世纪 70 年代后期经历了一个快速增长的阶段；20 世纪 70 年代末至 20 世纪 80 年代初期已到达二氧化碳排放峰值。其间虽然有小幅度的波动，但基本趋势是一致的。UNFCCC 的温室气体减排约束机制是从 1992 年开始制定的，《京都议定书》在 1997 年签定，而上述国家则早在 UNFCCC 机制形成之前就进入了二氧化碳排放的下降阶段，这些国家二氧化碳排放的下降是由经济发展的内在规律决定的。德国、英国、法国等国家出现二氧化碳排放量显著的下降趋势是从 1974 年开始的，直接原因是第一次石油危机的冲击。石油危机迫使依赖石油进口的国家调整产业结构，压缩高耗能的产业部门，提高能源利用率，降低能源消费。另一方面，荷兰、比利时、罗马尼亚、丹麦等国家在石油危机爆发后，其二氧化碳排放量变化较为平缓，说明石油危机仅仅是促使这些国家二氧化碳排放量下降的原因之一，深层次的原因是这些国家工业化、城市化进程基本完成，能源消费高速增长的时期已经结束。

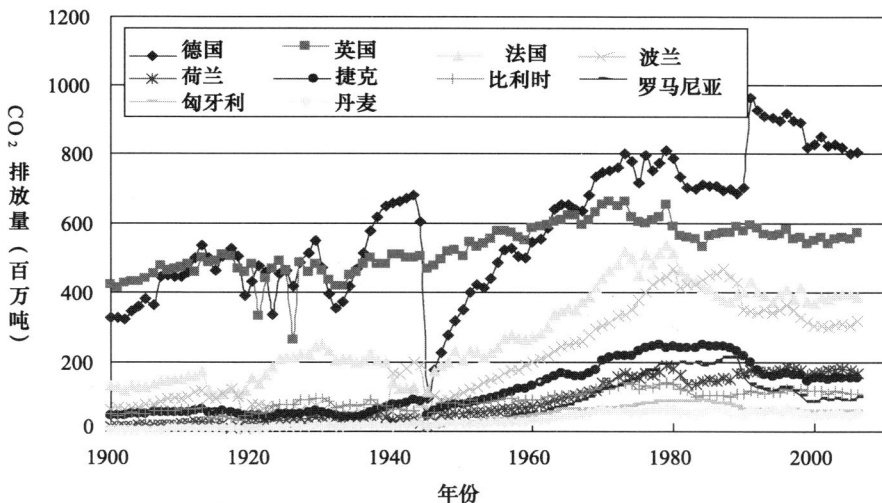

图 4.5　已实现二氧化碳排放下降的国家的排放规律

数据来源：美国橡树岭国家实验室信息二氧化碳分析中心（CDIAC）。其中德国 1945—1990 年数据仅获得原联邦德国数据，1991 年之后的数据为统一后的德国数据。

城市化、工业化是传统农业社会向现代工业社会转变的过程。这一阶段的一些行业如钢铁、建材、电力、石化、冶金、重型机械、铁路、汽车等快速发展，在短期内会导致能源需求快速增加，并可能引发能源供应紧张。进入工业化后期，经济发展的形态进一步高级化，主要经济部门是以加工和服务为主导的第三产业。第三产业关键因素是信息和知识，而不是大量资源的消耗。发达国家已进入一个以高技术含量、高附加值为特征的知识经济时代，主导产业由重工业、化工业、机械制造业转变为精密加工业、高端制造业和现代服务业。当中国经济进入第三产业为主的时代后，二氧化碳排放量会出现显著下降。

图 4.6 中显示了 1990 年中国、印度与发达国家第三产业比重及城市化率的差异。1990 年，图 4.6 中的发达国家的城市化率均在 70% 以上，第三产业比重均在 60% 以上。同一时期中国和印度的城市化率低于 30%，第三产业比重低于 40%。进入工业化后期的美国、日本、加拿大、澳大利亚等国家的二氧化碳排放量仍在增加，处于工业化中期的中国和印度的二氧化碳排放量也将继续增长较长的时间。这一过程将持续到城市化与工业化基本完成。

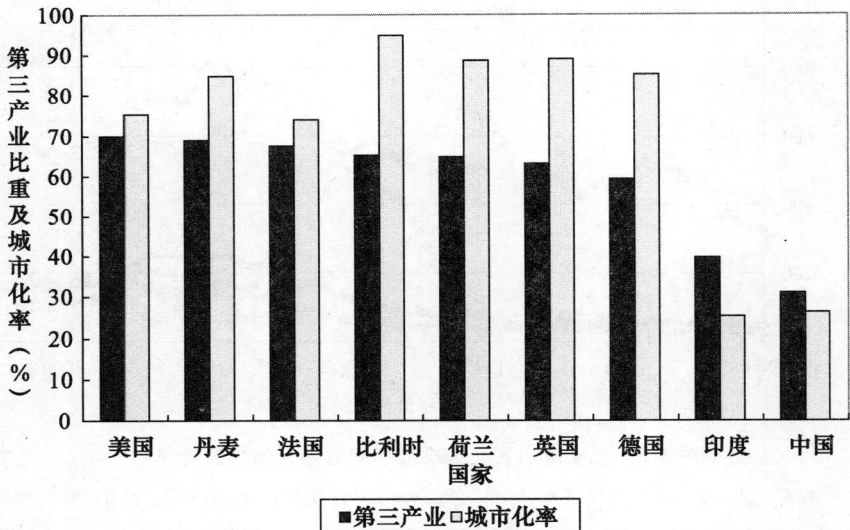

图 4.6　1990 年部分国家第三产业比重及城市化率

图 4.7 显示，20 世纪前半期，中国的排放量低于主要发达国家。从 20 世纪 70 年代开始，中国的碳排放才显著上升。1950 年到 2002 年，中国二氧化碳排放量只占世界同期累计排放量的 9.3%。所以，尽管现在的增量来自于发展中国家，全球变暖主要还是由发达国家排放大量温室气体造成的，而不是发展中国家。

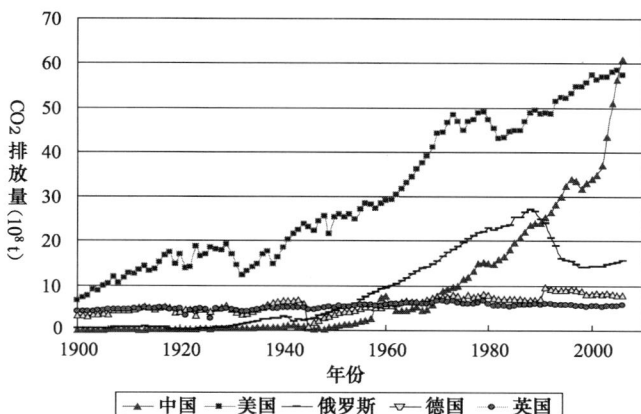

图 4.7 部分国家碳排放的变化

4.2 二氧化碳排放与经济水平相关性的国际比较

选取二氧化碳排放量居世界前 100 位的国家，对其 2007 年的人均 GDP（购买力平价法测算）和人均二氧化碳排放进行相关分析（图 4.8）。其中，人均 GDP 以联合国发展规划署《人类发展报告 2009》中公布的 2007 年世界各国人均 GDP 为准。结果表明，人均 GDP 和人均二氧化碳排放量的相关系数为 0.817。大多数国家的人均 GDP 低于 2 万美元，二氧化碳排放低于 10 吨，在图 4.8 中表现为重叠的点。

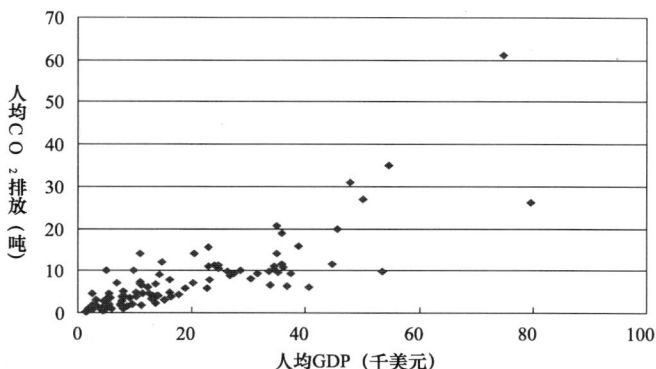

图 4.8 人均 GDP 和人均二氧化碳排放量的相关性

　　为进一步分析其内在规律，对人均 GDP 和人均二氧化碳排放量取自然对数，两者相关系数达到 0.869（图 4.9）。对两者进行回归分析，结果为：

$$\ln y = 0.976\ln x - 7.67 \quad R^2 = 0.755 \quad F = 308.909$$

　　上式体现了世界上多数国家的发展模式，在目前的技术水平下，达到工业化国家的发展水平意味着人均能源消费和二氧化碳排放必然达到较高的水平，世界上目前尚没有既有较高的人均 GDP 水平又能保持很低人均能源消费量的先例。例如，瑞士的人均 GDP 达 4 万美元，人均二氧化碳排放为 6.06 吨，这在发达国家中是最低人均排放量，但也超过了 4.48 吨的世界人均水平。对包括中国在内的发展中国家而言，由于技术、管理和体制方面的原因，经济增长不可避免地要增加二氧化碳排放。

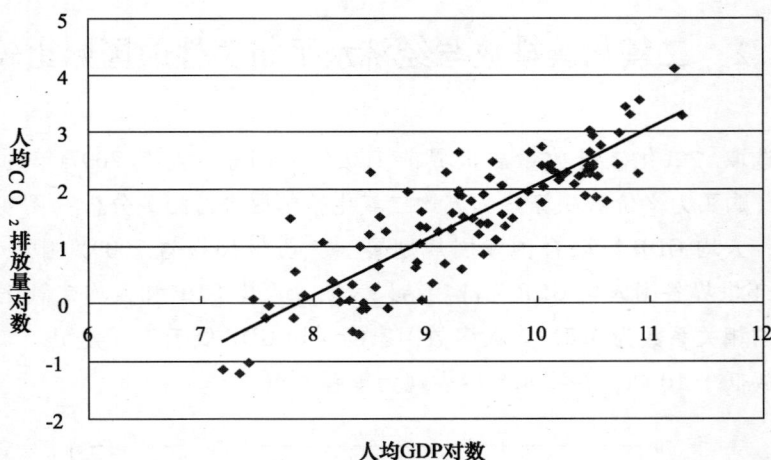

图 4.9　人均 GDP 对数和人均二氧化碳对数的相关性

　　2007 年，中等发达国家的人均 GDP 为 12569 美元，全球人均排放二氧化碳 4.48 吨，两者的自然对数分别为 9.44 和 1.50，以此为原点建立新的直角坐标系（图 4.10）。中国位于第二象限的 A 点（8.59，1.52），属于低收入国家中的较高排放水平。政府间气候变化专门委员会（IPCC）指出，要确保 21 世纪内全球温度升高幅度在 2℃ 以内，必须使 2050 年全球温室气体排放量降低到 2000 年排放水平的一半，即多数国家排放状态应进入到第四象限。

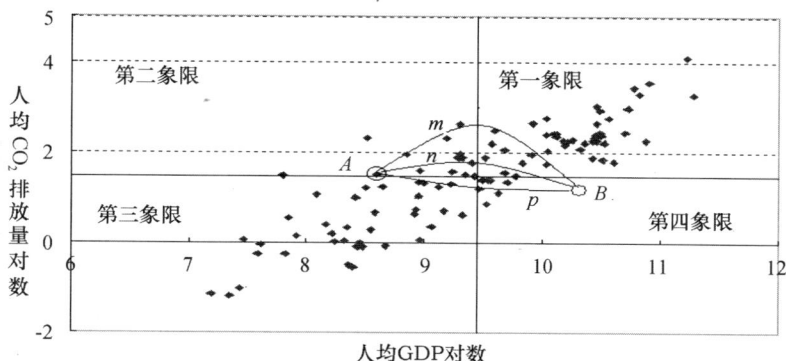

图 4.10　中国二氧化碳减排路径图

以 B 点代表理想状态，中国要从 A 点过渡到 B 点，可以有 m、n 曲线或 p 曲线模式。其中，m 曲线表示经济发展的同时，人均排放量先快速上升再下降，是发达国家在工业化进程中经历过的发展模式，也是目前很多发展中国家（包含中国）正在经历的发展模式，这一模式是不可持续的；n 曲线表示经济发展的同时，人均排放量小幅上升，是对 m 曲线的一种优化；p 曲线表示经济发展的同时，人均排放量也下降。显然，p 曲线模式更为理想，但实施难度更大。作为一个负责任的大国，中国在应对全球气候变化方面应作出自己的努力，尽可能减少二氧化碳排放的增量，在不太长的时间里达到二氧化碳排放的峰值，逐步实现经济增长与二氧化碳排放脱钩，即在经济发展的同时减少二氧化碳排放量。

实现 p 曲线模式的关键在于降低单位 GDP 能耗和改善能源结构。2009 年 11 月 26 日，中国正式对外宣布控制温室气体排放的行动目标，决定到 2020 年单位国内生产总值二氧化碳排放比 2005 年下降 40%—45%。按照美国能源信息管理局测算的数据，2005 年，中国每千美元 GDP 所排放的二氧化碳为 2.87 吨，同期美国为 0.55 吨，德国为 0.44 吨，日本为 0.25 吨，印度为 1.82 吨，巴西为 0.50 吨。如果中国能实现上述目标，2020 年的每千美元 GDP 排放的二氧化碳为 1.58—1.72 吨，仍将远高于巴西和发达国家水平，与印度的排放强度相当。考虑到届时的 GDP 总量，中国的二氧化碳排放量将达到 90 亿吨以上，其他国家则均低于 60 亿吨。而且 2020—2030 年中国的二氧化碳排放仍将处于增长状态，这段时期内中国将长期面临国际社会的减排压力。为此，应采取多种措施，有效实施减排战略。

4.3　出口产品中的"虚拟能"与"虚拟碳"

中国目前已经是世界第一大出口国。在我国的出口商品中，资源密集型、劳动密集型占据主要份额，出口品蕴涵着原材料与能源消耗，并产生相应的环境污染与碳排放，而外国消费者则享受了廉价商品带来的福利。这类碳排放占我国总排放量的比重有多大？这是我国参与国际气候谈判需要掌握的基础数据。本书尝试用"虚拟能"与"虚拟碳"为工具进行研究。

贸易是交换资源使用权的一种方式。为研究水资源在贸易中的转移，英国学者 Allan 最早提出了"虚拟水（Virtual Water）"概念，Hoekstra 对"虚拟水"概念进一步拓展，将其定义为生产商品和服务所需要的水资源数量。中国学者周志田和杨多贵采用类似的思路，提出了"虚拟能"概念，定义为某一商品或服务生产过程中直接和间接消费的一次能源总量，以"虚拟"的形式包含在产品中。

在"虚拟水"和"虚拟能"概念的基础上，本书提出"虚拟碳"的概念，定义为某一商品生产或服务过程中直接和间接排放的二氧化碳数量。需要强调的是，此前国际上已经有虚拟概念"碳足迹"，意指个人或团体的行为对自然界的"碳耗用量"。"虚拟碳"与"碳足迹"有其内在的相似性，但侧重点不同：前者侧重商品生产和服务过程的二氧化碳排放，目的在于分析贸易中的资源与环境交换；后者侧重人的行为对自然界的影响。

4.3.1　"虚拟能"的测算

以计算机为例，一台计算机所包含的"虚拟能"有：各个零部件所需原材料开发、运输过程中消耗的能量，组件加工、整机组装、运输过程中消耗的能量。商品中的"虚拟能"以一次能源为标准，所有能源形式最终折算成标准煤当量。根据《中国商务年鉴》的分类标准，将对外贸易商品分为 10 类，例如机械与运输设备，矿物燃料，化学成品，食品与活动物等。在每一类出口商品中，"虚拟能"也有差异，为此，在同一类中选择出口量较大、具有代表性的若干种产品，考虑中间生产环节，采用投入产出方法进行分析。

本书的能源投入产出表在行方向上具有两组平衡关系：第一，反映出口行业产品生产和使用的平衡关系；第二，反映能源供应与使用的平衡关系。第一组平衡关系是：中间使用＋最终需求＝总产出。用公式表示为：

$$AX + Y = X \qquad (4.1)$$

其中，X 为 n 维产出向量，Y 为最终需求向量，n 阶矩阵 A 为直接消耗系数矩阵为：

$$A = \begin{bmatrix} a_{11} & a_{12} & \cdots & a_{1n} \\ a_{21} & a_{22} & \cdots & a_{2n} \\ \cdots & \cdots & & \cdots \\ a_{n1} & a_{n2} & \cdots & a_{nn} \end{bmatrix}, \quad X = \begin{bmatrix} X_1 \\ X_2 \\ \cdots \\ X_n \end{bmatrix}, \quad Y = \begin{bmatrix} Y_1 \\ Y_2 \\ \cdots \\ Y_n \end{bmatrix}$$

式（4.1）可表示为 $(I - A) X = Y$，矩阵 $(I - A)$ 为列昂捷夫矩阵。

反映能源供应与使用的平衡关系为：出口行业中间使用部门对能源的消耗＋最终出口产品领域对能源的消耗＝出口"虚拟能"。与第一组平衡关系类似，可表示为：

$$(I - D) X = E \qquad (4.2)$$

式（4.2）中，

$$D = \begin{bmatrix} d_{11} & d_{12} & \cdots & d_{1n} \\ d_{21} & d_{22} & \cdots & d_{2n} \\ \cdots & \cdots & & \cdots \\ d_{m1} & d_{m2} & \cdots & d_{mn} \end{bmatrix}, \quad X = \begin{bmatrix} X_1 \\ X_2 \\ \cdots \\ X_n \end{bmatrix}, \quad E = \begin{bmatrix} E_1 \\ E_2 \\ \cdots \\ E_m \end{bmatrix}$$

其中，d_{kj} 为直接能源消耗系数，表示第 j 出口部门单位产值对 k 类能源的消耗量；$m \times n$ 个 d_{kj} 构成的矩阵为能源投入系数矩阵，记作 D，$(I - D) X$ 表示生产过程中各类能源的投入量，E 为出口产品总"虚拟能"。

为简化计算，对每一大类出口商品选择若干种具有代表性商品，根据相关行业的能源消耗情况，对商品中的"虚拟能"进行加权平均，得到该类商品的虚拟能耗系数，再结合每类商品的出口总额，计算"虚拟能"总量。

4.3.2 "虚拟碳"的测算

"虚拟碳"主要由"虚拟能"的消耗产生，可以在"虚拟能"的基础上测算"虚拟碳"的数量。"虚拟碳"的计算涉及不同化石燃料燃烧时排放二氧化碳的不同特性。例如，在相同发热值（即同一标准煤当量）下，煤炭要比石油排放更多的二氧化碳，天然气排放的二氧化碳最少，所以，在一定的能源消费总量下，能源消费结构直接影响二氧化碳排放量。2008年，煤炭占一次能源消费总量的68.7%；火力发电占发电总量的83%，局部地区的水电或核电比重可能会高一些，但在研究全国的经济结构与对外贸易时，假定生产出口商品的能源消费结构与全国能源消费结构相同。可以用下式计算生产出口商品时的二氧化碳排放：

$$N = \delta \sum_{i=1}^{3} e_i h_i E \theta_i \qquad (4.3)$$

其中，N 为二氧化碳的总排放量，E 为能耗总量，θ_i 为能源 i 在能源结构中的比重；其中 $i = (1, 2, 3)$，分别表示煤炭、石油、天然气；e_i 为能源 i 释放单位热量时 CO_2 排放量，h_i 为燃料 i 的氧化率，δ 为标准燃料产生的热能，对于标准油，$\delta = 4.187 \times 10^7 KJ/tce$；对于标准煤，$\delta = 2.931 \times 10^7 KJ/tce$。

4.3.3 "虚拟能"与"虚拟碳"的计算结果分析

根据以上方法计算历年出口产品中的"虚拟能"与"虚拟碳"，结果如表4.1所示。

近年来我国总能耗的 1/4 用于生产出口商品。2007年，我国出口了6265万吨钢材（每吨耗电300—600千瓦时，焦炭300—400千克）、185万吨铝材（每吨耗电1.45万千瓦时），同期进口钢材只有1687万吨，铝材69万吨，进出口差距悬殊。用多晶硅生产的太阳能电池98%出口国外，而每生产1吨多晶硅要耗电2万千瓦时，并排放二氧化碳与其他污染物。依据本书计算的结论，2008年中国代替国外消费者排放了18亿吨二氧化碳，而中国全部的与能源消费相关的二氧化碳排放量为63亿吨，中国因此变成排放二氧化碳最多的国家，部分发达国家拟在未来几年实施

"碳关税"来惩罚中国的出口企业。

表4.1　　　　　　　　出口产品中的"虚拟能"和"虚拟碳"

年份	虚拟能（亿吨标准煤）	虚拟碳（亿吨二氧化碳）	虚拟能占总能耗比重（%）
1990	1.34	3.13	13.62
1991	1.56	3.60	14.98
1992	1.61	3.67	14.77
1993	1.48	3.37	12.79
1994	2.27	5.26	18.41
1995	2.29	5.08	17.47
1996	2.09	4.43	15.08
1997	2.26	5.13	16.33
1998	2.04	4.66	15.39
1999	2.06	4.60	15.39
2000	2.45	5.26	17.06
2001	2.45	5.32	16.54
2002	2.90	6.57	18.41
2003	3.98	9.26	21.94
2004	5.32	12.70	25.27
2005	6.55	15.83	28.08
2006	7.69	18.79	30.06
2007	8.23	18.92	29.85
2008	8.11	18.18	27.46

　　"虚拟碳"仅仅是生产出口产品的环境代价之一。与二氧化碳排放相伴随的是多种类型的环境污染。在出口产业比重很高的珠三角地区，对外贸易状况直接影响了空气污染的程度。以广州为例，2008年上半年的灰霾日是96天，下半年是14天，这与金融海啸造成全球经济生产衰退、加工业开工不足、物流减少有关。随着2009年全球经济的回暖，灰霾天气又有所增加。2009年11月26日，广州空气污染指数曾达到129，已经不适合人类居住。中国工程院院士钟南山指出，广州肺癌患者在过去30年

内上升了 46.5%[①]。可见，出口依赖的增长模式既增加了资源消耗和环境污染，也对国内居民的健康形成极大威胁。

本书的计算表明，2004 年至今，中国 25% 以上的能源消费用于生产出口产品，并排放了相应的二氧化碳与其他污染物质。进一步分析表明，1990 年至今，中国的出口贸易与能源消费呈同步增长态势（图 4.11），两者相关系数达到 0.994。这种高度相关是由中国的经济发展战略决定的。由于多年来奉行"出口创汇"的导向政策，加之国内市场需求不振，经济增长过度依赖出口。2009 年，中国成为世界第一大出口国。在出口产品中，高耗能产品占据了较高的比重，部分行业如钢铁、水泥、电解铝、煤化工、平板玻璃等行业产能过度扩张，出口依存度提高。这种以重化工业为主导的发展模式不利于产业结构的平衡，也是不可持续的。

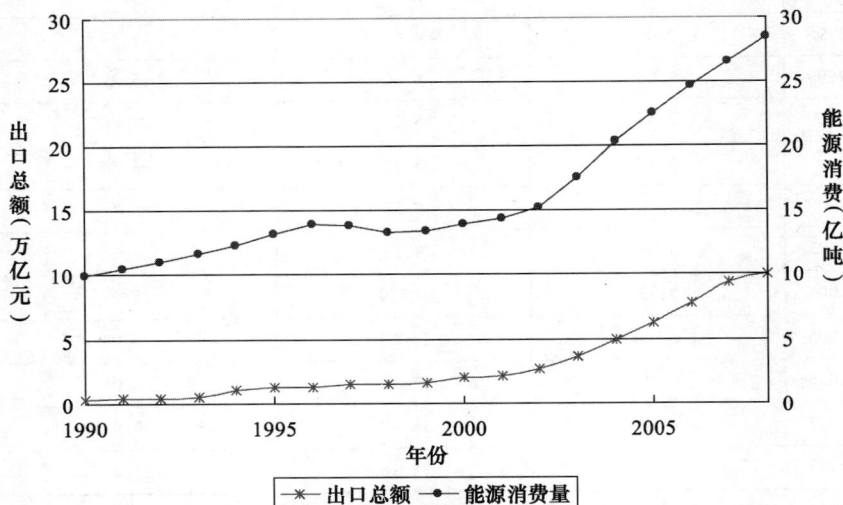

图 4.11　出口贸易与能源消费的增长

2003 年，美国能源信息管理局（EIA）在其发表的《国际能源展望》报告中，根据中国在 20 世纪 80 年代和 90 年代取得的节能进步，预测中国由能源消费产生的二氧化碳排放量到 2030 年之前不会达到美国的水平。但是中国自 2001 年以来能源消费增长幅度远远超过 EIA 的预测。1978—

---

① 贺莉丹：《一颗红心　两叶黑肺》，《新民周刊》2009 年第 15 期，第 22—29 页。

2000 年中国年均能源消费增长率为 4.1%；2002—2008 年能源消费年增长率达到 11%。与此相对应的是，这三年出口产品中的"虚拟能"在总能耗中的比重也进入快速上升时期。能源消费速度的这种变化，其原因在于重化工业的过度扩张，过高的产能无法在国内消化，只能销售到国际市场，所以出现了能源消费与出口贸易同步提速的现象。

　　大量出口使我国获得了巨大的贸易顺差与外汇储备，但对民众福利的改善影响不大。资源性产品的大量出口，实际上损害国家的长远利益。例如稀土作为战略物资在精密仪器、国防、核工业等领域有重要应用，我国的产量占世界 90% 以上，其中 60% 用于出口，地方上为追求经济增长而鼓励开采，相关企业为增加出口规模竞相降价，定价权却掌握在国际买家手中，造成巨大的战略性损失。

　　国际经验表明，过度依赖出售资源性产品的企业和地区容易陷入"资源诅咒"的困境。"资源诅咒"是指丰裕的资源对一些国家的经济增长并不一定是有利条件，反而可能是一种限制。Sachs&Warner 的研究表明，自然资源禀赋与经济增长之间有着显著的负相关性，资源型产品（农产品、矿产品和燃料）出口占国内生产总值的比重每提高 16%，经济增长速度将下降 1%。我国的煤炭大省山西，其人均收入水平在全国各省的排名持续下降；东北地区依赖木材、煤炭、钢铁的工业基地先后陷入资源枯竭、经济增长乏力的困境，也是"资源诅咒"的佐证。作为人均资源并不丰富的国家，我国在外汇充足的前提下不应再大量出口资源型产品，以免为以后的经济发展留下隐患。

　　发达国家一般采取进口资源型产品、出口知识密集型产品与知识产权、减少本国资源消耗的方式维护国家长远利益。美国境内石油、煤、森林等的使用和开采还不到 20%，消耗性资源多数从国外进口；日本的森林覆盖率居世界前列，也采取保护林业资源、大量进口木材的措施。我国处于国际贸易分工的低端，出口资源型产品是经济发展特定阶段的必然，但不应将这一模式长期化。由于长期奉行出口导向经济政策的惯性，我国在外汇储备达到世界第一的前提下仍然不断地输出资源型产品，并以低汇率、出口退税保护相关企业的利益。在这一模式下，国内劳动者和消费者获得的利益极少，而且过度消耗了国内的资源，破坏了生态环境，还引起贸易伙伴的反倾销措施（目前我国是受到反倾销调查最多的国家之一），代价极其高昂。由于我国出口的资源型产品数量庞大，相当于代替国外消费者承担了碳排放，并为此承担了国际舆论的压力，从另一个侧面说明了出口依赖的弊端。

4.3.4 结构优化下的"虚拟能"与"虚拟碳"

在"出口依赖"的经济增长模式下，高耗能产品的出口使中国付出了较高的资源代价，以及排放较多二氧化碳和其他污染物的环境代价。高耗能产业的快速增长，进一步加剧了产业结构的重型化，加深了对外部市场的依赖，这种发展模式是不可持续的。在全球应对气候变化，逐步削减温室气体排放的背景下，中国将面临国际贸易绿色壁垒及"碳关税"的惩罚性措施。为改变重化工业主导和出口依赖的经济增长模式，中国必须抑制高耗能、高污染产业的发展，转而发展以现代服务业为主的第三产业，鼓励低能耗、低污染的低碳经济行业，并推动"出口导向"向"内需拉动"的战略转型，实现宏观经济向资源节约型、环境友好型发展方式的转变。

第二产业比重偏高是中国出口产品能耗偏高的直接原因。第二产业的钢铁、石化、建材、冶金等均为高耗能、高污染的行业，而第三产业不需要消耗大量矿产、能源、水资源，对生态环境的负面影响较轻，符合可持续发展原则。从历史数据看，中国第三产业的比重30年来仅仅增长了16个百分点，第二产业比重多在45%—50%区间波动。2002年，第三产业比重达到最高值41.5%，之后又有所下降。与世界主要经济体相比，我国的第三产业发展明显滞后。作为发展中国家的墨西哥和巴西，第三产业比重也超过60%；印度、菲律宾超过50%，中国2008年的第三产业比重仅有40.1%，落后于其他发展中大国。虽然国家层面制定的"十五"、"十一五"发展规划都提出要调整经济结构、产业结构，发展第三产业，但在现实执行中并没有贯彻这一原则。

为减小全球金融危机的冲击，中国提出了4万亿的经济刺激计划，在高速铁路、公路、机场等基础设施领域加大了投资，同时钢铁、冶金、船舶、汽车等行业成为首先受益的行业，大型工程的投资所占比重最大。受此影响，部分行业的产能过剩问题进一步凸显。钢铁、水泥、平板玻璃、煤化工、多晶硅、风电设备六大行业均为资本密集型的高耗能产业，对资源与环境的压力较大，对就业的贡献较小，虽然能在短时间内创造经济增量，但不利于经济社会的可持续发展。

　　减少能源消耗与二氧化碳排放的关键是提高能源效率和优化能源结构，这涉及降低高耗能产业比重，减少高耗能产品的出口。本书用系统动力学方法对产业结构调整、能源效率提高、能源结构优化和出口产品升级条件下的能源消耗与二氧化碳排放进行模拟。假定国内第三产业的比重随城市化水平的提高而上升，2030年达到发展中国家的平均水平；单位产值能耗在2010年低于1吨标准煤的情况下按现有趋势下降；清洁能源比重2020年达到15%，2030年达到20%，出口产品中高耗能产品的比重降低到与国内市场一致的水平。

　　表4.2是产业结构优化、国内市场扩大的条件下，出口产品"虚拟能"和"虚拟碳"的预测结果。国内消费比重的上升将会降低对出口的依赖，但总体而言，出口额占GDP的比重变化不大，仅从33%下降到31%，并且在2016年之前还小幅上升到34.3%。由于我国已经融入世界贸易体系，不可能出现外贸比重的大幅下降，而且我国所处的发展阶段决定了高耗能商品仍然会在出口贸易中占据较高份额，只是由于国内消费增加更快，使得进出口额的相对比重下降。

　　在出口比重下降、能源效率提高及能源结构优化的前提下，"虚拟能"和"虚拟碳"仍然会有所上升。需要指出的是，虽然"虚拟能"和"虚拟碳"都在增加，但"虚拟碳"的增幅要低于"虚拟能"，单位"虚拟能"（吨标准煤）的二氧化碳排放量从2010年的2.21吨下降到2030年的1.88吨，原因在于清洁能源比重的提高。目前我国人均能耗仍然低于世界平均水平，与发达国家的差距更大。在未来一段时期内，经济发展、生活水平提高不可避免地要提高能源消费与二氧化碳排放，在出口依赖保持较高水平的条件下，出口产品的"虚拟能"与"虚拟碳"比重的演变也将是一个长期的过程。

表4.2　　　　　　优化发展模式下的"虚拟能"和"虚拟碳"

年份	虚拟能（亿吨标准煤）	虚拟碳（亿吨二氧化碳）	虚拟能占总能耗比重（%）
2010	8.66	19.14	25.6
2011	9.07	19.88	25.1
2012	9.47	20.56	24.6

年份	虚拟能（亿吨标准煤）	虚拟碳（亿吨二氧化碳）	虚拟能占总能耗比重（％）
2013	9.85	21.20	24.2
2014	10.21	21.80	23.7
2015	10.56	22.35	23.3
2016	10.89	22.85	22.9
2017	11.20	23.32	22.5
2018	11.50	23.75	22.1
2019	11.78	24.13	21.7
2020	12.04	24.48	21.4
2021	12.29	24.80	21.0
2022	12.52	25.08	20.7
2023	12.74	25.32	20.4
2024	12.94	25.53	20.1
2025	13.12	25.71	19.8
2026	13.28	25.85	19.5
2027	13.43	25.97	19.3
2028	13.57	26.05	19.0
2029	13.68	26.11	18.8
2030	13.78	26.14	18.6

4.4 中国碳减排的国家政策

4.4.1 强化节能战略

2007 年 6 月，中国制定了《节能减排综合性工作方案》。《方案》指出，到 2010 年，中国万元国内生产总值能耗将由 2005 年的 1.22 吨标准煤下降到 1 吨标准煤以下，降低 20% 左右。"十一五"期间，中国主要污染物排放总量减少 10%。

2009 年 11 月，中国制定了控制温室气体排放的行动目标，到 2020 年单位国内生产总值二氧化碳排放比 2005 年下降 40%—45%。为达到以上目标，中国采取了行政、经济、法律等多方面的措施，推进减排工作的开展。

4.4.2　发展清洁能源对碳减排影响深远

中国正在大力发展各类清洁能源。根据国家能源局的规划，预计到2015年，常规水电、核电的发展规模可分别达到2.5亿千瓦、3900万千瓦，在一次消费中的比重将提高1.5个百分点，风电、太阳能和生物质能占一次能源的消费由现在的0.8%达到接近2.6%左右，规模将达到1.1亿吨标准煤。届时我国非化石能源占一次能源的消费比重将有望达到11%。

2020年达到非化石能源比例达15%的目标，核电规模将达到7500万千瓦以上，水电装机规模至少达到3亿千瓦以上，其他生物质能的利用规模将达到2.4亿吨标准煤以上。实施以后，到2020年将大大减缓对煤炭需求的过度依赖，能使当年的二氧化硫排放减少约780万吨，当年的二氧化碳排放减少约12亿吨。

4.4.3　持续增加森林碳汇能力

通过森林吸收二氧化碳，是国际社会公认的低成本应对气候变化的有效措施。中国提出了"森林面积比2005年增加4000万公顷，森林蓄积量比2005年增加13亿立方米"的增加森林碳汇的目标。根据第七次全国森林资源清查结果，中国森林面积1.95亿公顷，森林覆盖率20.36%，森林蓄积137.21亿立方米，其中人工林面积0.62亿公顷，保持世界首位。5年来，中国森林面积净增2054.30万公顷，森林蓄积净增11.23亿立方米，年均净增2.25亿立方米。

通过持续不断地开展造林活动，中国累计减少二氧化碳排放50多亿吨，为减缓全球气候变化发挥了重要作用。目前，中国森林植被总碳储量达到了78.11亿吨。

第 五 章

生态环境及气候变化对能源消费的约束

5.1 能源消费与环境污染约束

5.1.1 能源消费产生的污染问题

1978—2000 年间，我国一次能源消费量的增长速度为年均 4.1%，同期经济增长速度为 9.7%（按可比价格计算），能源消费弹性系数（能源消费量年平均增长速度与国民经济年平均增长速度的比值）平均值为 0.42，实现了"以能源翻一番确保经济产值翻两番"的目标。但 2002 年之后，能源消费增长速度明显加快（图 5.1），2002—2008 年能源消费年增长率达到 11%，能源消费量在短短 6 年中几乎增长了一倍。2003 年、2004 年、2005 年的能源消费弹性系数超过 1，分别为 1.53、1.59、1.02，这是 30 年来能耗增加最快的时期。

能源消费量的增长对国内资源与环境造成极大的压力。2008 年，中国消耗了 19.6 亿吨煤炭。煤炭消费既是二氧化碳的重要来源，也是二氧化硫、烟尘、重金属污染（如汞、铅）的主要来源。中国目前排入大气中 90% 的二氧化硫、80% 的二氧化碳均来自煤的燃烧。据统计，2005 年中国二氧化硫的年总排放量已超过 2500 万吨，造成 1/3 的国土遭受酸雨污染，每年经济损失达 1000 亿元以上，受影响的有 10 亿人口和 16 亿亩耕地。

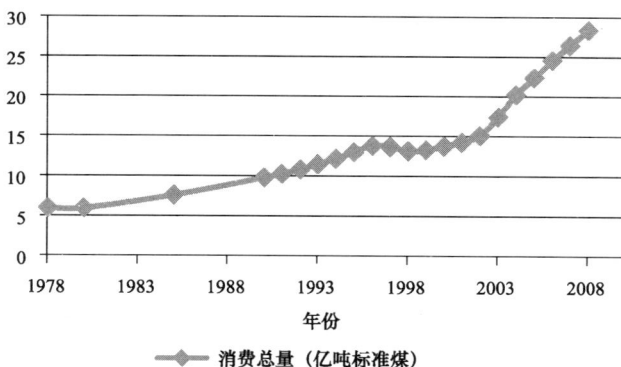

图5.1　中国能源消费量的变化

由于经济发展必然依赖能源消耗，而我国的能源结构中，化石能源尤其是煤炭占据了绝大部分份额。化石能源在燃烧过程中产生的二氧化硫、氮氧化物及有机污染物严重影响空气质量。城市环境问题的主要表现形式为：大气污染、水污染、噪声污染及垃圾污染。可以说，这四类污染不同程度地都与能源的使用有关，其中大气污染主要是由于矿物燃料的使用引起的，对城市居民的健康威胁也最大。2005年，在国家环境监测总站统计的522个城市中，39.7%的城市大气污染物浓度超过国家空气质量二级标准，其中超过三级标准的城市占统计数的10.6%，我国城市空气质量总体上仍然较差。

城市空气中的主要污染物为总悬浮颗粒物、二氧化硫、氮氧化物和一氧化碳等，其中对人体健康影响最大的污染物为总悬浮颗粒物，其次为二氧化硫。在我国，由于煤炭的大量使用，绝大多数城市的空气污染表现为煤烟型，约有40%的城市总悬浮颗粒物浓度超标，30%的城市二氧化硫浓度超标。总悬浮颗粒物的日均浓度值，北方城市超过世界卫生组织的4.5倍，南方城市也达3倍多。根据世界银行的评估，中国城市每年约有17.8万人因大气污染的危害而死亡，这一数字占总死亡人数的7%；另外，还有约34.6万例住院和空气过度污染有联系。因二氧化硫的大量排放，酸雨区面积已占国土面积的30%[①]。我国酸雨控制地区（包括酸雨污

---

① 耿海清、邓勇：《我国城市化进程中的能源—环境问题初探》，《北方经济》2007年第17期，第21—23页。

染最严重地区及其周边二氧化硫排放最大区域）的面积约为 80 万平方千米，二氧化硫污染控制区面积为 29 万平方千米，二氧化硫的主要危害是引起人体呼吸系统疾病，导致死亡率增加。二氧化硫污染主要来自燃煤，集中在城市，应以城市，特别是大城市为控制单元。目前，全国有 62.3% 的城市二氧化硫年均浓度超过国家二级标准，达不到保护居民和生态环境不受危害的基本要求。

在现有以 GDP 为导向的发展模式下，经济发展水平较高的地区，同时也是环境污染较严重的地区。2008 年，长三角地区以占全国 11% 的人口、10.4% 的区域面积实现生产总值近 5.4 万亿元，占全国国民生产总值的比重达到 22%，但也付出了巨大的资源和环境代价。2008 年，上海、江苏、浙江降水 pH 平均值分别为 4.92、4.8 和 4.5，酸雨频度分别为 32.7%、28.7% 和 84.3%。其中，浙江省 14 个城市为重酸雨区，18 个城市为中酸雨区，全省已无轻酸雨区。2007 年 5 月的太湖蓝藻事件酿成无锡市整座城市的饮用水危机。2007 年上半年，长三角海域发生近海赤潮达 20 次，海洋污染再次向人们敲响警钟。2008 年上海市的工业废气排放总量 8621 亿立方米，工业废水排放总量 7.11 亿吨，工业固体废物产生量达 1759.38 万吨。2008 年江苏的工业废气排放总量 15633 亿标准立方米，工业废水排放总量 24.9 亿吨，工业粉尘排放量 25 万吨，工业固体废物产生量达 3894 万吨；浙江省 14 个城市为重酸雨区，18 个城市为中酸雨区，全省已无轻酸雨区。2008 年三省市工业废气排放量 5.3 万亿立方米，工业二氧化硫排放量 210 万吨，工业废水排放量 5.0 亿吨，工业粉尘排放量 38 万吨，工业固体废物排放量 1.4 亿吨[①]。

2008 年 11 月，联合国环境规划署（UNEP）发布的报告称，中国北京及其周边地区、长江三角洲和珠江三角洲等地区的上空已经被棕色云团所笼罩。棕色云团，是指状如云团、以细颗粒物为主出现在对流层中的一大片污染物，其成分包括含碳颗粒物、有机颗粒物、硫酸盐、硝酸盐和铵盐以及沙尘等。这种污染不仅带来大气能见度下降，还造成居民健康受损等一系列问题。棕色云团的形成，与煤炭燃烧、汽车尾气排放以及化工企业排放的污染物有密切关系。在珠江三角洲，棕色云团覆

---

① 田立新：《长江三角洲地区推进环境保护一体化的研究进展》，《第三届海峡两岸能源经济学术研讨会论文集》2009 年，第 121—127 页。

盖了该区域的多数城市，有的城市甚至达到每年 150 天以上①。除了影响空气质量和人类健康，棕色云团还可能影响气候。在很多情况下，棕色云团与全球不断增加的温室气体交织在一起，正在对区域乃至全球气候系统产生极大影响。

5.1.2　能源开采、加工、运输过程中的环境问题

化石能源不仅在燃烧时排放二氧化碳、二氧化硫、烟尘等有害物质，在开采、加工、运输的环节也会严重破坏环境。煤炭在我国的能源构成中占据主导地位。我国近年来每年消费煤炭 20 亿吨以上，对煤炭产地造成极大的环境压力。煤炭开采后还会造成地表塌陷，产生大量废水、废气和废渣。西煤东运、北煤南运的大跨度、超负荷的运输格局，更加剧了运力紧张和能源供应的不确定性。

煤矿生产排放量最大的固体废弃物是煤矸石，也是中国工业固体废物中产生量和堆积量最大的固体煤矸石，产生量一般为煤炭产量的 10% 左右。中国煤矸石年排放量大约在 1.5 亿—2.0 亿吨。截至 2002 年年底，全国煤矸石积存量约 34 亿吨，占地 2.6 万公顷，是中国工业固体废物中产出量和累计积存量最大的固体废物。2004 年，全国煤矸石综合利用量为 1.35 亿吨，利用率 54%。

在煤矿建设和生产过程中，各种类型的水源水会通过不同的途径进入巷道和工作面，为了保证采矿安全，防止水害发生，需将矿井涌水排出。据不完全统计，2004 年全国煤矿矿井水排放约 30 亿立方米，每开采 1 吨煤就会破坏 2.5 吨地下水，而中国是一个水资源严重短缺的国家，这种开采模式使产煤区地下水位下降，地表水缺乏，生态环境进一步恶化。

在煤炭开采前和开采中抽放煤层气，是保证煤矿安全的重要措施。煤层气（煤矿瓦斯）的主要成分是甲烷，其温室效应约为二氧化碳的 21 倍。煤炭甲烷释放源有 3 个方面：一是开采过程中的释放；二是露天开采过程中的释放；三是煤炭的洗选、储存、运输及燃烧前粉碎等过程中的释放。据测算，我国煤炭开采、加工、运输过程中每年释放瓦斯约 150 亿立

① 贺莉丹：《一颗红心两叶黑肺》，《新民周刊》2009 年第 15 期，第 22—29 页。

方米，对环境影响较大。另外煤矿在生产过程中，井下巷道每秒钟都需要数十万乃至数百万立方米的空气，它们主要是通过矿井通风来完成，矿井通风同样含有瓦斯，并且还有大量粉尘。据近几年有关评价估算，全国煤层瓦斯资源量为36万亿立方米。2002年中国重点煤矿煤层瓦斯产生量为97.73亿立方米，其中利用瓦斯量为5.17亿立方米，利用率仅有5%左右[①]。

煤炭开采破坏了地壳内部原有的力学平衡状态。引起地表塌陷，原有生态系统受到破坏。这种破坏使原有的土地收益减少或丧失，同时也造成地表水利设施的破坏和生态环境恶化。每年因开采引起的地表塌陷面积已达40万公顷，且平均每年以1.5万公顷的速度增加。以山西大同为例，大同是全国100个最缺水的城市之一，由于煤炭资源的高强度开采，地下水系遭到严重破坏，水资源严重短缺。由于长期的原煤开采，使原本水质良好的地下水不同程度地受到多种有害离子的污染，矿化度、总硬度大幅度提高，有些有害物质甚至严重超标达26倍。因煤炭运输的扬尘、煤堆自燃和燃煤锅炉烟尘造成的大气环境污染相当严重，2001年大同市空气总悬浮颗粒物和二氧化硫日均浓度超标率分别达到81.5%和34.2%，当年大气污染程度在全国各城市中名列第14位。此外，矿区地质灾害频繁发生，地表设施遭到严重破坏。近年来，采空区塌陷引发的地质灾害不断，造成地面坍塌，部分基础设施、居民住宅、耕地和植被造成不同程度破坏，严重威胁着居民安全。这种能源利用方式必然是不可持续的。

可见，能源的大量消费对环境造成了多种形式的破坏与污染，最终将威胁到人类自身的生存。环境对能源消费的约束虽然体现为经济损失和生命健康损失，但在实践中是通过倒逼机制来约束的，即：为了降低对环境的污染与破坏，人类必须主动降低能源消费量。在经济总量不断增加的前提下，必须降低单位产值能耗，提高能源利用效率。

为此，国家制订了节能减排工作方案，规划目标是：到2010年，万元国内生产总值能耗由2005年的1.22吨标准煤下降到1吨标准煤以下，降低20%左右；单位工业增加值用水量降低30%。"十一五"期间，主

---

① 国家发展改革委：《煤层气（煤矿瓦斯）开发利用"十一五"规划》2006年6月26日。

要污染物排放总量减少10%，到2010年，二氧化硫排放量由2005年的2549万吨减少到2295万吨，化学需氧量（COD）由1414万吨减少到1273万吨。此外，为优化能源结构，将增加核能以及可再生能源的比重，2020年非化石能源占能源消费总量的15%。在应对全球气候变化方面，规划2020年单位产值的二氧化碳排放比2005年降低40%—45%。

节能减排的关键是减少单位产值的能源消耗，可以通过降低高耗能产业比重、开发推广节能技术、发展以现代服务业为代表的第三产业等来实现。本书选择人均能耗和单位GDP能耗来衡量能耗水平，用于环境约束下的能源消费分析。

5.2 气候变化对能源消费的约束

在全球变暖的大背景下，中国近百年的气候也发生了明显变化。有关中国气候变化的主要观测事实包括：一是近百年来，中国年平均气温升高了0.5℃—0.8℃，略高于同期全球增温平均值，近50年变暖尤其明显。从地域分布看，西北、华北和东北地区气候变暖明显，长江以南地区变暖趋势不显著；从季节分布看，冬季增温最明显。从1986年到2005年，中国连续出现了20个全国性暖冬。二是近百年来，中国年均降水量变化趋势不显著，但区域降水变化波动较大。中国年平均降水量在20世纪50年代以后开始逐渐减少，平均每10年减少2.9毫米，但1991年到2000年略有增加。从地域分布看，华北大部分地区、西北东部和东北地区降水量明显减少，平均每10年减少20—40毫米，其中华北地区最为明显；华南与西南地区降水明显增加，平均每10年增加20—60毫米。三是近50年来，中国主要极端天气与气候事件的频率和强度出现了明显变化。华北和东北地区干旱趋重，长江中下游地区和东南地区洪涝加重。1990年以来，多数年份全国年降水量高于常年，出现南涝北旱的雨型，干旱和洪水灾害频繁发生。

可见，虽然从公平角度看，中国对全球碳排放承担较少责任，但从减少气象灾害、抑制国内环境污染的角度考虑，中国必须主动削减化石能源消费和二氧化碳的排放。这就需要在经济增长的同时，逐步降低能源消耗强度，降低能源消费增长的速度和规模，优化能源结构，尽可能降低化石能源比重，提高清洁能源比重，减少污染物和温室气体的排放。

5.3 多目标决策的"可能—满意度(P－S)"方法

5.3.1 "可能—满意度 (P－S)"方法原理

在决策过程中，人们遇到的实际问题一般都要从"需要"和"可能"两方面来考虑。前者反映主观的意愿和期望，后者反映客观上的容许条件和可行性。若把表示"可能"的有关定量值定义为可能度，把表示可以达到的"需要"的相关定量定义为满意度，把可能度与满意度合并起来的定量值称为"可能—满意度"，那么这种相应的方法就称为"可能—满意度"法，即 P－S 法（Possible－Satisfiablity Method）。这种方法已经在全国总人口规模目标探讨、煤炭开发规模研究、新港选址等项目中得到了成功的应用，实践证明，该方法概念清晰、运算方便，结论贴近实践，可以拓展其应用领域。

"可能—满意度"法最主要的两个概念是可能度和满意度，如果某事肯定能够做到，那么从可能度来说，其把握最大，"可能度"最高，定义可能度为 P（possibility），此时 $P=1$；若某事肯定做不到，则"可能度"最低，定义 $P=0$，因此在区间 $[0,1]$ 之间的某个实数便表示不同水平的可能度。如果某事完全令人满意，则满意度为最高，定义满意度为 S（Satisfiability），此时 $S=1$；若某事令人完全无法接受，则满意度最低，$S=0$，这样在 $[0,1]$ 之间的某个实数便可表示不同水平的满意度。

假设一个事物，某个属性 r 具有可能度曲线 $p(r)$，另一属性 s 具有满意度曲线 $q(s)$，而 r，s 同另一属性 α 满足某一关系式，即 $f(r, s, \alpha)=0$，则可以通过一定的规则将 $p(r)$ 和 $q(s)$ 合并成一条相对于属性 α 的可能—满意度曲线，它定量描述了既可能又满意的程度，记为 $w \in [0,1]$。当 $w=1$ 时，表示百分之百的既可能又满意；当 $w=0$ 时，表示或者完全不可能，或者完全不能令人满意。这样在 w 取值为 $[0,1]$ 区间上的实数时，可表示不同的可能—满意度，用数学语言表示如下：

$$w\ (\alpha)\ =\ [\,p\ (r)\ \cdot q\ (s)\,]\ s.t. f\ (r,\ s,\ \alpha)\ =0 \qquad (5.1)$$
$$r\in R,\ s\in S,\ \alpha\in A$$

这里的 R、S、A 分别表示属性 r、s、α 的容许集合（域），如果表示可能又满意的情况，用下式可以定量的描述不同的属性可能—满意度之间的关系如下：

$$w\ (\alpha)\ \leqslant\max\ \{\min\ [\,p\ (r),\ q\ (s)\,]\}\ s.t. f\ (r,\ s,\ \alpha)\ =0 \quad (5.2)$$
$$r\in R,\ s\in S,\ \alpha\in A$$

在具体运算中，一般有强合并、弱合并两种方式。强合并指合并后的可能—满意度是严格存在的，用数学语言表达如下：

$$w\ (\alpha)\ \leqslant\max\ \{p\ (r),\ q\ (s)\}\ s.t. f\ (r,\ s,\ \alpha)\ =0 \qquad (5.3)$$
$$r\in R,\ s\in S,\ \alpha\in A$$

$$当\ \alpha=r=s\ 时，有\ w\ (\alpha)\ =p\ (r)\ \cdot q\ (s) \qquad (5.4)$$

弱合并指合并后得到的可能—满意度最大，用数学语言表达如下：

$$w\ (\alpha)\ \leqslant\max\ \{\min\ \{p\ (r)\ \cdot q\ (s)\}\}s.t. f\ (r,\ s,\ \alpha)\ =0 \quad (5.5)$$
$$r\in R,\ s\in S,\ \alpha\in A$$

$$当\ \alpha=r=s\ 时，有\ w\ (\alpha)\ =\min\ \{p\ (r)\ \cdot q\ (s)\} \qquad (5.6)$$

通过不同的合并方法可以得出许多条（合并多次后就可能仅剩一条）在不同制约条件下的可能—满意度曲线，这样在同一个坐标下可以一目了然地看出不同制约因素对研究对象的制约强度及走势，以作出最优化的选择。

P-S 决策方法提供了一种可以综合考虑多因素制约时决策的工具，它具有分析和综合相统一的特点。P-S 法赋值较宽松，并且随可能—满意度的调整和合并方法的不同而给定不同的基数值，有一定的灵活性，因此在短期预测中意义不大，但是该方法能够反应主要的、带根本性约束的综合作用，在对研究对象的中长期目标规划中能发挥重要作用。

5.3.2 "可能—满意度"算法

5.3.2.1 可能度与满意度曲线的数学形式

根据可能度和满意度的定义，可用三折线、S 型曲线等曲线的数学形

式来表示可能度和满意度，如对可能度 P 的描述，用三折线表示如式
（5.7）：

$$P(r) = \begin{cases} 1, & r \leqslant r_A \\ \dfrac{r - r_B}{r_A - r_B}, & r_A < r < r_B \\ 0 & r \geqslant r_B \end{cases} \qquad (5.7)$$

用图 5.2 表示如下：

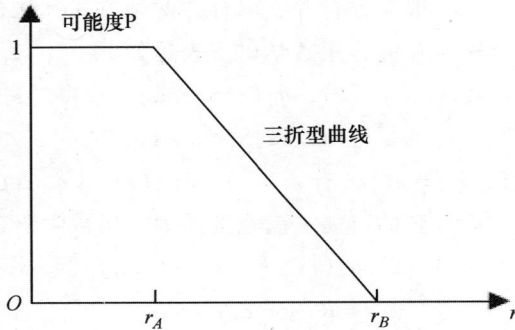

图 5.2　可能度 P 的三折线

这种方法关键在于定出 A、B 两个转折点。确定 A、B 点的途径很
多，主要有凭借较为长期的实践经验，或调查统计、多次实验以及分解
研究获得。资料掌握得愈详尽准确，讨论得愈全面深入，各方面的观点
又较一致，则 A、B 点的横坐标可定得愈准确。在 p（或 q）= 1 或 p
（或 q）= 0 时，常争论较少；在 p ∈（0，1）或 q ∈（0，1）的区间
上，可能有较多分歧，需要多次调整、检验使其符合事实。这种可粗略
可精细的方法给类似于人口与能源等复杂问题的讨论带来了较大的
方便。

除了三折型曲线，还有 S 型曲线（图 5.3）。这也是比较常用的一种
曲线，用数学形式表示式（5.8）。

$$p(r) = \dfrac{1}{1 + \exp\left(2 - 4\dfrac{r - r_B}{r_A - r_B}\right)} \qquad (5.8)$$

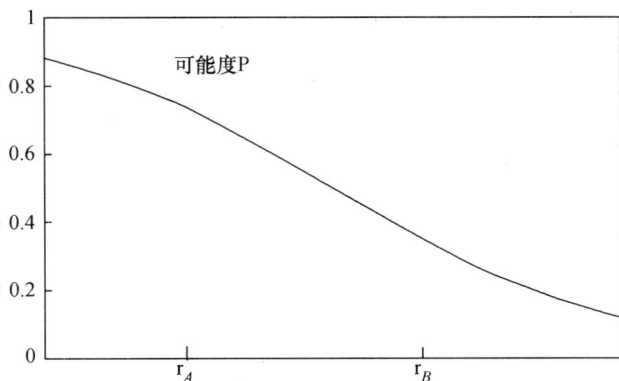

图 5.3　可能度的 S 型曲线

满意度曲线 $q(s)$ 的数学形式类似于上述的可能度曲线形式，在此不再赘述。

5.3.2.2　可能度与满意度的合并算法

如上所述，可能度与满意度可以合并为可能—满意度曲线，它分强合并和弱合并两种方法。

如果有 $p(r)$ 和 $q(s)$ 及 $f(r, s, \alpha)$ 等的函数式，则可能—满意度可以获得相应的公式解。

（1）当限制条件为 $r = \alpha s$，$\forall r, s \in R^1$（实数集），则可得 $p(r)$ 和 $q(s)$ 为三折型曲线时的弱合并解为：

$$w(\alpha) = \begin{cases} \dfrac{-r_B + \alpha s_B}{(r_A - r_B) - \alpha(s_A - s_B)}, & \text{当} 0 < \text{解} < 1 \\ 1, & \text{当解} \geq 1 \\ 0, & \text{当解} \leq 0 \end{cases} \quad (5.9)$$

当 $p(r)$ 和 $q(s)$ 为式（5.8）S 型曲线时的弱合并解为：

$$w(\alpha) = \dfrac{1}{1 + \exp\left[2 - 4 \cdot \dfrac{-r_B + \alpha s_B}{(r_A - r_B) - \alpha(s_A - s_B)}\right]} \quad (5.10)$$

（2）当限制条件为 $\alpha = rs$，$\forall \alpha, r, s \in R^1$ 则可得三折型弱合并解为：

$$w(\alpha) = \begin{cases} \dfrac{1}{2}\left\{-\left(\dfrac{r_B}{r_A - r_B} + \dfrac{s_B}{s_A - s_B}\right) + \sqrt{\left(\dfrac{r_B}{r_A - r_B} + \dfrac{s_B}{s_A - s_B}\right)^2} \\ \quad + \sqrt{\dfrac{4\alpha}{(r_A - r_B)(s_A - s_B)}}\right\} & 当\ 0 < 解 < 1 \\ 1 & 当解 \geqslant 1 \\ 0 & 当解 \leqslant 0 \end{cases} \quad (5.11)$$

（3）当限制条件为 $\alpha = r + s, \forall r, s, \alpha \in R^1$，则可得三折型弱合并解为：

$$w(\alpha) = \begin{cases} \dfrac{\alpha - s_B - r_B}{(r_A - s_B) + (s_A - s_B)} & 当\ 0 < 解 < 1 \\ 1 & 当解 \geqslant 1 \\ 0 & 当解 \leqslant 0 \end{cases} \quad (5.12)$$

这些不同的合并算法在不同的规划问题中得到相应的应用，如涉及总产量、人均产量等因素推求人口的问题，都具有 $r = \alpha s$ 的限制条件类型；而在耕地面积、每亩单产推求产量时就属于第二种算法。本书所测算的能源消费总量、二氧化碳排放总量，需要通过人口规模、经济规模、人均消费量、人均排放量以及单位产值排放量来计算，限制条件为 $\alpha = rs$，$\forall \alpha$，$r, s \in R^1$，所以属于第二种算法。

计算出若干条可能—满意度曲线后，在做决策分析时，要对多条曲线进行合并分析，在合并的算法上，有多种合并的方式，在此主要考虑三种可能—满意度曲线间的合并算法。

设有两条可能—满意度曲线 $w1$、$w2$，它的以下几种合并算法表示如下：

（1）弱合并

符号为 $< \cdots (Mm) \cdots >$ 其特例为 $< \cdots (m) \cdots >$。

$$w1\ (m)\ w2 = \min\ \{w1,\ w2\} \quad\quad (5.13)$$

（2）强合并

符号为 $< \cdots (M\bullet) \cdots >$ 或 $< \cdots (\bullet) \cdots >$。

$$w1\ (M\bullet)\ w2 = \max\ \{w1,\ w2\} \quad\quad (5.14)$$

$$w1\ (\bullet)\ w2 = w1 \bullet w2 \quad\quad (5.15)$$

（3）变权加和

符号为 $< \cdots (M+) \cdots >$

$$w1 \ (M+) \ w2 = \alpha \cdot w1 + \beta \cdot w2 \qquad\qquad 其中 \ \alpha + \beta = 1。 \ (5.16)$$

5.4　碳排放的多目标决策(P–S方法)

在系统动力学分析的基础上，本书进一步采用"可能—满意度（P–S)"多目标决策方法估计中国二氧化碳的排放峰值。在分析碳排放问题时，运用该方法首选需要分解制约碳排放的因素，分别加以讨论，再通过作出不同因素下的"可能—满意度"曲线，将之放在同一个以碳排放为横轴、可能—满意度为纵轴的坐标系加以研究。同时，还可以根据不同的理论假设和前提对不同的可能—满意度曲线加以合并，最后得出不同理论假设前提下的最优解。由于合并方式的多样性，该方法可以灵活地满足作出决策者在选择时对不同因素综合折中考虑时的特殊偏好。

在运用 P–S 法作多目标规划时，对纳入模型的约束因素需要审慎考虑。纳入因素过多，会增加模型的复杂性，增加计算量和为参数赋值收集资料的难度，而过多约束因素如果有的不重要或与分析对象没有必然的约束关系，反而会冲淡主要约束因素的作用。约束条件过少不能全面反映问题，也会失去运用 P–S 方法的本意。因此，抓住主要矛盾，选取主要的、根本性的约束因素纳入模型，便成为决定建模成功与否的重要环节。合适的选择约束因素不仅能减少运算量，而且能有效减少给过多因素的参数赋值过程中所带来的主观上的偏差。因此，在构成模型时必须仔细考虑，取消不必要的约束条件。

碳排放峰值的可能—满意度可从两个方面进行分析：一是从能源角度间接推算，即先以人均能耗、单位产值能耗推算总能耗，再从能源消耗量、一次能源结构推算碳排放总量的可能—满意度；二是直接从经济发展所需要的人均碳排放、碳排放强度和应对气候变化所需要控制的碳排放推算可能—满意度。

5.4.1　从能源消费角度推算碳排放峰值的可能—满意度

5.4.1.1　人均能耗的角度

2008 年中国人均能源消费为 2.15 吨标准煤，美国 2006 年的人均能耗为 11.14 吨标准煤，日本为 5.86 吨标准煤①。由于中国未来的经济发展客观上会增加能源消费需求，而且发达国家的人均能源消费量一直居高不下，只是清洁能源的比重不断上升，从而缓解了碳排放和环境污染。从现实角度考虑，中国不具备美国发展模式的条件，可以借鉴日本的发展模式。中国在碳排放峰值时期的人均能耗要达到日本 5.86 吨标准煤的水平才能支撑同期的经济增长，其满意度为 1；而目前的能耗水平 2.15 吨标准煤可看作下限，其满意度为 0。

人口数量的变动规律相对稳定。根据国家人口计生委"人口宏观管理与决策信息系统"的仿真结果，中国人口在 2035 年前后到达峰值，约 14.7 亿人。这一数据已经考虑到生育政策调整的影响，其可能度为 1。根据前文的论证，中国碳排放的峰值也将出现在 2029—2041 年这一时间段内，这一时期的人口数不会低于 14 亿，所以人口数为 14 亿的可能度为 0。

在人均能耗满意度和人口规模可能度的基础上，得到能源消费总量的可能—满意度如图 5.4。

5.4.1.2　单位产值能耗的角度

降低单位产值的能耗是我国节能减排工作的核心内容。目前实施的计划是，2010 年的单位产值能耗比 2005 年下降 20%。但是目前我国没有对 2020 年以后的能源效率提出工作目标。由于 2020 年之后我国的能源消费仍然处于增长状态，环境保护的任务将更加艰巨，需要根据经济发展和环境保护的需要设定未来能源效率的目标。

节能减排是在能源供应日趋紧张和环境污染加剧状态下提出的，是一种倒逼机制下的决策。当前，国内环境污染没有得到有效遏制，能源消费仍然在持续上升，未来的单位产值能耗必须大幅下降才能适应环境容量的约束。2008 年，我国的万元 GDP 能耗为 0.948 吨标准煤（按当年价格计算），折合每万美元 GDP 能耗 6.59 吨标准煤（按当年汇率平均价计算）。2005 年，美国的每万美元 GDP 能耗 2.70 吨标准煤，日本每万美元 GDP 能耗 1.67 吨标准煤。在未来发展低碳经济的环境下，设中国在碳排放峰值时期的单位产值能耗达到日本 2005 年水平的满意度为 1，而目前能耗

---

① 美国和日本的数据取自《BP 世界能源统计 2007》。

水平的满意度为 0。

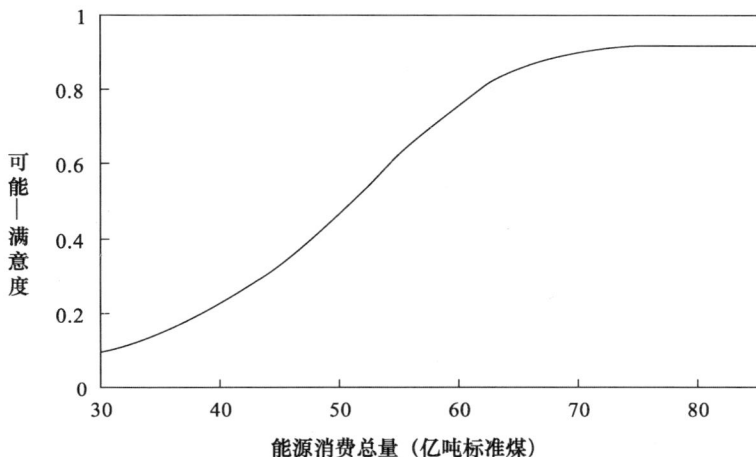

图 5.4　从人均能耗角度计算总能耗的可能—满意度

按照前文的分析，在设定三种情景下的经济增长速度的前提下，2035年中国的 GDP 为 19.8 万亿—23.1 万亿美元，设达到 30 万亿美元的可能度为 0，达到 15 万亿美元的可能度为 1。从单位产值能耗角度测算的可能—满意度如图 5.5。

5.4.1.3　总能耗的合并可能—满意度

以人均能耗、单位产值测算的总能耗曲线合并后的可能—满意度如图5.6。当能源消耗总量在 57.8 亿吨标准煤时，对应的可能—满意度最高，为 0.41。在区间 [55.3，59.8]，合并可能—满意度在 0.36 以上，相当于两条曲线的可能—满意度均在 0.6 以上。前文用系统动力学方法测算的在三种情景下能耗峰值分别是 71.2 亿吨标准煤、63.3 亿吨标准煤和 51.8 亿吨标准煤。对比发现，本节测算的最佳可能—满意度介于情景 B 与情景 C 的能耗方案之间，情景 B 与情景 C 的能耗可能—满意度均低于 0.36，将这两种模式进一步调整后才能符合经济增长、能源消费与环境容量相互协调的现实要求。

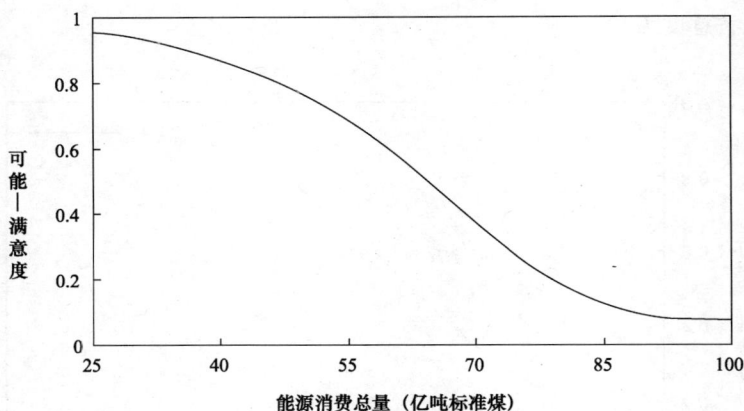

图 5.5　从单位产值能耗角度计算总能耗的可能—满意度

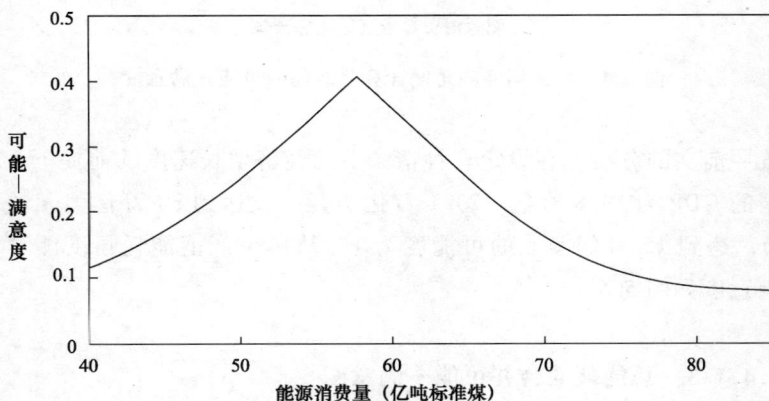

图 5.6　人均能耗、单位产值能耗合并后的能耗总量可能—满意度

5.4.1.4　能源结构调整下的碳排放

　　为减轻能源消费对环境的污染破坏，必须降低化石能源比重，提高清洁能源比重。由于核能、水能、风能、太阳能等非化石能源仅在建设运行中排放极少量的二氧化碳，所以在同样的能源消费量下，非化石能源占一次能源消费的比重越高，碳排放量就越低。我国计划在 2020 年使非化石能源比重达到 15%。2020 年之后，这一比重还会继续提高。根据前文分析，具有经济可开发性的水电由于受到自然条件的约束，将在 2020—2040 年达到开发极限；而核能、风能、太阳能等仍然有较大的开发潜力。

以核电为例，美国核电占全部电力装机容量的比重约为20%。在法国，核电比重超过70%。设中国在碳排放峰值时期非化石能源比重达到40%的满意度为1，达到15%的满意度为0。

表5.1 从能源角度测算碳排放的变量赋值

	可能度名称	可能度高	可能度低	满意度名称	满意度高	满意度低
人均能耗角度	人口数（亿）	14.7	14.0	人均能耗（吨标准煤/人）	5.86	2.15
单位产值能耗角度	GDP（万亿美元）	15	30	能耗强度（吨/万美元）	1.67	6.59
抑制环境污染角度	GDP（万亿美元）	15	30	非化石能源比重	40%	15%

以人均能耗、单位产值能耗得到的能源消费总量可能—满意度，结合能源结构的优化，可以计算出合并的二氧化碳排放峰值的可能—满意度（如图5.7）。当二氧化碳排放峰值在107.8亿吨时，对应的可能—满意度最高，为0.32。前文用系统动力学方法测算的在三种情景下二氧化碳排放峰值分别为130.43亿吨、114.26亿吨、95.27亿吨。可见，第二种情境下的碳排放的可能—满意度最大，也最有现实意义。

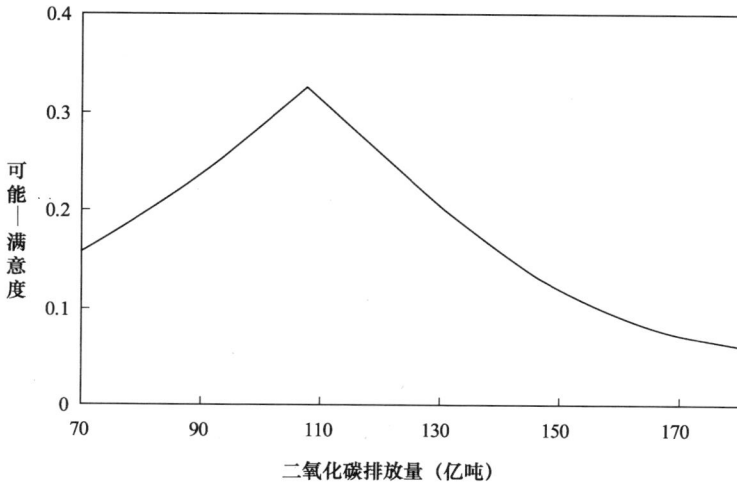

图5.7 能源结构优化下碳排放峰值的可能—满意度

5.4.2 从人均碳排放及排放强度推算可能—满意度

5.4.2.1 人均碳排放的角度

目前中国能源消费产生的人均二氧化碳排放已达到 5 吨,未来随着城市化、工业化的推进,能源消费还会有一定程度的增长,因而在特定阶段需要比现在更大的排放空间。从发达国家的数据看,人均排放量的差别较大。美国的人均排放量在 2000 年达到峰值,为 20.8 吨;日本的人均排放峰值出现在 2004 年,为 9.87 亿吨。从现实角度考虑,我国不可能有与美国相当的人均排放空间,即使按照日本的峰值标准,总排放量也将达到 145 亿吨。由于工业化进程所处时期不同,我国未来的经济发展是在信息化、低碳化的背景下进行的,所以设定峰值时期达到日本排放水平的 9.87 吨,满意度为 1;对应的目前人均排放量 5 吨的满意度为 0。从人均碳排放角度考虑的未来排放峰值的可能—满意度如图 5.8。

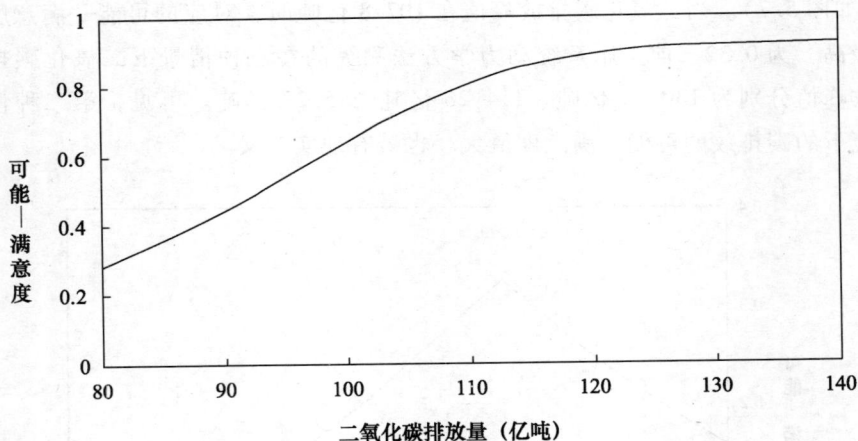

图 5.8 从人均碳排放角度计算排放峰值的可能—满意度

表 5.2 二氧化碳排放峰值的各指标赋值表

	可能度名称	可能度高	可能度低	满意度名称	满意度高	满意度低
人均排放角度	人口数(亿)	14.7	14.0	人均碳排放(吨/人)	9.87	5.0

续表

	可能度名称	可能度高	可能度低	满意度名称	满意度高	满意度低
单位产值碳排放强度	GDP（万亿美元）	15	30	碳排放强度（吨/千美元）	0.55	1.82
应对气候变化允许排放量	人口数（亿）	14.7	14.0	人均碳排放（吨/人）	8.7	20.8

5.4.2.2　碳排放强度的角度

在碳排放强度方面，按照美国能源信息管理局（EIA）测算的数据，2005 年，中国每千美元 GDP 所排放的二氧化碳为 2.87 吨，同期美国为 0.55 吨，德国为 0.44 吨，日本为 0.25 吨，印度为 1.82 吨，巴西为 0.50 吨。按照国家制定的减排目标，2020 年单位国内生产总值二氧化碳排放比 2005 年下降 40%—45%，则 2020 年的每千美元 GDP 排放的二氧化碳为 1.58—1.72 吨，2020 年之后的碳排放强度将继续下降。设中国在总量峰值时期，每千美元的二氧化碳排放量达到巴西 2005 年水平 0.50 吨的满意度为 1，达到印度 2005 年水平 1.82 吨的满意度为 0。

在按照前文的分析，在设定三种情景下的经济增长速度的前提下，2035 年中国的 GDP 为 19.8 万亿—23.1 万亿美元，设达到 30 万亿美元的可能度为 0，达到 15 万亿的可能度为 1。

从碳排放强度角度分析的排放峰值可能—满意度如图 5.9。

5.4.2.3　应对气候变化的角度

气候变化对人类社会的发展模式形成倒逼效应，即人类不但根据自身需要来利用自然资源，也要根据自然界的承载力来决定消耗资源的限度。世界各国都意识到减排的重要性，但在具体的减排方案上，至今未能达成一致。IPCC、联合国开发计划署（UNDP）都认为全球应在 2020 年之前达到峰值，2050 年要比现在的排放量大幅度下降。按照这一要求，全球的人均排放量在 2035 年前后将低于 5 吨。

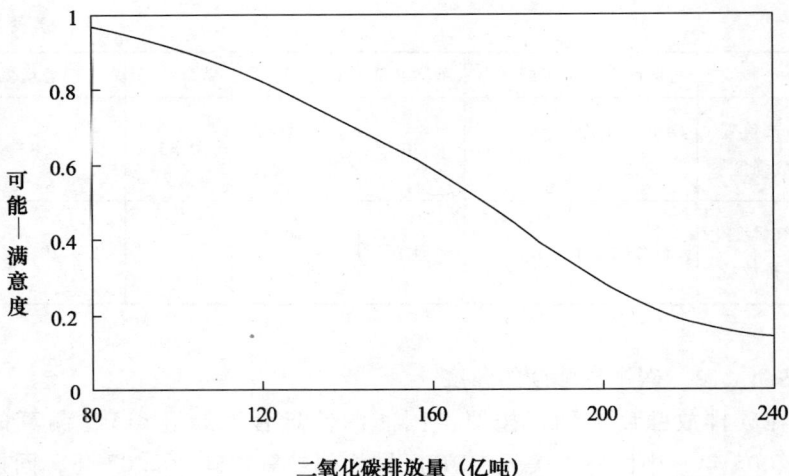

图 5.9　从碳排放强度角度计算排放峰值的可能—满意度

（纵轴）可能—满意度
（横轴）二氧化碳排放量（亿吨）

国内学者认为，由于所处阶段不同，从平等权和发展权考虑，中国不可能与发达国家同步减排[①]。工业革命以来，全球累计人均排放量为181.4吨，英国为1182.8吨，美国为1094.8吨，中国为66.8吨，印度为25.0吨。英美等工业化较早的国家自1751年以来的累计人均排放量远远高于全球平均水平和发展中国家的水平[②]。中国、印度和墨西哥等发展中国家的累计人均排放量在各个时期都低于全球平均水平和发达国家的水平，在当前和未来经济快速发展的背景下，需要有一定的排放空间增量。

综合气候变化的约束与社会发展的需要，选择欧洲作为参照对象来设定碳排放的可能—满意度。在应对气候变化方面，欧洲走在世界前列，在1990年（UNFCCC确定的基准年）人均排放量为8.2吨。设中国峰值时期人均排放达到这一数值的满意度为1，达到美国峰值时期人均排放20.8吨的满意度为0。在应对气候变化目标的约束下，排放峰值的可能—满意

---

　　①　陈文颖、吴宗鑫、何建坤：《全球未来碳排放权"两个趋同"的分配方法》，《清华大学学报》（自然科学版）2005年第45期（6），第850—853页。丁仲礼、段晓男、葛全胜、张志强：《2050年大气CO_2浓度控制：各国排放权计算》，《中国科学D辑：地球科学》2009年第39期（8），第1009—1027页。

　　②　张志强、曲建升、曾静静：《温室气体排放评价指标及其定量分析》，《地理学报》2008年第63期（7），第693—702页。

度如图 5.10。

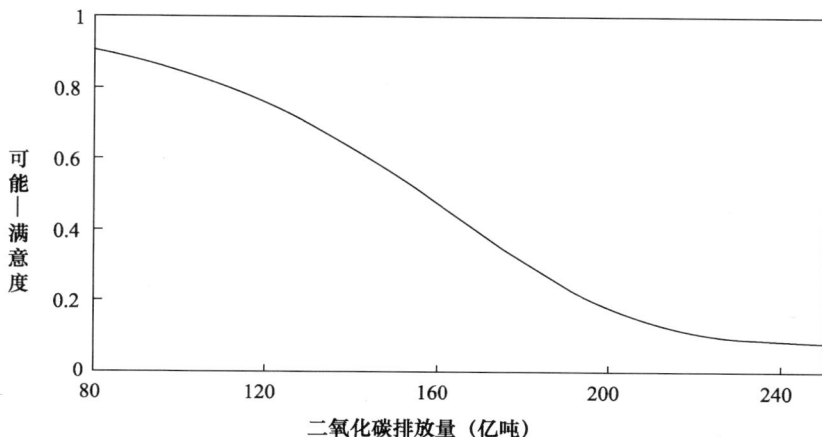

图 5.10　从应对气候变化角度计算排放峰值的可能—满意度

图 5.10 给出的二氧化碳排放总量在 140 亿吨以下时，可能—满意度大于 0.6，这一约束条件相对人均能耗角度测算的曲线更为宽松，其原因在于对人均碳排放的赋值分别以美国和欧洲水平为上下限，而欧美发达国家在城市化和工业化进程中资源环境约束不明显，因此可以享有较高的人均能耗和碳排放空间。但中国的城市化和工业化所面临的外部环境与发达国家完全不同，图 5.10 确定的可能—满意度曲线仅是保障中国居民享有一定的"人均碳排放权"条件下的理论曲线，其现实性需要进一步分析。

5.4.2.4　曲线合并后碳排放的可能—满意度

对以上三种分析角度得出的可能—满意度曲线进行合并，最高点坐标是（118.2，0.39）；在区间 [112.7，122.1]，可能—满意度大于 0.36。在从能源角度分析二氧化碳排放量时，最高点坐标是（107.8，0.32）。

可见，应对气候变化的约束条件比环境污染的约束条件更为宽松。这是因为，中国作为发展中国家，历史累计的碳排放量较低，在全球应对气候变化的行动中，比发达国家拥有更多的碳排放空间。气候变化的影响是全球性的，而环境污染效应虽然也会跨越国界，但主要影响仍然在国内。目前能源消费量在接近 30 亿吨标准煤的情况下，环境污染问题已经很严重，在未来能源消费量达到 60 亿吨标准煤（甚至可能达到 70 亿吨标准煤）的峰值水平时，环境问题不仅直接制约社会经济发展，甚至直接影响国内民众的健康与生存。换言之，在碳排放问题上，环境污染因素的影响权重要大于气候变化的影响权重。

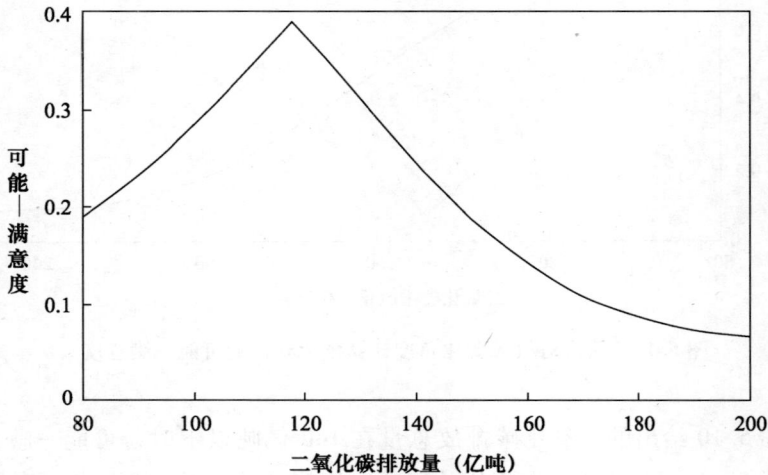

图 5.11　曲线合并后排放峰值的可能—满意度

5.4.3　碳排放可能—满意度的优化分析

根据前文的分析，以人均能耗、单位产值测算的总能耗曲线合并后，当能源消耗总量在 53.8 亿吨标准煤时，对应的可能—满意度最高，为 0.41。在这一能耗曲线下，结合能源结构得到的二氧化碳排放峰值的可能—满意度最高值在（107，0.32），低于 0.36 的可能—满意度，相当于能耗总量和能源结构部分的可能—满意度均低于 0.6，这不符合经济社会与资源环境可持续发展的要求。

针对这一结论，需要从人均能耗与单位产值能耗推算总能耗可能—满意度的两条曲线寻找原因。这两条曲线的变化方式是相反的：从人均能耗推算总能耗，随着总能耗增加，可能—满意度上升；从单位产值能耗推算总能耗，随着总能耗增加，可能—满意度下降。通过改变人均能耗、单位产值能耗的可能—满意度参考值，对原有的曲线进行调整，以期寻找较高可能—满意度的方案。

5.4.3.1　调整人均能耗曲线

前文在从人均能耗推算总能耗的过程中，以日本当前的人均能耗水平满意度为 1，当前国内的人均能耗水平满意度为 0。要提高曲线合并的可能—满意度，需要降低人均能耗高满意度的参数值。在主要发达国家中，意大利人均能耗显著低于其他国家，2006 年为 4.43 吨标准煤。以这一数值满意度为 1，当前国内的人均能耗水平满意度为 0，重新测算的总能耗可能—满意度如图 5.12。

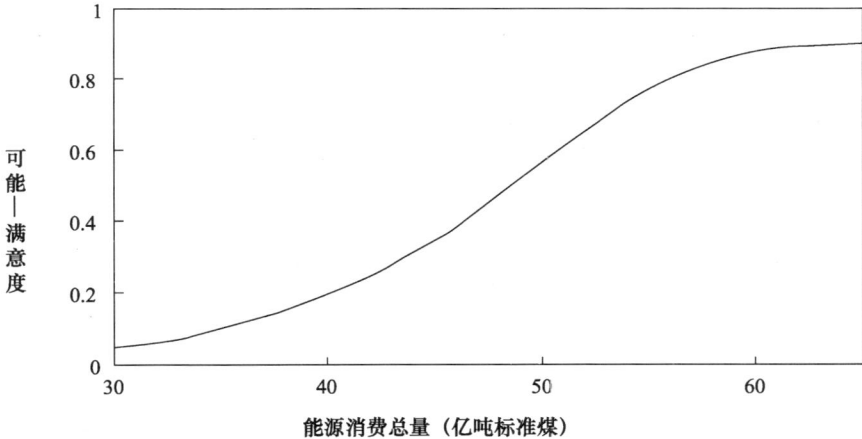

图 5.12　从人均能耗角度计算总能耗的可能—满意度（调整后）

5.4.3.2　调整单位产值能耗曲线

在原方案中，设中国在碳排放峰值时期的单位产值能耗达到日本2005 年水平的满意度为 1，而日本 2005 年的单位产值能耗仅相当于中国2008 年单位产值能耗的 25.3%，要达到这一目标的难度较大，因此合并后的可能—满意度较低。此时，可以以美国 2005 年每万美元 GDP 能耗2.70 吨标准煤的能效水平作为中国峰值时期的参考，满意度为 1，以中国2008 年的单位产值能耗满意度水平为 0。在这种调整后，总能耗的可能—满意度如图 5.13。

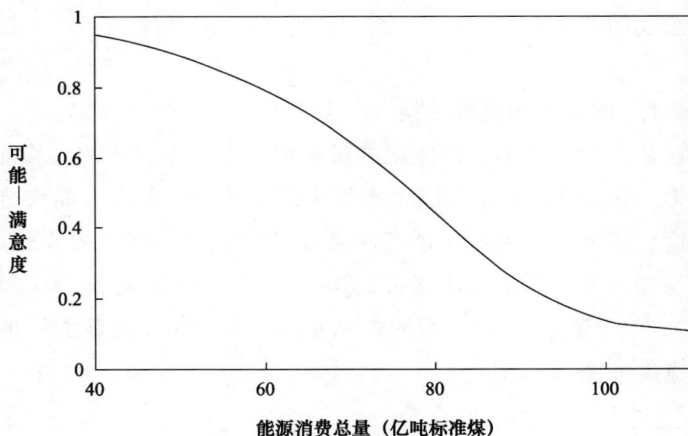

图 5. 13　从单位产值能耗角度计算总能耗的可能—满意度（调整后）

5. 4. 3. 3　调整后总能耗的合并可能—满意度

图 5. 12、图 5. 13 的曲线可以分别与图 5. 4、图 5. 5 合并计算总能耗可能—满意度，另外，图 5. 12 与图 5. 13 也可以合并测算，这样得到总能耗的 3 种可能—满意度方案。经过比较，可能—满意度最高的是图 5. 13 与图 5. 4 的曲线合并，得到的总能耗可能—满意度如图 5. 14。在这一合并方案下，当总能耗为 64. 2 吨时，对应的可能—满意度最高，最高值为 0. 49。在区间 [59. 1，68. 2]，可能—满意度大于 0. 36。

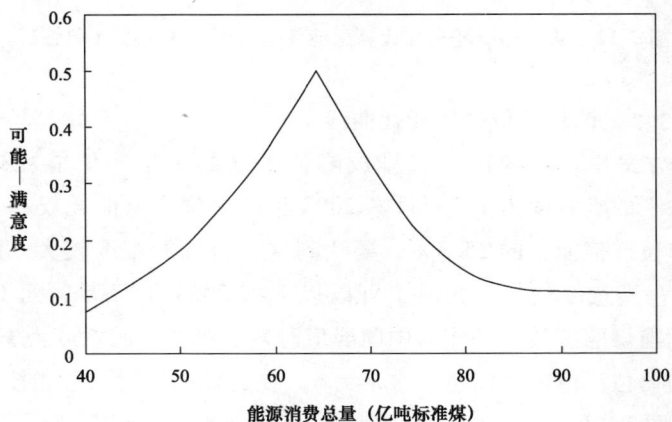

图 5. 14　人均能耗、单位产值能耗合并后的能耗总量可能—满意度（调整后）

在得到能耗总量的基础上，结合前文对能源结构的测算，可以测算二氧化碳排放总量的可能—满意度。

5.4.3.4 调整后的碳排放可能—满意度

调整后的碳排放可能—满意度曲线如图 5.15 所示。当二氧化碳排放峰值在 115.3 亿吨时，对应的可能—满意度最高，为 0.40。这一方案的可能—满意度高于图 5.7 所示的结果，相当于所合并的两条曲线的满意度均高于 0.63 的水平。在区间 ［106.2，121.7］，可能—满意度大于 0.36。此外，本书 5.4.2 节气候变化约束条件下得到的碳排放可能—满意度曲线的最高点坐标是（118.2，0.39），与图 5.15 较为接近。这意味着从能源消费角度与气候变化约束角度测算的碳排放可能—满意度曲线较为一致。从具体数值上看，从能源消费（即环境污染约束）角度测算得到的碳排放峰值 115.3 亿吨仍然小于气候变化约束的 118.2 亿吨，说明环境约束仍然比气候变化约束更为苛刻。

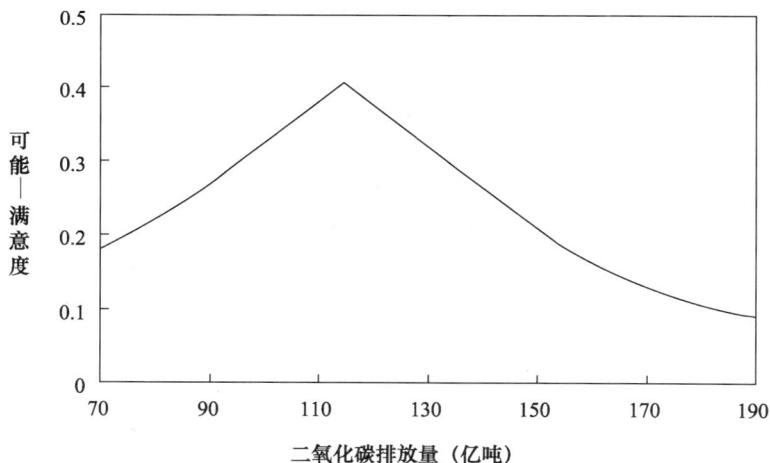

图 5.15 碳排放峰值的可能—满意度（调整后）

第二部分

"人口—经济—资源—环境" 协调可持续发展约束下的 适度人口研究

第六章

国内外适度人口容量研究综述

人口因素成为一个城市或地区发展的基础条件和重要环境因素。城市的人口与经济系统、社会生活系统以及环境生态和土地系统相互关联、相互制约又相互促进。所以存在一个"能够达到一个特定或一系列目标的'最佳'或'最理想'的人口规模,这样的人口可以获得最大的经济利益和社会福利"①。或者从更广泛的意义上存在一个"适中的人口容量和该区域的经济发展水平、自然资源的多寡以及生态系统的负载能力保持平衡,保证人类社会的持续发展"②。既然存在这样一个适度人口,这个人口规模又是和一个城市的经济,社会生活以及环境生态和土地紧密联系的,那么我们就可以建立一个新的数学模型来判断一个城市的人口是否符合适度人口,是否已经达到城市系统的人口最优化配置。

本书综述国内外适度人口容量的相关研究,并对国内人口容量及其定量算法进行分析梳理,以便深入研究适合中国国情的、量化的、可操作的城市适度人口容量的评测模型,进而对我国处于不同经济发展阶段的多个城市系统进行系统评测。

6.1　国外现代适度人口研究综述

与早期的适度人口理论相比,现代适度人口理论涉及的研究领域更加

---

① 谭琳、李建民:《现代人口学辞典》,天津大学出版社 1994 年版。
② 陈如勇:《中国适度人口研究述评》,《西北人口》2001 年第 1 期,第 12—16 页。

宽泛，所涉及的研究时间间隔明确了，适度人口的标准的确定趋于多元化，从原来的"收益"、"经济收益"变为人均产量或人均收入。更为重要的是现代适度人口理论不但进行静态考察，而且进行动态考察，即从静态适度人口理论转向了动态适度人口理论，使适度人口理论更实用、更切合实际。

现代适度人口理论的主要代表人物是法国著名人口学家阿尔弗雷德·索维（Alfred Sauvy），其他学者如 J. O. 赫茨勒（J. O. Hertzler）等对适度人口理论也有所论述。

6.1.1　索维的适度人口理论

索维早年曾在法国巴黎大学攻读经济学，后担任法兰西学院经济学教授，在国际人口学界和经济学界从事科研学术活动，是国际知名的人口学家。他探索在各种社会经济条件下，人口数量与经济变量之间的一种最适宜的关系，寻求人口增长与经济增长之间的最适宜关系。

索维的研究一方面继承了前人从经济学的角度来分析"适度人口"的传统，另一方面又把"适度人口"的概念扩大到了非经济领域。他给适度人口下了个更接近其本质、更抽象的定义："适度人口也就是一个以最令人满意的方式达到某项特定目标的人口。"接下来索维列举了几种精确的目标：

四项经济目标：个人福利；增加财富；福利总和（适合于分配的全部人口的总收入）；就业（私有财产制度下所有适合工作的适龄者充分就业）；

四项社会目标：健康长寿；文化知识；寿命总和（人口数×人口平均寿命）；居民人数（适度人数就是最高人数）；

一项军事国政目标：实力（可以是军事力量）。

6.1.1.1　动态适度人口

通常，所谓"静态适度人口"是指假定在生产技术、经济结构、物质资源、产品分配、年龄构成、工作日等条件不变，并且充分就业，又没有国际贸易和移民的情况下，按照一定的经济标准所确定的最适合的人口。索维认为，静态的经济适度人口是个令人不愉快的概念。

"动态适度人口"是指假定在生产技术、经济结构、物质资源、产品分配等条件发生变动的情况下，按照与经济增长有关的经济标准所确定的最适合的人口，主要研究在生产技术等条件发生变动的情况下，人口增长同经济增长或社会福利增长的关系。

6.1.1.2　适度人口增长率

索维又把适度人口的讨论从适度人口规模扩展到适度人口增长率上。他从分析人口增长的负担和效益之间寻找均衡点，并以这种均衡点来确定适度人口增长率。他在1976年《人口的适度变动》中提出了以人口的最大经济效益和最低负担时的人口增长率为适度增长率的论点[1]。

6.1.2　赫茨勒的适度人口理论

J. O. 赫茨勒，美国学者，其代表作是1956年出版的《世界人口危机》。他认为在适度人口方面是有争议的，不管哪个地方，在人口与现有资源、技术以及文化状况之间总归存在"正确的"、"最好的"、"理想的"关系。

在考察适度人口方面，赫茨勒认为绝对大数经济学家还有一些社会学科的学者都认为确立适度人口的最终目标是为了谋求最大限度的社会经济福利和人类幸福，但是幸福的衡量标准却难以界定。按照赫茨勒的观点，适度条件是个动态的条件，任何适度条件经过一段时期之后总要发生变化。因此，他认为重要的是研究制定一个综合指数，考虑应用电子计算机从各有关变数的复杂资料中编出一个具有科学性、有效性的公式或指数。

6.1.3　其他学者观点

基哈德·斯密特·林克（J. Schmit Rink）在讨论适度人口增长率的存在和性质时，把适度的指标选择为：（1）总人口的抚养率的最小化，即平均每个劳动力人口所负担的少年儿童和老年人的数量越小越好；（2）经济负担率最小化，即平均每个劳动力人口花费在抚养少年儿童和老年人口的

---

① 穆光宗：《"适度人口思想"的反思和评论》，《开放时代》2000年第3期，第82页。

支出占人均收入的相对份额越少越好，不过前提是要满足他们追求美好生活的需求；（3）净人均消费最大化，即人均收入与平均劳动力人口的总抚养支出之差趋于最大。

保罗·R. 埃利奇（Paul R. Ehrlich）认为地球的资源环境容量是分析适度人口的主要因素，但也不能忽视社会因素，包括"个人"与其他人的关系以及人的心理状态同环境的关系因素，这些因素涉及主观社会心理和文化理念，对它们不能直接地如同对限制人口规模而进行的生物和物理控制那样，通过资源消耗、光合作用效率、营养学和热力学的限额等方面的数据去处理。但是，人类生活的质量问题必须与地球上人类的数量密切相关。人类发展的目标应该是得到最大化的幸福而不是最大数量的人口，适度人口规模一定比最大人口容量少得多[①]。

经济学家科尔和胡佛提出从人口增长和经济发展宏观模型出发，来确定最佳人口规模的理论。他们认为可以把人均收入与人口规模看成函数关系，在一个国家的特定时期内，当非劳动资源的供给不变时，存在一个能使人均收入最大化的人口规模，这一规模就是最佳人口规模，与之相适应的就是适度人口。适度人口不是固定的，当资本积累、技术进步和新的自然资源获得开发时，人均收入的增加和最佳人口的扩大就会同时出现[②]。

6.2　国内适度人口容量研究综述

在 1927 年日内瓦第一次国际人口学会议和 1937 年巴黎国际人口学会议上，适度人口问题成为讨论的焦点。当时，中国社会学界对该问题也有所关注。1930 年，陈长衡在《三民主义与人口政策》中提出"适中的密度，是人口压迫降到零点时的密度，是国家种族最适于生存进化的密度"。但真正实质性的探讨是在新中国成立以后。

---

① 王书华、毛汉英、王忠静：《生态足迹研究的国内外近期进展》，《自然资源学报》2002年11月，第776页。

② 童星：《世纪末的挑战——当代中国社会问题研究》，南京大学出版社1995年版，第28页。

6.2.1　新中国成立后我国传统的适度人口理论

1957 年，南京大学地理系的孙本书教授在《文汇报》上发表了《八亿人口是我国最适宜的人口数量》，他认为就我国自然资源、农业生产和整个国民经济发展情况来看，我国人口是可以继续增长的，根据我国当时粮食生产水平和劳动就业人数这两个因素来讨论适度人口问题。

1979—1980 年，中国社会科学院的田雪原、陈玉光从经济发展角度研究了中国适度人口数量。他们认为在消费和积累为一定比例的条件下，经济的发展和国民收入的增长一方面决定着消费资料的增长，从而决定着一定消费水平下的社会总人口；另一方面通过积累和固定资产的增长，技术水平和装备水平的提高程度制约着劳动人口的数量，从而也决定着人口的总数。

西安交通大学的胡保生、王浣尘、朱楚珠、李维岳运用系统工程中的多目标决策技术和方法，比如"可能—满意度"的多层次指标确立和研究来预测中国未来的适度人口数量。

宋健、宫锡芳、宋子成、孙以萍以食物生产和淡水资源为基础探讨了中国的适度人口数量。

石玉林在《中国土地资源的人口承载力研究》一书中对人口与资源相互关系的定量研究方法作了分析，并将数学模型运用到中国部分省市的人口承载力研究。

毛志锋在《适度人口与控制》一书中将适度人口划分为经济适度人口、生态适度人口与社会适度人口。他从生态角度出发，提出人口容量是指在一定时期内，能够保障生态环境物质能量循环相对均衡和不断满足人口生活消费水平提高的条件下，地球或某一开放疆域的自然资源在长期稳定合理开发利用基础上所能扶养的人口数量[①]。

20 世纪 80 年代末，胡鞍钢从充分就业和人均收入、人均占有粮食、生态平衡以及人口老龄化对人口结构的影响等几方面分别探讨中国的适度

---

① 毛志锋：《适度人口与控制》，陕西人民出版社 1995 年版，第 23 页。

人口，并明确提出中国人口发展目标应当是"适度人口目标"①。

6.2.2 可持续发展的适度人口理论

可持续发展的基本理论可以包括：保持和增强社会（人口）、经济和环境三种生产能力，增殖人力、物质和生态三种资本，达到社会、经济和环境三种效益的统一。可持续发展的理论基础是三种生产协调增强论，所谓三种生产是指：物质资料生产、人类自身生产、生态环境生产②。

根据以上理论的指导，可持续发展的适度人口理论首先应当要求人口生产、物质生产和资源环境生产统一协调，因为协调的本身就隐含了适度人口的理念，即人口、经济生产和资源环境的相互适应和永续发展；其次，人的全面发展是可持续发展的核心，优化人口规模、增长速度、结构和人口素质都是适度人口的基本内容。合理的人口结构是稳定人口增长，协调人地关系，公平分配生产成果的需要；最后，从现实出发，控制人口是实现可持续适度人口的重要手段，应当重视调整社会结构和社会关系，最终达到提高人类生活质量的目的。

6.3 我国目前适度人口研究现状

适度人口（Optimum Population）的渊源，可以追溯到两千多年前古希腊的柏拉图、亚里士多德的著作以及中国的孔子。但是，作为一种独立的、系统的人口经济理论，适度人口理论（Theory of Optimum Population）产生于 19 世纪 80 年代，随着人类社会的发展，在 20 世纪得到了丰富与发展。适度人口理论的基本特点在于探讨一个国家的适度人口，它起初关注的是一个国家最适宜的人口数量和人口规模，后来又研究最适宜的人口密度、人口质量以及适度人口增长率等等。适度人口理论最核心的思想是

---

① 王施施、付丽、许溪沙：《沈阳市生态保护规划策略研究》，《沈阳建筑大学学报》（社会科学版）2006 年 10 月，第 330 页。

② 叶文虎、陈国谦：《三种生产：可持续发展的基本理论》，《中国人口资源与环境》1997 年第 2 期。

人口与社会经济系统和资源环境系统达到相互适应的最佳状态。

适度人口理论可以分为早期适度人口理论和现代适度人口理论，以及近年来学者们根据可持续发展理论讨论甚多的可持续的适度人口理论。因此，适度人口理论的演进可以归纳成下图：

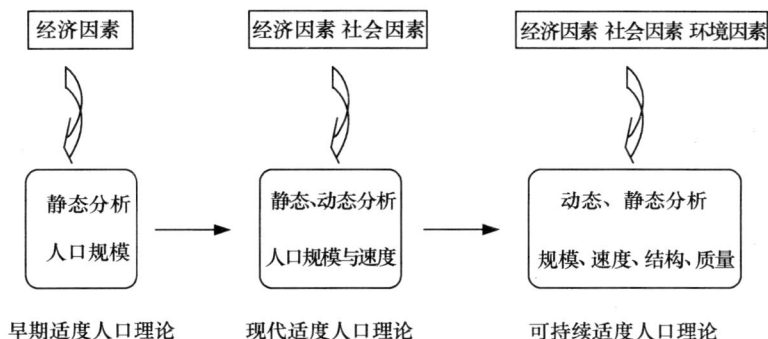

图 6.1 适度人口理论的演进

6.3.1 早期适度人口理论

早期适度人口理论主要从经济因素（产业收益最大化、人均收入）讨论静态的适度人口规模问题，经济利益是判断适度人口规模的唯一尺度——确切地说，应该是静态经济适度人口。用函数关系可以概括地表示为：$OP = f(e, u)$，即适度人口规模（OP）是经济变量（e）的函数，u是扰动因子。

6.3.2 现代适度人口理论

现代适度人口理论把社会因素（主要是技术进步）引入适度人口分析中，不但探讨适度人口数量，也研究适度人口增长速度，将适度人口的静态分析推进到动态分析，在影响适度人口的自变量因子中又加入了社会要素（s），即适度人口是经济因素和社会因素双重作用的结果，$OP = f(e, s, u)$。

6.3.3 可持续适度人口理论

可持续适度人口理论以可持续发展理论为基础，充分认识资源环境系统对人类生存与发展的重要性和限制作用，适度人口不仅要与社会经济变化相互适应，而且还必须与资源环境系统的生产能力和供养能力相互协调。适度人口是人口数量、增长速度、质量与结构的全面的适度。因此，决定适度人口的要素涵盖的范围更广、涉及的领域更多、测量难度也更大，但是更接近于客观事实。理论上，可持续适度人口可以简单地概括为函数形式 $OP = f(e, s, ev, u)$，即它是经济因素、社会因素和环境因素（ev）共同确定的最优人口[①]。

6.4 我国人口容量研究常用定量算法

6.4.1 生态足迹法

生态足迹分析法是由加拿大生态经济学家 William 于 1992 年提出并由其博士生 Wackemagel 于 1996 年完善的一种度量可持续发展程度的生物物理评价方法。在生态足迹计算中，各种资源和能源消费量被折算为耕地、牧草地、林地、建成地、海洋（水域）、化石能源地等六类基本生态生产性土地面积。该方法通过将区域的资源和能源消费转化为提供这些物质所必须的生物生产土地面积，并同区域能提供的生物生产土地面积进行比较来定量判断一个区域的发展是否处于生态承载能力的范围内[②]。

生态足迹的计算基于以下基本事实：①人类消费的绝大多数资源、能源及其所产生的废弃物的数量可确定；②这些资源和废弃物大多能折算成生产和吸收这些资源和废弃物的生态生产面积。生态足迹分析的一个基本

---

① 刘家强：《人口经济学新论》，西南财经大学出版社 2004 年版，第 144—145 页。
② 龙爱华、张志强、苏志勇：《生态足迹评介及国际研究前沿》，《地球科学进展》2004 年 12 月，第 971 页。

假设是：各类土地在空间上互斥①。

生态足迹法是一种较好的衡量人类社会活动对自然环境影响的定量分析指标，近年来生态足迹的方法以其较科学、完善的理论基础和精简统一的指标体系，以及方法的普适性在国内外有关领域得到了较为广泛的应用。我国学者在研究沈阳市②、郑州市③、珠海市④、金华市⑤等城市的人口容量的时候广泛应用这一方法。

6.4.2　可能—满意度算法

在我国城市人口容量的研究中，张瀛、王浣尘⑥、米红⑦等专家学者应用此种方法，对上海市、深圳市、南京市等地方的适度人口容量作了大量的研究测算，取得了满意的效果。如上海交通大学王浣尘教授领导的《上海人口合理规模研究报告》课题组，利用该方法对上海市的人口容量作了细致的研究，他们从制约和影响人口规模的各种有关因素出发，采用多目标决策技术和分解综合的办法，在充分考虑各种社会经济因素对人的生活影响的前提下，通过作出这些不同的因素制约下的可能—满意度曲线，将之放在同一个以人口为横轴，可能—满意度为纵轴的坐标系下，直观地观察受控于不同因素下描述可能—满意度与人口互动关系的曲线，并据此方便地找出限制可能—满意度提高的"瓶颈"因素。该方法引进了"可能—满意度"指标时选定影响上海合理人口规模25项因素，在几种不同的假设下，计算多种方案的"可能—满意度"数值，提出50年后上

---

① 王书华、毛汉英、王忠静：《生态足迹研究的国内外近期进展》，《自然资源学报》2002年11月，第776页。

② 王施施、付丽、许溪沙：《沈阳市生态保护规划策略研究》，《沈阳建筑大学学报》（社会科学版）2006年10月，第330页。

③ 赵勇、李树人、寇刘秀、宋艳辉：《生态足迹法在郑州市城市可持续发展中的应用》，《河南农业大学学报》2004年12月，第394页。

④ 李翔、舒俭民：《改良生态足迹法在珠海的应用》，《环境科学研究》2007年第20卷第3期，第148页。

⑤ 王丽晔：《基于生态足迹分析法的人口容量计算研究》，《浙江师范大学学报》（自然科学版）2008年9月，第343页。

⑥ 张瀛、王浣尘：《上海合理人口规模研究》，《管理科学学报》2003年4月。

⑦ 厦门大学人口资源环境与地理信息系统研究中心：《深圳市适度人口容量与人口调控政策研究》2004年11月。

海市的合理人口规模。

6.4.3　其他算法

国内还有很多专家学者应用各种各样的算法模型从各个方面对城市合理人口容量作了测算，例如徐琳瑜、杨志峰、毛显强等学者应用双向寻优方法，分别从资源承载力和生活舒适度两方面出发，对广州市的适度人口容量做了研究。

陈家华、文宇翔、李大鹏等学者应用从人口平衡方程式结合三次产业劳动生产率与 GDP 的关系式中导出的经济适度人口模型（EOP - MM），对上海市浦东新区的适度人口容量作了测算，得出相应结论。

此外还有很多学者建立了诸多数学模型，诸如多水平模型[①]，效益成本模型[②]，人口、经济与资源区域匹配模式[③]，人口迁移均衡模型与非均衡模型[④]，水环境容量多目标系统优化法[⑤]等。一些学者分别从就业、食品和淡水角度估算了我国适度人口数量[⑥]，这些模型或者算法从不同角度都对我国城市人口容量的多少进行了测算，取得的成果从不同程度、不同角度上反映了我们的城市合理人口容量目标，都具有一定的参考价值。

---

① 李惠：《人口迁移的成本、效益模型及其应用》，《中国人口科学》1993 年第 5 期，第 47—51 页。

② 张凤雨、王海东：《多水平模型及其在人口科学研究中的应用》，《中国人口科学》1995 年第 6 期，第 1—7 页。

③ 朱宝树：《人口与经济——资源承载力区域匹配模式探讨》，《中国人口科学》1993 年第 6 期，第 8—13 页。

④ 范力达：《人口迁移的均衡模型评述》，《中国人口科学》1994 年第 5 期，第 1—7 页。

⑤ 唐国平、杨志峰：《密云水库库区水环境人口容量优化分析》，《环境科学学报》2000 年第 20 期 (2)，第 225—229 页。

⑥ 陈卫、孟向京：《中国人口容量与适度人口问题研究》，《市场与人口分析》2000 年第 6 期 (1)，第 21—31 页。

第 七 章

多区域人口评测暨城市群人口容量实证研究

新中国成立以来，我国的社会主义建设取得了巨大的成就，经济总量快速增加，人民生活水平不断提高。随着我国的经济快速发展，我们的城市化水平也不断提高，2007 年北京、上海、重庆的市区户籍人口均已超千万，实际常住人口数字已经超过这个数字。尤其是近 10 年来，我国的城市化率以年均 1.19% 的速度快速提高，2008 年这一数字已经超过 45%，虽然这个数据与欧美发达国家 80% 以上的城市化率还是有着不小的差距，但是考虑到我国人口基数大、经济底子薄，发展时间短的具体情况，迅速的城市化给我们的城市带来了这样那样的问题，日益增长的人口容量给城市可持续发展带来越来越大的压力。

由于人口问题引发的城市环境、交通、居住条件的恶化，给城市的快速发展带来了越来越大的阻力。城市经济总量快速发展的同时，人均总量并没有快速提高，有些环境指标，例如人均绿地，人均用水量反而持续下降。这些问题，必将阻碍一些城市的持续发展。

7.1 我国城市化发展现状

城市化的进程加速，由单一城市的发展到城市群的出现是一个必然的结果，城市群的产生和发展，标志着我国的城市化进程迈入了一个崭新的阶段。由于城市群能够在更加广阔的范围内实现资源优化配置，不同的城市之间分工合作，能够产生比单个城市更大的分工收益和规模效益，因而城市群越来越成为区域经济增长的重要源泉，成为衡量一个地区或国家经济发展水平的重要标志。同时，作为国家参与全球竞争与国际分工的基本地域单元，它的发展深刻影响着国家的国际竞争力，影响一个国家城市化发展的水平和质量，对国家经济持续稳定发展具有重大意义。国家"十一五"规划纲要明确指出："要把城市群作为推进城镇化的主体形态；已形成城市群发展格局的京津冀、长江三角洲、珠江三角洲等区域，要继续发挥带动和辐射作用，加强城市群内各城市的分工协作和优势互补，增强城市群的整体竞争力；具备城市群发展条件的区域，要加强统筹规划，以特大城市和大城市为龙头，发挥中心城市作用，形成若干用地少、就业多、要素集聚能力强、人口分布合理的新城市群。"这是党和国家对促进城市化进程和区域发展的重要战略决策，对我国经济和社会发展必将产生重要而深远的影响。

7.1.1 城市群的概念

城市群的出现是一个历史过程。城市是一个区域的中心，通过极化效应集中了大量的产业和人口，获得快速的发展。随着规模的扩大、实力的增强，对周边区域产生辐射带动效应，形成一个又一个城市圈或都市圈。伴随着城市规模的扩大和城际之间交通条件的改善尤其是高速公路的出现，相邻城市辐射的区域不断接近并有部分重合，城市之间的经济联系越来越密切，相互影响越来越大，我们就可以认为形成了城市群。

城市群，是指在城市化过程中，在一定的地域空间上，以物质性网络（由发达的交通运输、通信、电力等线路组成）和非物质性网络（通过各种市场要素的流动而形成的网络组织）组成的区域网络化组织为纽带，有一个或者几个城市作为中心城市，起着组织和协调的作用，同时又有若干个不同等级规模、城市化水平较高、空间上呈密集分布的城镇通过空间相互作用而形成的，包含有成熟的城镇体系和合理的劳动地域分工体系的城镇区域系统。它在结构状况（产业结构、组织结构、空间布局、专业化程度）、区位条件、基础设施、要素的空间集聚方面比其他区域具有更大的优势，能够通过中心城市形成区域经济活动的自组织功能。因此，城市群是区域经济活动的空间组织形式。其中，中心城市对群体内其他城市有较强的经济、社会、文化辐射和向心作用。中心城市是区域内生产、消费、贸易、行政、就业中心和社会经济发展或衰退的前线，对其外围地区在经济、社会、文化等方面都有很大的影响，通过与外围区域的各种联系，直接或者间接地影响着区域的发展方向和发展规模，是城市群发展的关键。城市群并不仅仅是若干个城市在空间上的集聚现象，而是在一定程度上中心城市对于周边区域的发展起到了带动作用，城市之间的经济、文化、政治联系更加紧密。城市群是工业化、城市化进程中，区域空间形态的高级现象，能够产生巨大的集聚经济效益，是国民经济快速发展、现代化水平不断提高的标志之一[①]。

7.1.2　城市群的基本特征

不同城市群的特征和功能有很大差异，因此，学术界对这一概念的表述不尽相同。但是共通点是，城市群都应具有地理和经济双重属性。地域性、人口群聚性、中心性、区域广泛性、联系性是城市群的基本特征[②]：

（1）地域性：城市群具有特定的空间地理范围，由若干个相邻的城市区域结合；

（2）人口群聚性：城市群本质上是人口的大量聚集，巨大的人口规模和较高的人口密度，是城市群的显著特征；

（3）中心性：城市群中一般都有 1—2 个大城市充当地区经济的核心，中心城市在整个城市群地域范围内的社会经济活动中处于核心和支配地位。从核心城市的数量的多少来说，城市群一般分成单核城市群及多核城市群。中心城市的人口、经济规模均需在区域内占较大比重，能够对周边城市和地区发挥出较强的吸引力和辐射力。中心城市是城市群不可缺少的内核，是一个城市群的增长极和辐射源。如美国纽约城市群拥有中心城市纽约市，人口 800 万；日本东京城市群中心城市东京市，拥有人口821 万；

（4）区域广泛性：城市群需要有一个受中心城市吸引和辐射的经济

---

　　① 　陈柳钦：《新的区域经济增长极：城市群》，《福建行政学院学报》2008 年第 4 期，第74—79 页。

　　② 　倪鹏飞、侯庆虎、王有捐、刘彦平等：《中国城市竞争力报告 No.6》，社会科学文献出版社 2008 年版。

腹地，作为中心城市赖以生存的基础。中心城市和城市群中的其他众多城市，按等级形成圈层结构，整个区域城市化水平明显高于全国平均水平，经济较发达。如美国纽约城市群拥有波士顿、华盛顿等次级中心城市，经济腹地达 13.8 万平方千米，占美国国土面积的 1.5%，城市化率高达 90%[①]；

（5）联系性：区域内各城市间有着密切的社会、经济联系，形成合力的社会、经济职能分工，具有较强的一体化倾向。城市圈内的联系既包括人流、物流、信息流、资金流等各种经济要素间的关联，也包括交通运输网络、通信网络等基础设施的互通。同时城市群在国家经济的发展中能起到枢纽作用，是连接国内、国际要素流动和资源配置的节点和科学技术创新的孵化器和传输带。

7.1.3 城市群的不同分类

（1）从城市群的空间形状来划分

可分为散状城市群、带状城市群和圈状城市群三种类型。

（2）从内部城市结构来划分

可以分为低中心城市群、单中心城市群、双核城市群和多中心城市群（嵌套城市群）。

（3）从区域影响角度来划分

通常分为世界城市群、国家城市群以及区域城市群。

（4）按发展阶段来划分

一般可以分为萌芽阶段、快速发展阶段、稳定发展阶段和成熟发展阶段。

7.1.4 我国目前城市群发展现状

根据目前对中国城市群特征的识别和判断的研究，现阶段中国城市共分为 33 个城市群，其中，位于大陆的较为成熟的城市群共有 29 个，具体情况如表 7.1。

---

① 戴宾：《城市群及其相关概念辨析》，《财经科学》2004 年第 6 期，第 101—103 页。

表 7.1　　　　　　　　　　　中国城市群发展现状

城市群名称	包括城市	中心城市	城市群发展等级
长三角城市群	上海、杭州、嘉兴、湖州、绍兴、宁波、舟山、南京、扬州、常州、泰州、镇江、无锡、南通、苏州	上海	成熟、世界级
珠三角城市群	香港、广州、佛山、江门、深圳、惠州、肇庆、珠海、东莞、中山、澳门	广州	成熟、世界级
京津唐城市群	北京、天津、唐山、保定、沧州、张家口、秦皇岛、廊坊、承德	北京	成熟、世界级
山东半岛城市群	青岛、济南、潍坊、烟台、淄博、威海、东营、日照	青岛、济南	成熟、国家级
辽中南城市群	沈阳、鞍山、抚顺、本溪、丹东、营口、铁岭、盘锦、辽阳、大连、锦州、阜新	沈阳、大连	成熟、国家级
海峡西岸城市群	泉州、漳州、厦门、宁德、福州、莆田	福州、厦门	成长、国家级
中原城市群	郑州、新乡、洛阳、平顶山、焦作、许昌、开封、漯河、济源	郑州	成长、国家级
武汉城市群	武汉、黄冈、黄石、孝感、咸宁、鄂州、潜江、天门、仙桃	武汉	成长、国家级
成渝城市群	重庆、成都、南充、绵阳、乐山、德阳、眉山、内江、遂宁、资阳、广安	成都、重庆	成长、国家级
关中城市群	西安、咸阳、渭南、宝鸡、铜川、杨凌农业示范区	西安	成长、国家级
长株潭城市群	长沙、株洲、湘潭、邵阳、衡阳、益阳、娄底、常德	长沙	成长、区域级
哈尔滨城市群	哈尔滨、齐齐哈尔、绥化、牡丹江、大庆、鸡西、双鸭山、鹤岗、七台河	哈尔滨	成长、区域级
长春城市群	长春、吉林、四平、松原、辽源	长春	成长、区域级
皖江淮城市群	马鞍山、滁州、芜湖、铜陵、安庆、池州、宣城、巢湖、合肥、六安、蚌埠、淮南	合肥、芜湖	成长、区域级

续表

城市群名称	包括城市	中心城市	城市群发展等级
徐州城市群	徐州、宿迁、连云港、宿州、淮北、济宁、枣庄、临沂	徐州	成长、区域级
浙东城市群	温州、台州、丽水	温州、台州	萌芽、区域级
汕头城市群	汕头、潮州、揭阳、汕尾	汕头	萌芽、区域级
琼海城市群	湛江、茂名、阳江、海口、三亚	湛江、海口	萌芽、区域级
石家庄城市群	石家庄、保定、沧州、衡水、邢台、阳泉	石家庄	萌芽、区域级
太原城市群	太原、沂州、阳泉、晋中、吕梁	太原	萌芽、区域级
环鄱阳湖城市群	景德镇、九江、南昌、鹰潭、上饶、抚州	南昌	萌芽、区域级
呼包鄂城市群	呼和浩特、包头、鄂尔多斯	包头	萌芽、区域级
拉萨城市群	拉萨、林芝、日喀则地区	拉萨	萌芽、区域级
银川城市群	银川、吴忠、中卫、石嘴山、乌海	银川	萌芽、区域级
兰州城市群	兰州、定西、白银、武夷、西宁	兰州、西宁	萌芽、区域级
乌昌城市群	乌鲁木齐、昌吉回族自治区	乌鲁木齐	萌芽、区域级
南宁城市群	南宁、北海、防城港、钦州、崇左	南宁	萌芽、区域级
黔中城市群	贵阳、遵义、六盘水	贵阳	萌芽、区域级
滇中城市群	昆明、曲靖、玉溪、楚雄	昆明	萌芽、区域级

数据来源：本课题组搜集整理。

虽然我国改革开放 30 多年来，城市群的建设取得了长足的发展，但是和发达国家的成熟的城市群相比，还存在着诸多的问题，需要我们思考：

（1）中心城市弱、总体规模小

城市群的中心城市的发展规模和对整个城市群的发展带动作用明显不足，贡献程度低。例如 2008 年全国 GDP 为 300670 亿元，而其中，上海、北京、广州、深圳四个城市占全国 GDP 的份额分别是 4.56%、3.49%、2.73%、2.6%[①]。推而广之，我国长三角、珠三角和京津唐三个城市群对我国的经济贡献率约为 38%，而美国大纽约区、五大湖区和大洛杉矶

---

① 资料来源：《各地统计局网站 2008 年统计公报》。

区三个城市群对美国的经济贡献率为 67%，日本的大东京区、阪神区、名古屋区三个城市群对日本经济的贡献率约为 70%。由以上数据我们可以发现，我国的城市群无论从中心城市还是从城市群整体规模都与发达国家成熟的城市群相去甚远，经济功能有待大幅提升。

（2）区域行政壁垒严重

由于城市群内部往往存在多个同级的行政区划，导致了城市群内部的无序和不平等竞争，比如在招商引资方面竞相出台优惠政策，外贸出口方面竞相压价，在产业发展方面盲目重复建设。基础设施方面也缺乏统一、协调的规划，例如珠三角城市群两万多平方千米范围内，3000 多万人口，却分布着五个机场，最近的机场仅相距 27 千米。行政壁垒往往还造成群内市场分割、地方保护主义，弱化了市场力量，使地区分工协作的经济利益难以发挥，产业效率低下，结构趋同。

（3）资源环境紧张

由于我国的特殊国情，中国城市群与国际上的主要城市群相比，存在人口密度大，土地、能源、交通供需矛盾突出等问题，从一定程度上阻碍了城市的发展，同时，城市发展占用大量农业用地，产生了大量的失地农民，这些人缺乏进入城市的就业技能，长远生计受到影响。城市的发展，生产排放加剧了环境污染和生态问题，环境难以支撑城市的快速健康发展。

（4）城际交通建设严重滞后

大多数城市群内缺乏城市之间的现代交通体系。长三角、珠三角、京津唐等城市缺乏以地铁轻轨为主的大城市公共交通骨骼体系，交通基础设施以公路为主。不能充分满足城市之间客货运输迅速、便利、安全、经济和清洁的要求。

7.2　实证研究城市群选取说明

由于数据搜集难度等原因，我们想要完整地研究 33 个城市群及其区域适度人口情况是非常困难的。而同时，由于区域级或者潜在级城市群对国家经济的贡献和影响都较小，同时，由于发展尚不充分，城市群内部人口压力也相对较小。在整个城市群的发展过程中，首要的瓶颈问题是资金缺乏，政策扶持力度不足，人口对于城市群发展的限制较小。所以本书选取了我国最为成熟的三个城市群里面的京津唐城市群，以及较为成熟的山东半岛城市群作为研究对象，对这两个城市群建立指标体系，结合模型进行分析，最后得出相应结论。选取了两个城市群的 17 个城市，建立了指标体系，利用可能—满意度算法对于 17 个城市分别进行了评测，并得出每个城市的适度人口容量，然后对城市 2008 年人口规模进行了评测，得到最终的城市人口可能—满意度。最后对于得到的结果进行了简单分析。

7.2.1 京津唐城市群概况

京津唐城市群位于环渤海湾地区、华北平原北部，空间地域范围涉及两市一省，包括城市有：北京、天津、唐山、保定、沧州、张家口、秦皇岛、廊坊和承德共 9 个城市。从时间维度来看是成熟阶段城市群，从空间维度来看是世界级城市群。其中心城市是北京，次中心城市是天津和唐山。其分布如图 7.1 所示。

图 7.1 京津唐城市群分布示意图

京津唐城市群具有得天独厚的政治优势，城市群内部有北京和天津两个直辖市。受首都北京的影响，该城市群的第三产业比较发达，并已经形成了"三、二、一"型的产业结构，但其第一产业比重高于长三角、珠三角，说明其第二、三产业还有待进一步提升。受行政体制的约束，该城市群一体化发展水平相对较低，急需围绕大北京地区作为世界城市的发展目标进行规划与整合。

（1）先天竞争力：京津唐城市群所在的环渤海地区地处中国东北、华北、西北、华东四大经济区的交会处，是中国北方通向全世界最直接、最便捷的海上要冲，还是中国经济由东向西扩展、由南向北推移的重要纽带。城市群劳动力数量仅次于长三角城市群，但该城市群城市土地规模小，城市耕地规模大。北京与天津等大城市的带动能力还未充分发挥。

（2）现实竞争力：该城市群区位优势明显。继长三角与珠三角城市群之后，其 GDP 规模位列第三。此外，其对外贸易与经济发展总体水平得分值较高。北京是全国的政治、经济、文化中心，天津是中国北方最大的工商业港口城市，在环渤海经济圈中具有举足轻重的地位，唐山煤铁资源丰富，秦皇岛港口条件良好，交通运转方便。但存在的问题是城市群规模等级结构不合理，大城市少，中小城市相对缺乏，城镇网络不完善，多类型的城市间功能互补性较弱。

（3）成长竞争力：该城市群的教育质量较高，北京、天津有众多优秀高校。高速、铁路、机场等交通设施发达。京津唐城市群明显的区位优势和广阔的腹地市场具有极大的投资吸引力。此外，2008 年"奥运经济"也为京津冀城市群的发展注入强大的动力。在相应的较完善的战略规划配合下，该城市群应注重投入产出比和经济发展的前向和后向关联。"奥运经济"对社会经济发展的后续影响将会持续 10—15 年，受其影响，北京在区域、城市经济、环境等方面的合理规划将促成城市群的发展。该城市群还应弱化行政区划界限，完善城际交通网络，最大限度地开发港口及滨海地区的优势。滨海新区是京津唐的新区、重要的城市空间，应作为这一城市群对外开放的门户、出海口以及产业承接口。

7.2.2　山东半岛城市群概况

山东半岛城市群以济南、青岛为中心，包括烟台、潍坊、淄博、东营、威海、日照等城市，并覆盖了泰安、莱芜、德州、滨州四个辐射城市。其分布如图7.2所示。

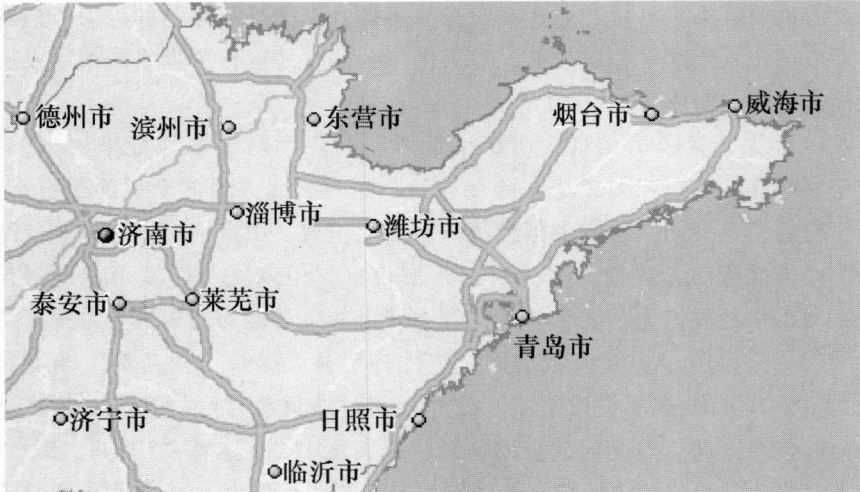

图7.2 山东半岛城市群分布图

该城市群近年来经济充满活力，临海和靠近日、韩的区位优势突出，制造业和农产品加工业发展带动了山东全省的发展。随着城市群对外辐射力的增强，该城市群的范围不断扩大。因此，已经成为我国继珠三角、长三角、京津冀三大增长极之后的"第四增长极"，但其第一产业的比重还比较高，第三产业尚需加快发展，区域影响力还有待提高。

（1）先天竞争力：山东半岛城市群先天条件的优势在"第一梯队"的城市群中不甚明显，其中城市土地规模、城市土地密度以及城市耕地规模得分值都较低，说明该城市群的发展将面临一定的空间约束。而在劳动力人口数量和城市移民人口规模方面具有相对优势，分别位列第五和第四。

（2）现实竞争力：该城市群GDP规模总量位列第四，对外贸易排名也处于这一层级，城市群分工程度得分较高，位列第三，但中心城市首位度优势不明显，得分较低，中心城市的主体地位还未凸显。

（3）成长竞争力：该城市群GDP增长快，具有较好的发展潜力。但该城市群的交通设施中，除了港口与高速公路得分较高外，机场与铁路等对外交通设施的得分偏低，对外联系网络的不尽完善在一定程度上将对今后的发展产生阻力。

此外，该城市群的发展应该实行重点突破的战略选择。一方面，利用轻工业适合于中小城市发展的特点，促进整个城市群向以中小城市为主体结构的深入发展。目前，大部分中小城市已经形成了以轻工业为主体的工业结构。但必须注意的是，在发展轻工业时，各城市应该选择不同行业作为发展重点，突出自己的轻工业特色。另一方面，在有条件的城市，重点发展以非农产品为原材料的、高档次的轻工业，以解决大城市少、结构和分布不合理的问题。

7.3　区域适度人口实证研究

7.3.1　指标体系的建立

一个城市群涉及方方面面的指标，而我们可以把一个城市群与人口最密切相关的指标分为三个子体系：人口与经济关联子系统，人口与环境关联子系统，人口与社会生活关联子系统。对于不同的子系统有不同的指标，列表如下（表7.2、表7.3、表7.4）：

表 7.2　　　　　　　　人口与经济关联子系统指标列表

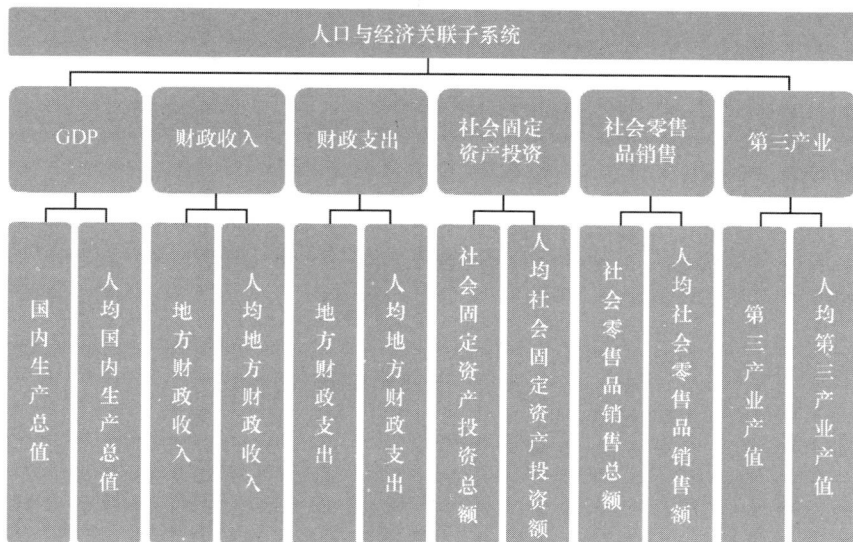

表 7.3　　　　　　　　　**人口与环境关联子系统指标列表**

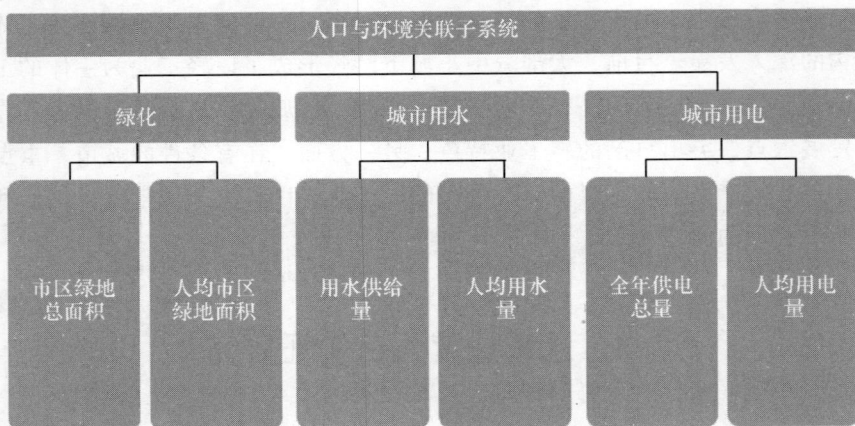

```
人口与环境关联子系统
├── 绿化
│   ├── 市区绿地总面积
│   └── 人均市区绿地面积
├── 城市用水
│   ├── 用水供给量
│   └── 人均用水量
└── 城市用电
    ├── 全年供电总量
    └── 人均用电量
```

表 7.4　　　　　　　**人口与社会生活关联子系统指标列表**

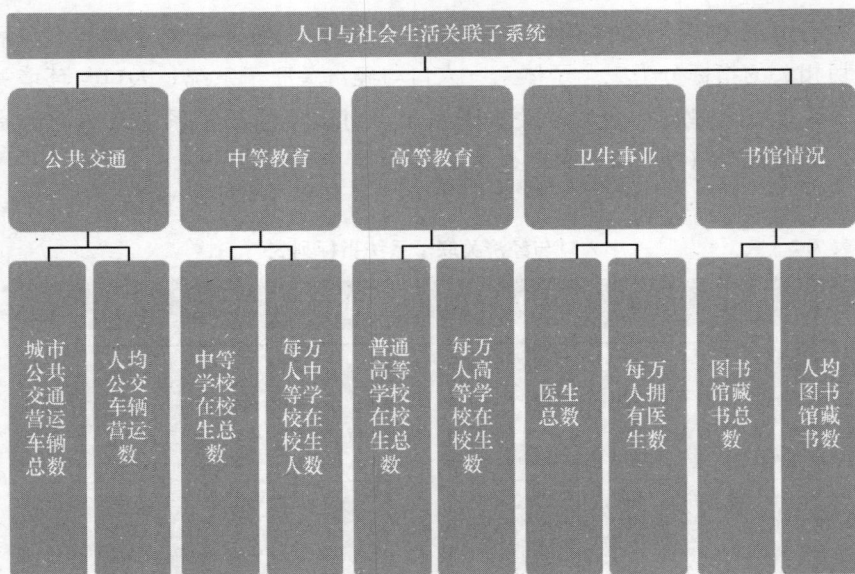

```
人口与社会生活关联子系统
├── 公共交通
│   ├── 城市公共交通营运车辆总数
│   └── 人均公交车辆营运数
├── 中等教育
│   ├── 中等学校在校生总数
│   └── 每万人中等学校在校生人数
├── 高等教育
│   ├── 普通高等学校在校生总数
│   └── 每万人高等学校在校生数
├── 卫生事业
│   ├── 医生总数
│   └── 每万人拥有医生数
└── 书馆情况
    ├── 图书馆藏书总数
    └── 人均图书馆藏书数
```

说明：1. 以上三表数据均选取市区数据；2. 公共交通车辆营运数为公交营运数和出租车营运数的总和。

7.3.2　城市人口评测实例——以天津市为例

我们采用回归预测技术，对于一个城市的历年数据进行拟合，并且预测该指标 2010 年可能值的区间,我们认为区间的上限值的可能度(或者满意度)最小,为 0,区间的下限值的可能度(或者满意度)最大,为 1。进而利用可能—满意度方法计算出一个城市的适度人口区间。对照这个适度人口区间,得出一个城市现有人口的所处的状态。

7.3.2.1 可能—满意度方法相应输入值计算

天津市 1990—2007 年 GDP 数据列表如表 7.5:

表 7.5 **天津市 GDP 历年数据**

年份	GDP（亿元）	年份	GDP（亿元）
1990	245.57	1999	1144.81
1991	278.79	2000	1392.88
1992	331.6577	2001	1649.94
1993	432.3646	2002	1819.2805
1994	584.8253	2003	2172.04
1995	742.0686	2004	2602.29
1996	858.19	2005	3402.97
1997	950.7	2006	4024.87
1998	1053.72	2007	4693.18

资料来源:中经网统计数据库, http://db.cei.gov.cn/。

将以上数据输入 SPSS 软件并使用曲线回归进行计算可以得到如下结果:

表 7.6 **天津市 GDP 回归计算结果表**
模型总结,变量参数估计:GDP

方差	模型总结					参数估计		
	R^2	F	df1	df2	Sig.	Constant	b1	b2
二次方	0.977	321.538	2	15	0.000	576.777	−125.394	18.701

根据表 7.6 我们可以看到,二次函数的样本判定系数 R^2 为 0.977,说明曲线对样本的拟合程度较好。在给定的显著性水平 $\alpha = 0.05$ 的水平

下，$F_{0.05}$（2，15）= 3.6823 小于 F 值 321.538。所以我们可以得到天津市 GDP 与时间的函数关系为：

$$GDP = 576.777 - 125.394 \times t + 18.701 \times t^2 \qquad (7.1)$$

其中 $t = 1$，2，3，$\cdots$，n，t 为时间值，1990 年 t 值为 1，1991 年 t 值为 2，以此类推，下同。

同时我们可以得到拟合图如图 7.3：

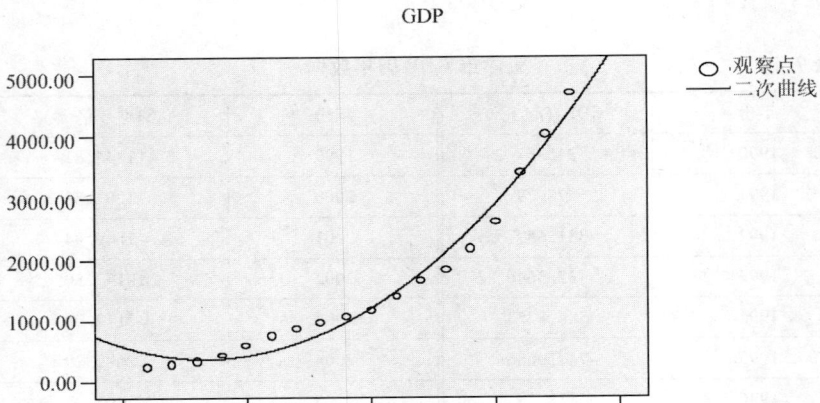

图 7.3 天津市 GDP 数据拟合图

我们可以得到在 95% 的置信度下，2010 年 GDP 可能的区间为 [5486.42，6894.93]。我们认为在 2010 年达到 5486.42 亿元的可能度为 1，达到 6894.93 亿元的可能度为 0。

同样地，我们可以得到人均 GDP 的回归计算结果表如表 7.7：

表 7.7　　　　　　天津市人均 GDP 的回归计算结果表

模型总结，变量参数估计：人均 GDP

方差	模型总结					参数估计		
	R^2	F	df1	df2	Sig.	Constant	$b1$	$b2$
二次方	0.964	203.607	2	15	0.000	0.758	-0.090	0.020

并且得到关系方程：

$$人均 GDP = 0.758 - 0.9 \times t + 0.2 \times t^2$$

我们也可以得到在 95％的置信度下，2010 年人均 GDP 可能的区间为 [6.46051，8.60408]。我们认为在 2010 年达到 6.46 万元的可能度为 1，达到 8.6 万元的可能度为 0。

根据式（7.1），我们可以得到人口与 GDP 关联可能—满意度合并曲线为：

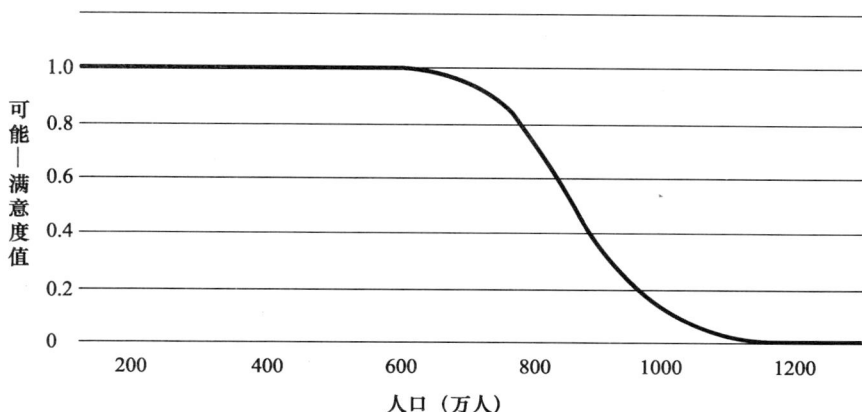

图 7.4　人口与 GDP 关联可能—满意度合并曲线

对于不同的指标重复以上步骤，可以得到相应的指标的 2010 年的区间上下限值列表 7.8：

表 7.8　　　　　　　　　　　天津市各指标预测结果一览表

指标	GDP（亿元）	人均（万元）	财政收入（万元）	人均（元）
最小值	5486.42	6.46	5843942.51	7098.47
最大值	6894.93	8.6	7805773.134	9863.5
指标	财政支出（万元）	人均（元）	固定资产总额（万元）	人均（元）
最小值	7696808.228	9288.04	24064938.32	28306.74
最大值	9267769.914	11595.78	32425195.12	40711.95
指标	零售品销售额（万元）	人均（元）	第三产业产值（亿元）	人均（万元）
最小值	16687700.77	19459.76	2303.02305	2.68
最大值	19927998.47	23918.03	2676.784	3.33

续表

指标	GDP（亿元）	人均（万元）	财政收入（万元）	人均（元）
最小值	197.33	2.48	61406.3	67.4
最大值	264.79	3.28	76759	116.03
指标	供电（万千瓦时）	人均（千瓦时）	公交营运车辆（辆）	每万人拥有（辆）
最小值	5977993.7	4704.1	37234.13	41.7
最大值	7205945.5	7337.87	53350.57	84.78
指标	中等学校在校生（人）	每万人中等学校在校生（人）	高校在校生（人）	每万人高校在校生（人）
最小值	220924	170.24	468657	350.96
最大值	330290	302.45	618613	618.9
指标	医生总人数（人）	每万人拥有医生数（人）	图书馆藏书数（千册）	人均拥有图书册数（册）
最小值	5537	7.1	946.68	0.111
最大值	8317	11.05	1143.16	0.142

根据上表我们可以得到相应的每对指标所对应的可能—满意度曲线，并对这些指标曲线进行加权合并，我们认为每个指标的权重是相同的，即可以得到如下图 7.5 的总合成曲线。

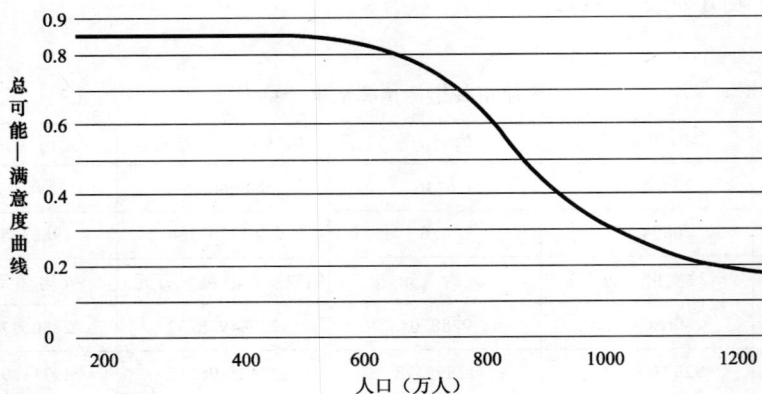

图 7.5　天津市总可能—满意度合成曲线

根据图 7.5，我们可以将天津市的人口分为几个等级：

（1）最满意人口：可能—满意度大于 0.7，人口在 725 万以下；

（2）满意人口：可能—满意度在 0.5—0.7 之间，人口在 725 万—850 万之间；

（3）基本满意人口：可能—满意度在 0.3—0.5 之间，人口在 850 万—1030 万之间；

（4）不满意人口：可能—满意度在 0.3 以下，人口大于 1030 万。

根据天津市 2008 年统计公报，天津市区常住人口为 795.4 万人，处于满意人口阶段。

7.3.2.2　城市人口评测结果

基于可能—满意度方法和回归预测，我们可以将京津唐城市群和山东半岛城市群的 17 个城市的适度人口容量算出，并且根据 2008 年的市区人口计算得到相应城市的人口可能—满意度现状，我们将处于最满意人口容量的城市记为 1，处于满意人口容量的城市记为 2，处于基本满意人口容量的城市记为 3，处于不满意人口容量的城市记为 4，这样我们就可以得到这 17 个城市的人口现状评测表如表 7.9。

表 7.9　　　　京津唐、山东半岛城市群城市人口现状评测

城市	人口可能—满意度现状	城市	人口可能—满意度现状
北京市	3	青岛市	2
天津市	2	济南市	3
唐山市	4	淄博市	3
秦皇岛市	2	东营市	3
保定市	4	烟台市	3
张家口市	4	潍坊市	4
承德市	4	威海市	3
沧州市	4	日照市	4
廊坊市	4		

同时我们根据指标体系，根据各地 2008 年统计公报，整理得到各地的 2008 年的相关指标如表 7.10：

表 7.10　　　　　　　京津唐、山东半岛城群人均指标一览表

城市	GDP（万元）	财政收入（元）	财政支出（元）	固投总额（元）	零售品销售额（元）	三产产值（万元）	区绿地面积（平方米）	用水（吨）
北京	8.06	12934.66	13953.68	33862.91	32590.24	5.84	0.42	122.02
天津	5.97	6683.83	8199.53	28440.84	18557.37	2.44	0.25	87.41
唐山	4.45	2355.14	3442.29	19800.11	9931.65	1.60	0.30	65.61
秦皇岛	4.93	4045.63	5668.14	20578.71	17440.71	3.06	0.46	135.46
保定	2.83	2366.63	3174.37	18429.37	13720.93	1.53	0.36	88.92
张家口	2.67	2466.60	4434.56	9346.01	9492.14	1.00	0.31	103.16
承德	2.85	3275.03	4343.22	14897.80	9303.75	0.94	0.46	127.25
沧州	3.91	4062.62	5314.13	31483.79	8809.39	1.93	0.27	85.97
廊坊	2.50	2683.51	4083.53	18173.14	6311.23	1.11	0.32	49.22
青岛	7.76	7970.16	8269.27	26564.76	24786.54	3.57	0.34	114.44
济南	5.54	3764.45	3950.55	23072.22	25251.49	3.03	0.33	96.72
淄博	5.62	2889.10	3275.31	17994.02	17086.84	1.81	0.29	84.82
东营	14.41	5232.21	6104.22	53229.22	18587.77	3.05	0.44	161.61
烟台	6.61	3676.62	4645.58	38834.30	18343.56	2.42	0.44	53.94
潍坊	3.38	2541.78	3328.94	23610.43	12838.40	1.31	0.31	55.18
威海	6.97	196.60	6742.43	40721.13	21608.99	2.34	0.80	100.17
日照	3.24	1973.14	3091.79	20744.97	8694.10	1.09	0.22	53.09

城市	用电（千瓦时）	公共营运车辆（辆）	中等学校在校生（人）	高等学校在校生（人）	医护人员（人）	图书馆藏书数（千册）	城市人口可能—满意度
北京	5802.11	75.31	477.66	496.29	46.58	34.06	3
天津	6494.31	50.14	558.54	471.97	10.43	1.25	2
唐山	10808.0	23.22	498.66	272.20	27.02	3.23	4
秦皇岛	8575.65	66.59	515.53	1009.47	43.34	6.24	2
保定	4577.80	34.85	959.37	1329.20	38.65	7.06	4
张家口	6194.85	47.68	414.53	259.71	30.47	8.24	4
承德	7477.16	53.01	556.09	597.78	42.78	8.20	4
沧州	3640.94	68.46	386.01	487.50	43.34	4.49	4
廊坊	2711.74	27.47	525.39	720.76	27.31	9.04	4
青岛	5473.05	46.25	489.59	961.41	33.61	9.86	2

城市	用电（千瓦时）	公共营运车辆（辆）	中等学校在校生（人）	高等学校在校生（人）	医护人员（人）	图书馆藏书数（千册）	城市人口可能—满意度	
济南	4311.56	34.31	538.66	1602.27	34.57	21.85	3	
淄博	7619.74	31.65	627.68	268.73	28.21	6.12	3	
东营	9893.15	47.49	728.63	530.61	41.75	22.85	3	
烟台	4100.79	21.92	581.11	529.32	26.57	11.79	3	
潍坊	4461.90	20.15	554.69	543.99	23.94	3.84	4	
威海	5051.37	34.17	592.26	636.45	20.35	4.61	3	
日照	4668.73	14.69	678.58	138.31	16.52	0.80	4	

说明：1. 以上数值均为人均数值，其中公共运营车辆、中等学校在校生、高等学校在校生、医护人员、图书馆藏书数均为万人平均，即每万人拥有；2. 公共营运车辆为公交车辆和出租车辆的总和；3. 数据来源：各地统计年报。

7.3.3　对于城市人口评测结果的综合分析

综合以上结果，我们可以看到这样几个特点：

（一）京津唐城市群的人口可能—满意度的两极分化严重

天津、秦皇岛的满意度较高，而其他城市都处于不满意人口阶段。根据表7.9我们可以看到，可能—满意度较高的两个城市的人均GDP为5.45万元，而可能—满意度较低的五个城市的人均GDP为3.2万元，差距较为明显。这种差距同时也体现在三产产值占整个GDP的比例上（可能—满意度较高的两个城市的三产产值占GDP比例为50.5%，高出可能—满意度较低的六个城市8个百分点）。众所周知，第三产业是否发达，是判断一个城市是否发达的重要指标之一。同样地，在社会生活子系统的反映教育水平的中高等学校在校生人数的两个指标上，可能—满意度较高的两个城市也要高于可能—满意度较低的六个城市。所以我们可以认为，在三个子系统里面，是经济和社会生活子系统的差异决定了京津唐城市群的人口可能—满意度的差异。

（二）山东半岛城市群的发展较为均衡

山东半岛城市群的可能—满意度水平较为接近，多数处于基本满意阶段，从这些城市的各项指标也可以看出，剔除东营这个特殊点之外①起伏较小②。说明山东半岛城市群的城市发展较为均衡，同时人口状况较为满意。

（三）北京情况分析

从表7.9我们可以看出，北京市的各项指标均处于所有城市前列，但是可能—满意度较低。我们认为，造成这种情况的原因是由于近年来北京市人口的迅速增长，2000年北京市常住人口为1107.5万人，2008年北京市常住人口为1695万人，8年间增长了53%，年均增长接近7%，人口容量如此快速的增长，导致了北京市人均指标的增幅下降，从而导致适度人口容量的下降，进而造成评价较低的结果。

---

① 东营为油田所在地，城市 GDP 较高，不能准确反映城市的发展状况。
② 例如人均 GDP 的差距小于 25%。

第三部分

区域人口可持续发展案例研究

第 八 章

低碳转型背景下浙江的人口发展研究

8.1 浙江省人口现状

8.1.1 总人口情况

2003 年以来,浙江省人口增长从自然增长为主转为外来人口增长为主,总人口呈现较低增长态势。浙江省常住人口 2003 年为 4763 万人,到 2007 年首次超过 5000 万人,2009 年达到 5180 万人,年均增长率为 1.20% (如图 8.1)。

在年龄结构方面,浙江省 2005 年全国 1% 人口抽样调查与第五次全国人口普查相比,0—14 岁人口的比重下降了 2.26 个百分点,65 岁及以上人口的比重上升了 1.72 个百分点。2006—2009 年浙江省人口变动抽样调查中,一方面,65 岁以上人口所占的比例分别为 10.75%、10.98%、11.26% 和 11.49%,呈现逐年上升趋势。另一方面,0—14 岁以上人口的比例不断下降,2006—2009 年分别为 15.31%、15.01%、14.53% 和 14.23%。1990 年"四普"时,65 岁以上人口的比例达到 6.83%,接近于老龄化水平;到 2000 年"五普"时已达 8.92%,超过老年化标准 1.92 个百分点,其中,65 岁及以上人口比重超过 7% 的还有上海、山东、重庆、辽宁、安徽、四川、湖南、广西等 12 个省、市、自治区,浙江省居全国第二位,仅次于上海市。随着计划生育政策、人们生育观念的改变以及医学的发展等原因,出生率不断下降,而死亡率却在不断地上升,浙江省人口老龄化现象日益突出。

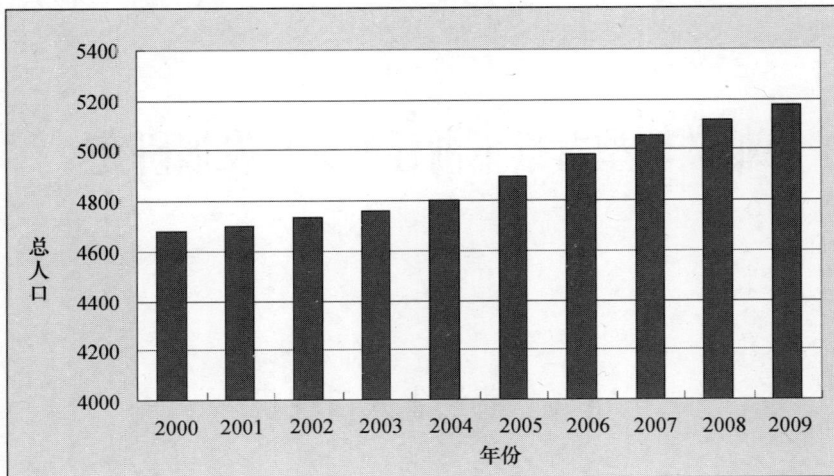

图 8.1　2000—2009 年浙江省总人口变动情况
数据来源:《2009 年浙江统计年鉴》。

8.1.2　人口素质分析

　　人口素质是指人口在质的方面的规定性,又称人口质量。它包含思想素质、文化素质、身体素质等,通常称之为德、智、体。思想素质是支配人们行为的意识状态,文化素质是人们认识和改造世界的能力,身体素质是人口质量的自然条件和基础。人口群体是素质和数量的统一,二者相互联系和相互制约。在一定的社会条件下,控制人口数量有助于提高人口素质,而提高人口素质反过来又会促进控制人口数量。

　　反映人口素质的指标有:人口平均期望寿命、人口平均身高和体重、儿童智力水平、人口文化程度、科技人员和熟练劳动者占人口的比重等。人口素质的形成受多种因素制约,先天遗传因素在不同程度上影响着人的体质、智力的发展,社会制度、经济发展水平、生活条件、医疗卫生条件、教育与学习条件等社会经济因素,是形成人口素质的决定性因素。

　　人口受教育程度可以从该地区在校大学生所占的总人口的比重以及人口普查中所反映出的地区人口的受教育水平体现出来。自改革开放以来,浙江省非常注重提高人口素质和受教育情况，每万人中在校大学生人数得到了显著提高。特别是在 1998 年以后，由于高等院校的扩招政策及各级政府的大力扶持，大学生群体的扩张趋势非常迅猛，每万人中大学生人数从 30 人迅速提高到 170 人。这一方面体现了人口素质和国民受教育水平的提高，但同时也使大学生的就业形势相对严峻。

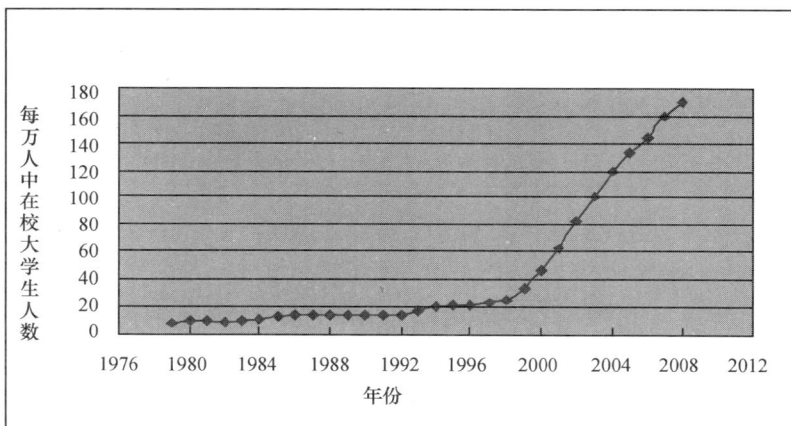

图 8.2　1978—2008 年浙江省每万人中在校大学生人数
数据来源：《2009 年浙江省统计年鉴》。

　　虽然目前浙江省总体人口受教育程度提高很快，但仍然有很大的发展空间。根据 2000 年第五次人口普查的数据显示，浙江省人口的受教育程度的比例情况如图 8.3 所示，大学以上学历人口仅占 4％，而 15 岁以上的文盲半文盲人口仍占 8％。因此提高教育水平、增大受教育群体的数量仍然是保持经济社会持续健康发展的重中之重。

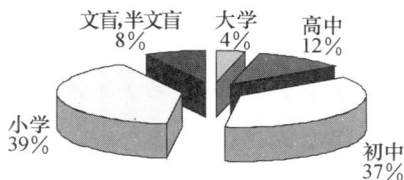

图 8.3　2000 年浙江省人口受教育程度比例图
数据来源：《2009 年浙江省统计年鉴》。

公民所享有的公共服务和公共设施也是衡量人口素质的一个重要指标，我们选取了每万人拥有的中学数、每万人拥有的小学数、每万人拥有的图书馆数、每万人拥有电影院数、每万人拥有医生数、每万人拥有床位数、每万人拥有公园面积等指标来衡量。其中前四项指标均呈现了下降趋势，后三项指标呈现了上升趋势（如图8.4）。

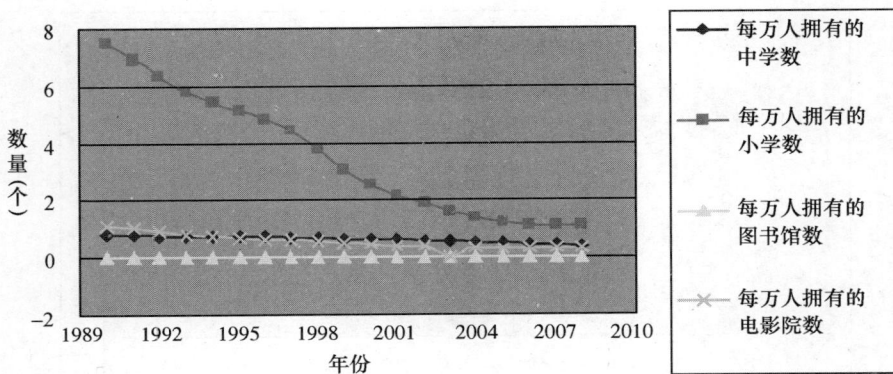

图 8.4（1） 1990—2009 年浙江省公共设施与公共服务人均占有情况

数据来源：《2009 年浙江省统计年鉴》。

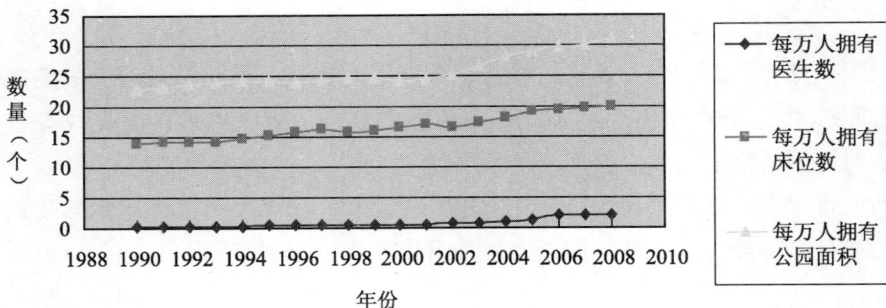

图 8.4（2） 1990—2009 年浙江省公共设施与公共服务人均占有情况

数据来源：《2009 年浙江省统计年鉴》。

另外一对反映人口素质的重要指标就是出生率和死亡率。出生率在一定程度上可以反映出一个地区的妇女生育率，死亡率以及期望寿命反映出一个地区的文明程度或者说是医疗保健水平的高低程度。

由浙江省 1978 年至 2009 年的出生率与死亡率的数据（如图 8.5）可

以看出，浙江省人口的死亡率一直呈现了较为平稳的趋势，保持在6%左右。由于在20世纪70年代末80年代初开始的计划生育政策有效地抑制了生育率，因此人口出生率呈现出下降的趋势，除在80年代初由于政策刚刚实行，出生率呈现出了一定波动外，总体都是在不断下降的，由18%的较高水平下降到目前的10%，并且在2004年以后逐步趋于平稳。

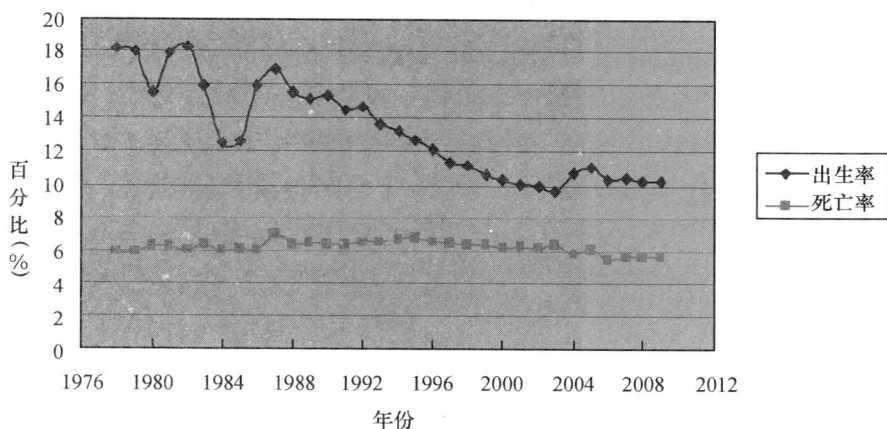

图 8.5　1978—2009 年浙江省人口出生率与死亡率

数据来源：《2009年浙江省统计年鉴》。

8.1.3　人口城乡分布

浙江省2000年城镇人口首次接近乡村人口，城镇人口2278万人，乡村人口2402万人，人口城镇化率为48.67%；2005年城镇人口为2742万人，乡村人口为2152万人，人口城镇化率达到56.03%（见图8.6）。近年来，浙江省人口城镇化趋缓。2009年，浙江省城镇人口为2999万人，人口城镇化率为57.90%，较2005年仅提高1.87个百分点。但从全国各省（区、市）的情况看，浙江省人口城镇化水平远远高于全国水平，在31个省、自治区、直辖市中排在第5位。

8.1.3.1　分市人口数量

浙江省人口主要集中在杭州、温州和宁波，其人口分别为810万、807.06万和719万，占总人口的比重分别为16%、16%和14%（见图

8.7），人口较为密集。而丽水、湖州和衢州人口相对较少，在 200 万到 300 万之间。舟山由于地处舟山群岛，其海域面积较大，陆地面积较小，因此人口也较少，只有 100 万左右。

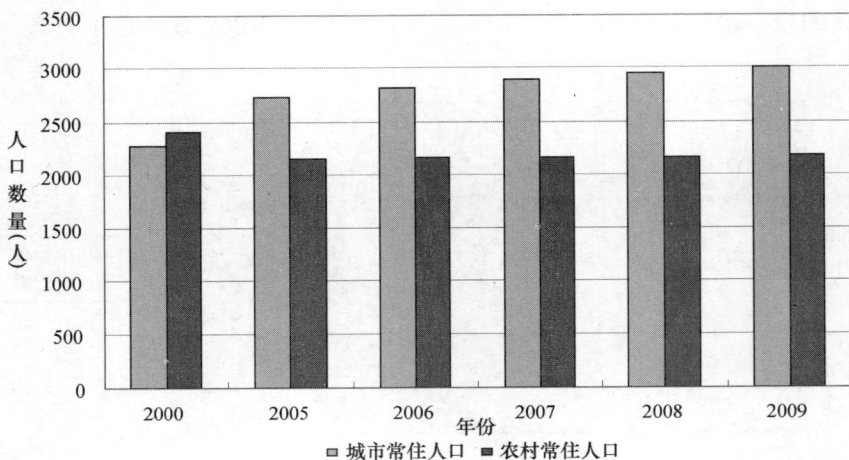

图 8.6　2000—2009 年浙江省城乡人口规模

数据来源：2000 年数据来源于第五次人口普查资料；2005 年数据来源于《浙江省 2005 年全国 1%人口抽样调查主要数据公报》；2006—2009 年数据分别来源于 2006—2009 年《浙江省人口变动抽样调查主要数据公报》。

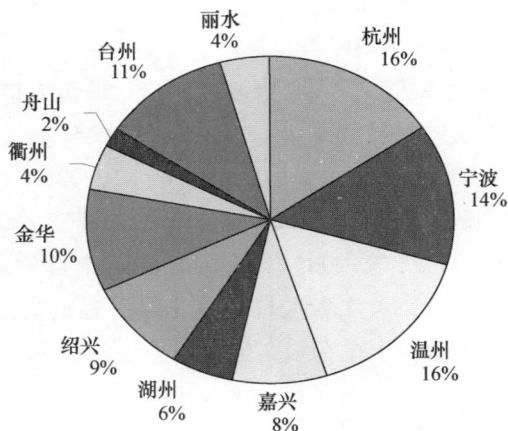

图 8.7　2009 年浙江省各地常住人口

数据来源：《2009 年浙江省人口变动抽样调查主要数据公报》。

8.1.3.2　各市人口自然变动情况

2009 年浙江省人口出生率为 10.22‰，但各市的出生率参差不齐（如图 8.8）。其中温州市的出生率明显高于其他各市水平，接近 14‰，而舟山市的出生率则远低于其他各市的出生率，为 6‰左右。除此以外，金华市、衢州市、台州市和丽水市的人口出生率略高于全省平均水平，其他城市则略低于平均水平。另外，2009 年浙江省各市的死亡率基本差别不大，除绍兴市为 6.81‰，其他各市均处于 5‰—6‰区间，分布较为均匀，最终带来人口自然增长率地区分布与人口出生率分布的相似，全省各地人口自然增长率水平不一。

浙江各市人口出生率

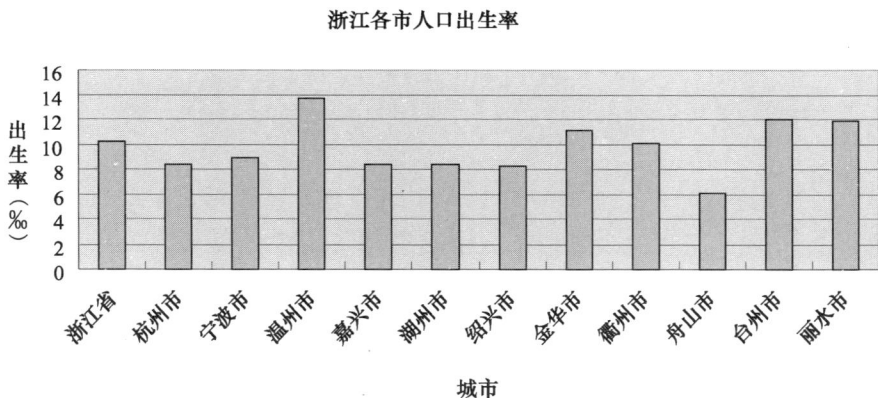

图 8.8　2009 年浙江省 11 个地级市人口出生率

数据来源：《2009 年浙江省统计年鉴》。

8.1.3.3　分市城乡人口

在浙江省的 11 个地级市中，城镇化水平存在一定差异，见图 8.9。其中，杭州、宁波、舟山、温州、金华的城镇化水平高于全省，其中 2009 年杭州城镇化水平为 69.5%；紧随其后的是宁波，为 63.7%，而舟山、温州都稍高于 60%，分别为 62.4%、60.7%，金华城镇化水平比全省的 57.9% 稍高 0.5 个百分点，为 58.4%。与全省相比，绍兴城镇化水平稍低，为 57.7%。而台州、嘉兴、湖州城镇化水平均在 50% 左右，衢州市和丽水市由于经济发展水平相对落后，其城镇化水平略低，因此城镇人口比重最低，在40%左右。

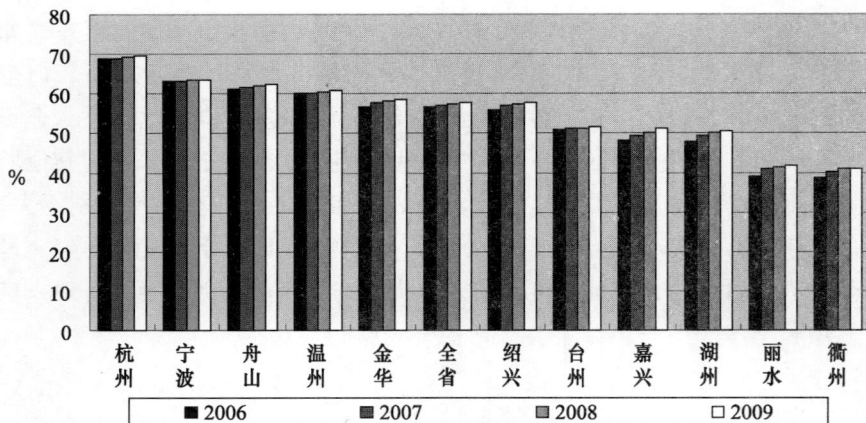

图8.9 2006—2009年浙江省各地人口城镇化水平情况

数据来源：根据《2006—2009年浙江省人口变动抽样调查主要数据公报》整理。

通过比较2006年到2009年这4年间各地市城镇化水平平均增长情况（表8.1），可以发现各地市城镇化率增长情况差异较大。并且对大部分地市而言，存在一个现象，城镇化水平较高的地区其城镇化率年平均增长明显小于城镇化水平低的地区。例如，2009年，城镇化水平在60%以上的杭州、宁波、温州、舟山的城镇化平均增长率低于全省平均水平。而嘉兴市城镇化水平平均每年增长1.04个百分点，高居第一位。

表8.1 2006—2009年浙江省各地市城镇化平均增长水平

地区	2006—2009年城镇化率年增长速度（%）
嘉兴市	1.04
丽水市	0.93
湖州市	0.90
衢州市	0.76

地区	2006—2009 年城镇化率年增长速度（%）
金华市	0.57
绍兴市	0.57
舟山市	0.43
台州市	0.24
杭州市	0.21
宁波市	0.20
温州市	0.16
全　省	0.47

数据来源：由 2006—2009 年浙江省人口变动抽样调查主要数据公报整理计算得出。

8.1.4　人口分布与生产力布局

8.1.4.1　人口重心与经济重心的变动

选取 2000—2009 年的样本数据计算人口重心与经济重心，绘制如图 8.10 的浙江省总人口迁移轨迹图，右图为行政区划图，点状标记代表人口重心所在，左图为重心迁移轨迹的放大图。2000 年到 2009 年，浙江省的人口重心位于绍兴市与金华市交界处，相对经济重心偏南，人口重心的迁移规律表现为先向北后向南的迁移规律，整体表现也是纵向的迁移变化，横向波动较小，移动规律为：以 2004 年为拐点，2000—2004 年，向北；2004—2009 年，向南。从户籍人口的增长率分析来看，温州最高，2004 年以来，位于南部的丽水和台州的人口数也开始快速增长，增长率基本接近了杭州的人口增长率。

2000 年到 2009 年，浙江省的经济重心位于绍兴市嵊州，从整体上看，在北偏西位置，重心迁移规律大致为由南向北逐步移动，主要表现为纵向迁移，东西方向上波动较小，以 2002 年为拐点。2000—2002 年，经济重心向东南方向迁移，2002 年以后持续向北移动。浙江省偏北地区的杭州和宁波两市的 GDP 增长率远远高于其他城市，这是浙江省经济重心持续北移的主要原因。可见浙江省南北部城市经济发展模式存在很大差距。南部城市如丽水、温州及台州地区，主要企业还是劳动密集型低端产业，而北部的杭州和嘉兴等城市经济发展模式相对较好。

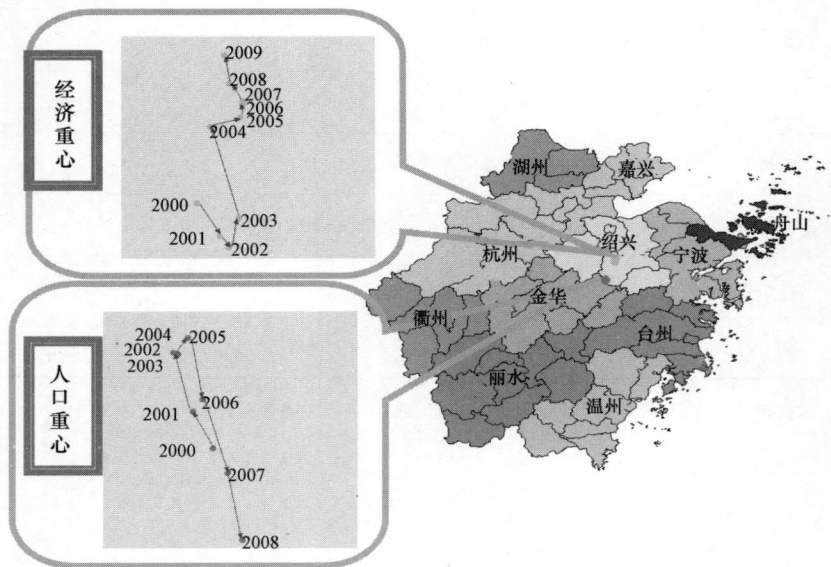

图 8.10 2000—2009 年浙江省人口及经济重心迁移图
数据来源：《2009 年浙江省统计年鉴》。

一般而言，人口的集聚与产业集聚是同时发生的，两者互相促进，存在正向反馈关系。而在浙江，从数据上看，人口的集聚却与经济发展格局不同步，这一现象较为特殊。从人口增长的角度分析，2009 年浙江南部的温州、丽水、台州、金华、衢州五个地市的人口出生率均在 10‰以上，温州最高达到 13.7‰；而北部各市均低于 9‰（表 8.2）。生育率差异的背后，是经济发展水平、文化素质、生育观念的差异。浙江省内各地经济社会发展不够均衡，地区不平衡性正在持续扩大。

如果排除人口出生率的差异，计算非户籍常住人口的人口重心与经济重心的距离，可以发现两者之间的距离是逐渐缩小的。这说明区域经济的发展吸引了外来人口的聚集。从表 8.3 可以看出，如果不计户籍人口，浙江省人口重心与经济重心的距离呈现逐年缩小的趋势，即经济的发展吸引了人口的聚集，从而促使人口重心向经济重心靠近。换言之，经济发展的差异促使欠发达地区的劳动力向经济发达地区移动。

表 8.2　　　　　　　　　　**2009 年浙江省各地人口数据**

地区	2009 年年末常住人口（万人）	出生率（‰）	死亡率（‰）	城镇人口比重（%）
全省	5180.0	10.22	5.59	57.9
杭州市	810.0	8.45	5.10	69.5
宁波市	719.0	8.87	5.01	63.7
温州市	807.6	13.73	5.85	60.7
嘉兴市	431.2	8.34	5.86	51.2
湖州市	285.0	8.35	5.63	50.7
绍兴市	470.3	8.20	6.81	57.7
金华市	520.7	11.15	5.78	58.4
衢州市	223.5	10.04	5.77	41.1
舟山市	106.3	6.06	5.69	62.4
台州市	575.5	11.94	5.07	51.7
丽水市	230.9	11.81	5.98	41.8

数据来源：2009 年浙江省人口变动抽样调查主要数据公报。

表 8.3　　　　　　　**浙江近年常住人口重心与经济重心的距离**
（不含户籍人口）

年份	人口重心		经济重心		距离（千米）
	东经（度）	北纬（度）	东经（度）	北纬（度）	
2004	120.5432	29.4109	120.6416	29.6413	30.376
2005	120.5592	29.4430	120.6489	29.6439	26.958
2006	120.5730	29.4557	120.6495	29.6473	25.605
2007	120.5739	29.4595	120.6497	29.6481	25.191
2008	120.5759	29.4614	120.6462	29.6530	22.676
2009	120.5764	29.4651	120.6451	29.6606	23.030

8.1.4.2 人口重心的敏感度分析

如前文所述，浙江南部地市的人口出生率对人口重心的移动有明显的影响。为更加准确地分析这一影响，本课题将计算人口—经济重心距离对出生率的弹性，从而对人口重心的变动进行敏感度分析。

$$设 \Delta D = D_t - D_{t-1}$$

$$\Delta BR = BR_t - BR_{t-1}$$

其中，D_t 表示 t 年人口—经济重心的距离，ΔD 表示人口—经济重心距离的变化量；BR_t 表示浙江南部五个地市加权平均的人口出生率（即五市的出生人口除以五市总人口）；ΔBR 表示人口出生率的变化量；则人口—经济重心距离对出生率的弹性为：

$$E = \frac{\Delta D / D_t}{\Delta BR / BR_t}$$

根据这一弹性的算法，得到近年来南部出生率对人口—经济重心距离的影响如表 8.4。

表 8.4   人口—经济重心距离对出生率的弹性

项目 年份	平均出生率 （‰）	人口—经济重心距离 （千米）	出生率变化 （‰）	距离变化 （千米）	弹性
2005	11.71	28.94			
2006	11.84	29.45	0.13	0.51	3.92
2007	11.92	29.69	0.08	0.24	3.00
2008	12.04	30.20	0.12	0.51	4.25
2009	12.19	31.09	0.15	0.89	5.93

由表 8.4 可见，近年来浙江南部的温州、丽水、台州、金华、衢州的人口出生率逐年上升，促使人口重心向南移动。人口出生率每增加 1‰，会促使人口—经济重心距离增加 3 千米以上。近四年的弹性平均值为 4.28。可以预见，如果未来浙江省内的区域经济发展水平的差距和人口出生率的差距持续下去，将会导致经济发展与人口增长的进一步失衡，不利于经济协调发展和社会的和谐与稳定。因此，加快南部经济的发展，加大南北人口、经济、信息的流通程度，缩小南北经济差距，同时加强南部地

区的人口控制工作，抑制人口出生率的上升，是当前浙江省现实而紧迫的任务。

8.2　浙江省适度人口研究以及适度城乡人口研究（常住人口口径）

适度人口容量是针对特定城市发展程度而动态变化的，在不同的发展阶段，城市适度人口容量的标准也不同，总体上说，适度人口的标准不仅是多元的，在同一个标准上也可以存在较大的弹性，但与中国适度人口发展的总方针一致，可持续发展理论以及"以人为本"的思想将作为本课题组关于浙江适度人口研究的价值源泉。

传统的适度人口研究与界定总是从人口总量、人口规模、人口密度等角度出发，但我们认为，新理念指导下的浙江省适度人口可以打破常规，进行多维度、多层次的界定。

8.2.1　多维度浙江省适度人口

从适度人口受影响因素来分，浙江省适度人口可以从经济、社会、环境资源三方面进行界定。

所谓浙江省的经济适度人口，则指允许浙江省在达到最大生产率和最大个人、社会福利时所能容纳的人口。

所谓浙江省的社会适度人口，是指浙江省在教育、健康、交通、住房等社会生活各方面主观上达到市民最大满意度，客观上符合浙江省经济发展水平时所能容纳的人口。

所谓浙江省的环境资源适度人口，是指浙江省在合理利用资源、保障生态环境物质能量循环相对均衡和满足市民消费水平逐步提高的条件下，追求浙江省社会协调发展所能承载的人口。

8.2.2　多层次界定浙江省适度人口

从时间层次界定浙江省适度人口，可以理解为只要浙江省人口在一定时期内与社会经济发展、资源生态环境的关系协调，则可以贯串于其他各层次和各维度的定义中。

从地域层次界定浙江省适度人口，可以理解为动态的适度人口，即为达到浙江省人口、经济、社会、生态、资源协同发展的目标，弥补机械人口增长率的不足，无论国际还是国内人口以任何方式流动（包括流入、流出），浙江省可持续发展所能容纳的人口。

从结构—功能层次界定浙江省适度人口，可以理解为为了平衡社会经济发展和自然环境的有效人口承载，以优化浙江省人口老龄化和城市化发展为目标，在年龄、知识（文盲、半文盲、知识人口）、性别等结构衍射出最优功能的基础上所需要的人口。

综合来讲，浙江省适度人口是指在特定时期内，为达到市民主观上对于个人福利、教育、健康、交通、住房的最大满意度，以及客观上城市在合理利用资源、生态环境基础上达到社会福利最大化，居民体能和智能素质的进一步优化所最适宜的人口。

浙江省的适度人口问题，给浙江省人口规划和调控政策制定部门提出一个很大的难题，如何将浙江省的人口控制在一个最适合浙江省发展的人口数量，如何制定出各项调控政策来调整和规划浙江省未来人口发展，这是本课题的一个重点研究内容。本章从前面界定的适度人口容量概念出发，采用多目标决策的可能—满意度方法，从多个角度综合分析，对浙江省的适度人口容量问题进行一个全面研究，并提出了浙江省未来人口发展的可参照的目标。

可能—满意度法多目标决策方法的优越性主要体现在它具有分析和综合相统一上，运用该方法首选需要分解制约人口规模的因素，分别加以讨论，再通过画出不同因素下的可能—满意度曲线，将之放在同一个以人口为横轴、可能—满意度为纵轴的坐标系加以研究。同时，还可以根据不同的理论假设和前提对不同的可能—满意度曲线加以并合，最后得出不同理论假设前提下的最优解。由于合并方式的多样性，该方法可以灵活地满足人们在作出选择时对不同因素综合折中考虑时的特殊偏好。当然，决定适度人口规模的偏好性应该是群体性的，而且，这种偏好性受制于文化、历史和社会发展程度等多种因素的影响。

P－S法最大的特色就是提供了一种可以综合考虑多因素制约时决策的工具。传统人口规划的因素分析，其结果的现实有效性往往需要引用

"短边原理"（或称"木桶原理"，指该条件必须满足但又最难满足，如同最低门槛，其意义相似于 P-S 法中的弱并合）来证明约束条件是瓶颈因素，而这一办法常用来估算人口容量的上限而非最优解。当面对人们不同适应性和选择性的时候，单因素分析给出的上限值的实际意义有限。但 P-S 法由于其概念、方法与模糊理论的关系，在面对这一复杂的系统问题时往往能够做到游刃有余。

在运用 P-S 法作适度人口规划时，对纳入模型的约束因素需要审慎考虑。纳入因素过多，会增加模型的复杂性，增加计算量和为参数赋值收集资料的难度，而过多约束因素如果有的不重要或与分析对象没有必然的约束关系，反而会冲淡主要约束因素的作用。当然，约束条件过少不能全面反应问题，也会失去运用 P-S 研究方法的本意。因此，抓住主要矛盾，选取主要的、根本性的约束因素纳入模型，便成为决定建模成功与否的重要环节。合适的选择约束因素不仅能减少运算量，而且能有效减少给过多因素的参数赋值过程中所带来的主观上的偏差。因此，在构成模型时必须仔细考虑，取消不必要的约束条件。

P-S 法赋值较宽松，并且随可能—满意度的调整和合并方法的不同而给定不同的适度人口规模，有一定的灵活性，因此在短期预测中意义不大，但是该方法能够反映主要的、带根本性约束的综合作用，适合用于我们所研究的浙江省的人口容量和适度人口的课题研究当中，它能对研究对象的中长期目标规划起一定的决策作用。

8.2.3　P-S 可能—满意度指标体系构建

针对浙江省的相关统计年鉴上的指标数据，综合考虑各方面因素，经过筛选，本书选取了涵盖经济发展，社会生活水平，资源、环境方面的代表性指标构建浙江省适度人口研究的指标体系（如表 8.5）。

本章主要从三个方面研究浙江省的适度人口。

（1）经济发展与人口规模是相互适应、相互制约的统一体

经济是人口发展的基础，经济发展以其产业结构层次的高低等制约着人口的规模及其增长速度。本书采用以下指标来反映浙江省的经济发展水平。

表 8.5　　　　　　　　　　**人口与经济发展指标体系**

人口与经济指标
GDP
人均 GDP
第二产业产值
人均第二产业产值
第三产业产值
人均第三产业产值
地方财政收入
人均财政收入
财政支出
人均财政支出
社会消费品零售总额
人均社会消费品零售额

在经济子系统中，经济发展程度的代表性指标就是产值，全省生产总值和分产业产值表征了生产总值以及主要的产业结构特征。三次产业产值代表了产业结构情况。财政收支在一定程度上反映经济发展水平，另外，财政通过对社会财富的再分配，以实现公平正义的目标，在研究统筹城乡人口发展问题中显得尤为重要。要逐步缩小不同地区之间、城乡居民基本公共服务差距，向农村、欠发达地区倾斜，其主要实现手段是政府间转移支付制度。社会消费品零售总额也反映出经济发展水平。

（2）社会生活水平促进或者阻碍人口的发展规模

区域的人口规模必须与该区域的社会生活水平相协调。一个区域的社会生活水平主要反映在教育状况、就业、医疗卫生、文化体育和居民生活等方面，本书选用以下指标（表 8.6）。

教职工总数反映了该地区的师资力量。全社会从业人员反映出就业情况，充分就业与人口可持续发展息息相关。医生数、职业医师数反映了该地区医疗卫生的人员情况，床位数反映了医疗设施概貌。公路通车里程一定程度上反映了该地区的交通情况。科研机构和人员数反映了科技水平发展状况。

表8.6 人口与社会生活指标体系

人口与社会指标
教职工总数
每万人教职工数
全社会从业人员数
从业比例
每万人医生数
床位数
每万人床位数
执业医师数
每万人执业医师数
公路通车里程
每万人公路通车里程
科研人员总数
每万人科研人员数

（3）资源环境条件间接制约城市人口规模的发展

区域的资源环境条件通过两方面影响该区域的人口规模，一是通过影响地方的经济发展来影响区域的人口规模大小；二是通过影响人们的生活环境和条件，促进或者制约区域的人口规模。采用以下指标反映浙江省的资源环境条件。

表8.7 人口与环境资源指标体系

人口与资源环境指标
废气排放总量
人均废气排放量
废水排放总量
人均废水排放量
生活用水量
人均生活用水
全社会用电量
人均用电量

工业废水排放量、废气排放量体现了废物排放情况。全社会用电、生活用水量体现了资源情况。

8.2.4 P-S法在浙江省适度人口容量预测的运用

本书把可能度指标和满意度指标用S型曲线表示，其数学形式为：

$$p(r) = \frac{1}{1 + \exp\left(2 - 4\dfrac{r - r_B}{r_A - r_B}\right)} \tag{8.1}$$

并采用弱并合公式表示各项指标的可能—满意度，即：

$$w(\alpha) = \frac{1}{1 + \exp\left\{2 - 4 \times \dfrac{-r_B + \alpha s_B}{(r_A - r_B) - \alpha(s_A - s_B)}\right\}} \tag{8.2}$$

并对各个指标的可能—满意度曲线主要采用弱并合算法和变权加和算法，其公式分别为 $< \cdots (Mm) \cdots >$ 和 $< \cdots (M+) \cdots >$。

并合层次图如下：

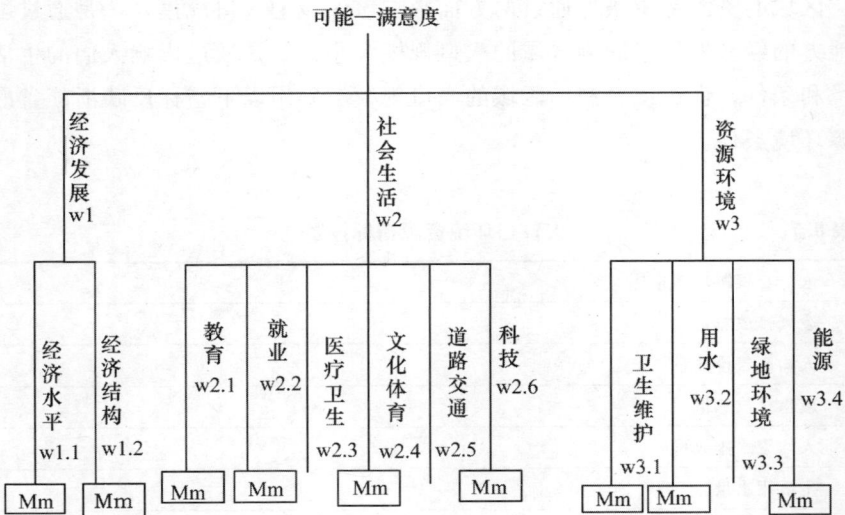

图 8.11　并合层次图

8.2.5　指标数据拟合

根据可能—满意度算法的表述，对指标体系中的每项指标进行极值分析。通过定性或定量的方法确定各指标的高点值 A 和低点值 B，并赋予相应的最大与最小可能—满意度值，即取 1 或取 0。若为 S 型曲线，继而求出转折点 r_A，r_B 或者 s_A，s_B。

对指标体系极值的定量取值法主要采用如下方法：

（1）回归模型的区间预测思想：首先通过各指标的历史年份数据建立相应的线性或非线性模型，同时保证模型回归参数在显著性水平 $\alpha = 0.05$ 下通过检验。其次根据所建立的模型预测该指标到 2020 年的数值，在此基础上计算抽样分布方差和标准误差的估计，并据此构造预测区间。在给定置信区间 $\alpha = 0.05$ 的条件下，表明指标在 2020 年的预测值将有 95% 的可能落在该区间内。最后将预测区间的临界值近似取为该指标的极值，赋予相应的可能—满意度值。

（2）对指标体系中无历史数据支持或不适合建立预测模型的指标，如绿地面积、垃圾清运量等指标，还有一些指标，极值的确定主要参考算法及类似课题的相关文献资料，并根据浙江省的实际情况及浙江省的规划目标，确定出指标的高点值和低点值。

得到 2020 年的各指标取值区间后，若要求其他时间点的高点值及低点值，可引入系统逆向仿真的思想。逆向仿真在社会经济与人口复杂系统问题的应用研究是一种区别于正向推演的一种反向推演的研究方法。该方法通常有两个重要的特征：其一，被研究对象（通常是某个指标）的未来 10—20 年后的指标值通常根据国家、地区的发展规划目标值或根据已经发展比较成熟的发达国家已经达到的、世人公认的、社会经济指标值及其分类、聚类的值（可能会有几类模式）作为参照而确定的；其二，利用所研究指标值的历史时间序列值并结合未来的目标值，应用系统工程中已经很成熟的灰关联技术，双线性模型技术、LOGIT 模型技术、神经网络模型技术，并在对其输入、输出进行反解后，得到未来某个时间段所研究指标的仿真预测值。所以，逆向仿真也可以是上述研究的一个全过程。由于篇幅关系，本书并未涉及到相关计算。

综合这一思想将整个指标系统构造为多变量系统，进而得到 2020 年各个指标的可能—满意度取值，并进行相应的合并算法，最终得到浙江省在当前条件下所能够承载的人口容量值。

利用可能—满意度模型，通过对浙江省经济、社会、资源环境子系统可能度指标与满意度指标进行区间预测，得到 2020 年的预测值。运用可能—满意度算法，可得到各子系统及总合成曲线，并把可能—满意度值在0.36 定为及格线。从图中读取出可能—满意度最高的点以及可能—满意度在 0.36 以上的 2020 年浙江省适度常住人口范围①。

①经济发展与人口规模是相互适应、相互制约的统一体

经济是人口发展的基础，经济发展以其产业结构层次的高低等制约着人口的规模及其增长速度。本书采用以下指标：地区生产总值、第二产业产值、第三产业产值、地方财政收支、消费品零售总额反映浙江省的经济发展水平。

如图 8.12 所示，经测算，浙江省经济子系统得出的 2020 年最佳常住人口规模为 5386 万，可能—满意度为 0.69。可能—满意度在 0.36 以上的适度人口规模为（4996，6041）万人。

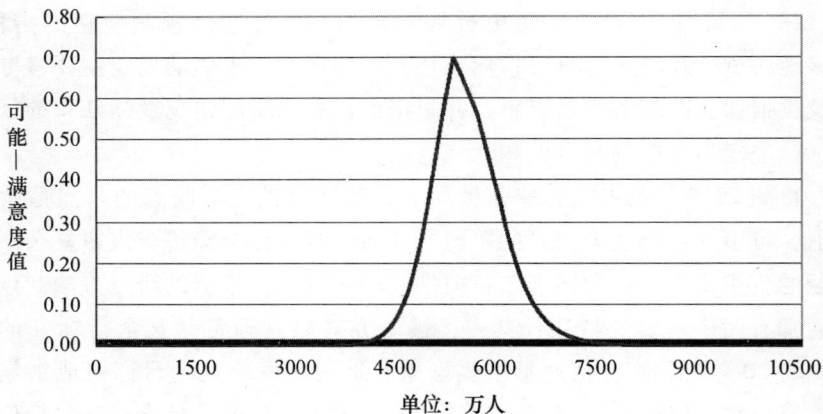

图 8.12　浙江省人口与经济子系统可能—满意度曲线

数据来源：本课题组测算。

---

①　对浙江省经济子系统 GDP、第二产业产值、第三产业产值、地方财政收入、全社会消费品零售总额，引入增长曲线拟合预测 2020 年最大值、最小值，并剔除限制性指标：固定资产投资。重新生成可能—满意度曲线。其他子系统指标不变。对浙江省城镇人口中人均可支配收入指标，用二次曲线对 2001 年到 2008 年数据进行重新拟合，得出 2020 年指标最大值、最小值，其他指标不变。然后重新生成可能—满意度曲线。

②社会生活水平促进或者阻碍人口的发展规模

区域的人口规模必须与该区域的社会生活水平相协调。一个区域的社会生活水平主要反映在教育状况、就业、医疗卫生、文化体育和居民生活等方面,本书选用的指标,包括教职工数、医生数、执业医师数、床位数、公路通车里程、科研人员数、全社会就业人数等。

如图 8.13 所示,浙江省社会子系统得出的适度常住人口规模在 6456 万人以内。

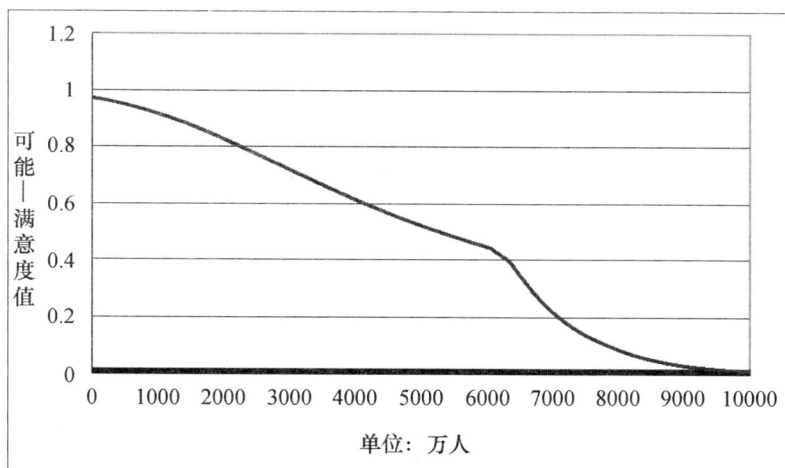

图 8.13 浙江省人口与社会子系统可能—满意度曲线
数据来源:本课题组测算。

③资源环境条件间接制约城市人口规模的发展

区域的资源环境条件通过两方面影响该区域的人口规模,一是通过影响地方的经济发展来影响区域的人口规模大小;二是通过影响人们的生活环境和条件,促进或者制约区域的人口规模。采用以下指标:废水排放量、废气排放量、全社会用电量、生活用水量等反映浙江省的资源环境条件。

如图 8.14 所示,浙江省资源环境子系统得出的最佳常住人口为 5318 万人,可能—满意度值在 0.36 以上的适度人口规模为(5078,5500)万人。

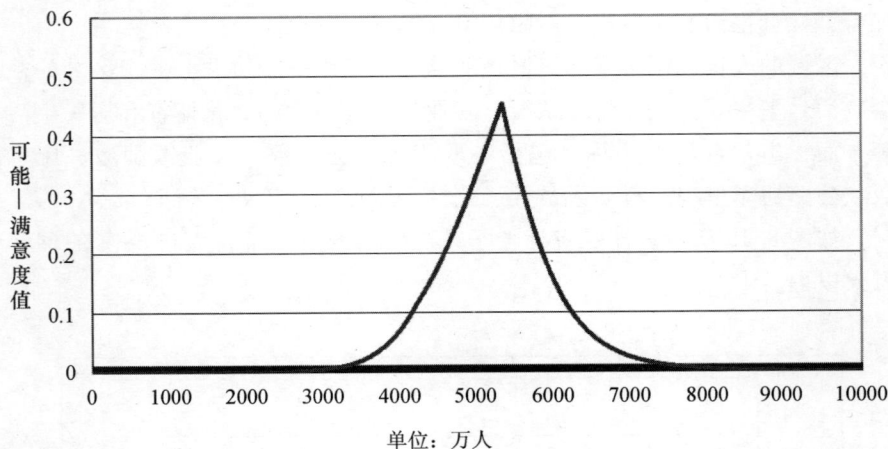

图 8.14　浙江省人口与资源环境子系统可能—满意度曲线

数据来源：本课题组测算。

图 8.15 所示，浙江省各子系统总合成得出的最佳常住人口为 5318 万人，可能—满意度值在 0.36 以上的适度人口规模为（5078，5500）万人。

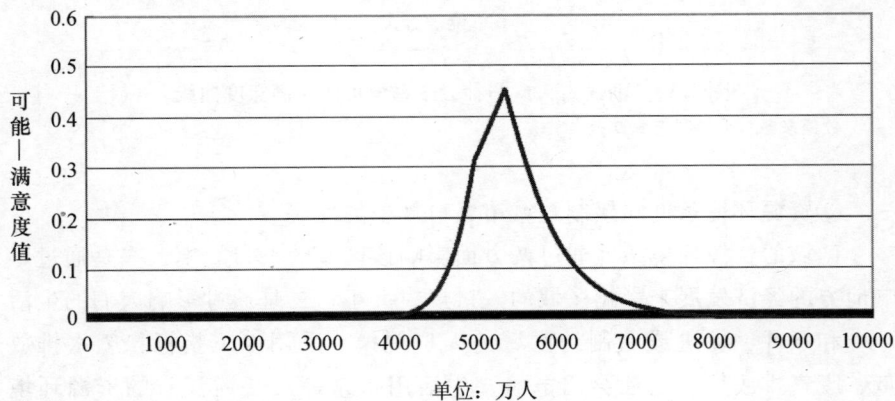

图 8.15　浙江省适度人口总合成曲线

数据来源：本课题组测算。

另外，对浙江省 2020 年适度城乡人口进行研究。由于针对城乡进行统计的指标比较少，本报告选取了城镇居民人均可支配收入、城镇居民人均消费性支出、城镇人均住房面积等指标，运用可能—满意度模型对适度城镇人口进行测算。选取农村居民人均纯收入、农村居民人均消费性支出、农村居民人均住房面积等指标，对适度乡村人口进行测算，得到图8.16 和图8.17。

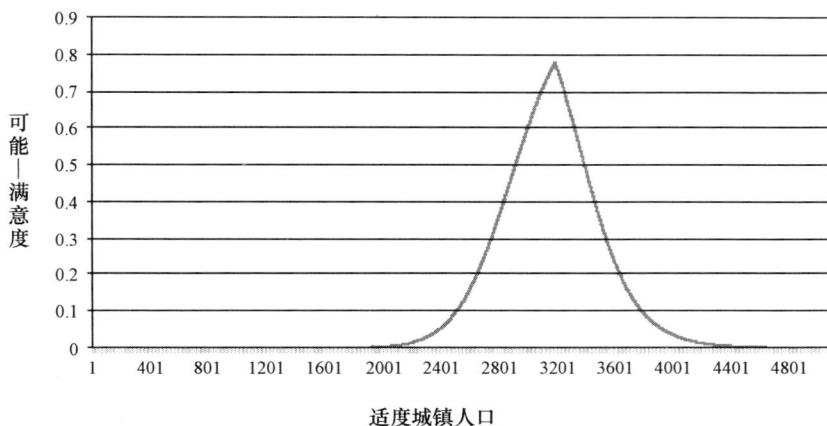

图 8.16　浙江省适度城镇人口合成曲线

数据来源：本课题组测算。

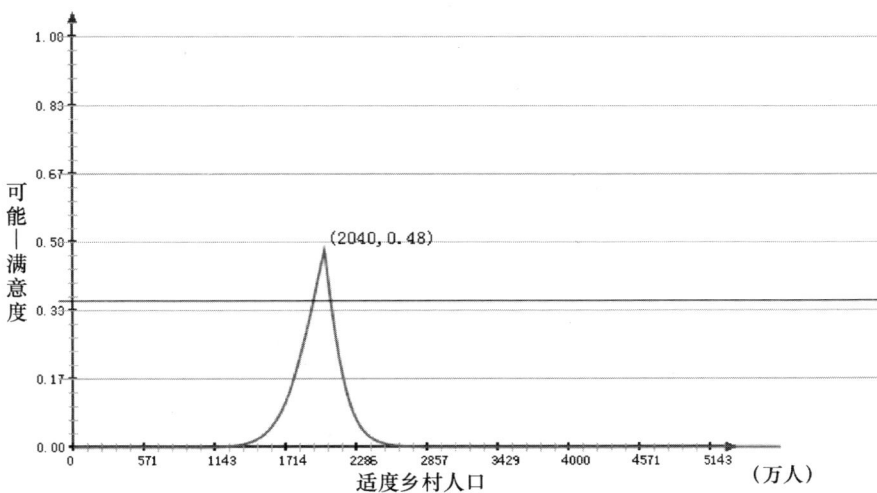

图 8.17　浙江省适度乡村人口合成曲线

数据来源：本课题组测算。

2020 年，浙江省最佳城镇人口规模为 3169 万人。对应可能—满意度值为 0.76。可能—满意度值在 0.36 以上的适度城镇人口规模为（2803，3493）万人。而 2009 年年底，城镇人口为 2999.2 万人，接近最佳人口水平。

2020 年，浙江省最佳乡村人口规模为 2040 万人。对应可能—满意度值为 0.48。可能—满意度值在 0.36 以上的适度乡村人口规模为（1943，2091）万人。2009 年年底，浙江省乡村人口数为 2180.8 万人，已经超出了适度乡村人口范围。

本课题组建议，2020 年控制浙江省城镇人口为 3460 万人，乡村人口为 2040 万人，得到浙江省常住人口总量为 5500 万人，控制在测算得到的适度人口上限值以内。既保证了城乡人口在适度人口范围内，又使得常住人口规模在适度范围以内。然后根据平均增长法，逆推浙江省 2010 年到 2020 年的城乡人口规模发展目标，如表 8.8、表 8.9 所示。城镇化水平从 57.9% 上升到 62.9%。

表 8.8 　　　　　浙江省城乡人口战略规划目标（2009—2014 年）　　　　单位：万人

年份 项目	2009	2010	2011	2012	2013	2014
城镇人口	2999.2	3024.7	3066.6	3108.5	3150.4	3192.3
乡村人口	2180.8	2168.0	2155.2	2142.4	2129.6	2116.8
常住人口	5180	5192.7	5221.8	5250.9	5280.0	5309.1
城镇化水平	57.9%	58.2%	58.7%	59.2%	59.7%	60.1%

数据来源：2010 年到 2014 年为本课题组测算，其中 2009 年数据来自 2009 年《浙江省人口变动抽样调查主要数据公报》。

表 8.9 　　　　　浙江省城乡人口战略规划目标（2015—2020 年）　　　　单位：万人

年份 项目	2015	2016	2017	2018	2019	2020
城镇人口	3234.2	3276.0	3317.9	3359.8	3401.7	3460.0
乡村人口	2104.0	2091.2	2078.4	2065.6	2052.8	2040.0
常住人口	5338.2	5367.2	5396.3	5425.4	5454.5	5500.0
城镇化水平	60.6%	61.0%	61.5%	61.9%	62.4%	62.9%

数据来源：本课题组测算。

相对全国，浙江省城镇化水平较高，但是近几年其城镇化速度明显放缓。从表中可以看出，根据可能—满意度模型测算，城镇化水平从2009年到2020年将从57.9%缓慢地上升到62.9%。若对乡村人口调控力度加大，2020年，乡村人口控制到1943万人（也在适度人口范围内），城镇人口为3493万人，常住人口达到5436万人，这样可以达到的城镇化水平为64.3%。

另外，本课题组对浙江省十一个地市2020年适度城乡人口分别运用可能—满意度模型进行测算，结果如表8.10、表8.11。

表8.10　　　　　　　　**浙江省各地市适度城镇人口汇总**　　　　　单位：万人

地区	最佳点	$ps=0.36$ 最低承载人数	$ps=0.36$ 最高承载人数
浙江省	3169	2803	3493
杭州市	609	589	651
宁波市	497	362	580
温州市	528	480	534
嘉兴市	246	226	284
湖州市	173	171	180
绍兴市	285	282	292
金华市	451	368	502
衢州市	104	94	119
舟山市	70	67	80
台州市	292	251	322
丽水市	108	90	117

数据来源：根据课题组测算得到的可能—满意度曲线汇总。

表8.11　　　　　　　　**浙江省各地市适度乡村人口汇总**　　　　　单位：万人

地区	最佳点	$ps=0.36$ 最低承载人数	$ps=0.36$ 最高承载人数
浙江省	2040	1943	2091
杭州市	256	243	261
宁波市	266	174	315
温州市	343	274	411

续表

地区	最佳点	$ps=0.36$ 最低承载人数	$ps=0.36$ 最高承载人数
嘉兴市	212	208	222
湖州市	160	150	180
绍兴市	178	122	234
金华市	230	217	251
衢州市	121	115	123
舟山市	39	37	41
台州市	277	249	282
丽水市	128	122	134

数据来源：根据课题组测算得到的可能—满意度曲线汇总。

取上列表中城乡人口最佳点测算得出一个最佳城镇化率，并取最大承载城镇人口与最小承载的乡村人口测算出一个最大的城镇化率，如表8.12所示。

表 8.12　　　　　　　　浙江省各地市城镇化率研究

地区	2009 年常住人口（万人）	2009 年城镇化率（%）	2020 年最佳点城镇化率（%）	2020 年最大城镇化率（%）
浙江省	5180	57.9	60.8	64.3
杭州市	810	69.5	70.4	72.8
宁波市	719	3.7	65.1	76.9
温州市	807.6	60.7	60.6	66.1
嘉兴市	431.2	51.2	53.7	57.7
湖州市	285	50.7	55.6	57.5
绍兴市	470.3	57.7	61.6	70.5
金华市	520.7	58.4	66.2	69.8
衢州市	223.5	41.1	46.2	50.9
舟山市	106.3	62.4	64.2	68.3
台州市	575.5	51.7	51.3	56.4
丽水市	230.9	41.8	45.8	49

数据来源：根据表8.8、表8.9的结果进行计算。

最后，按 2020 年控制浙江省城镇人口为 3460 万人，乡村人口为 2040 万人，在各地市适度城乡人口可能—满意度模型测算结果基础上，根据提高城镇化率水平、缩小各地市城镇化率差异的要求，参考各地市现有城乡人口规模以及城镇化率差异情况，对各地市 2020 年城乡人口布局提出参考方案。如表 8.13 所示。

表 8.13　　　　　　　　2020 年浙江省各地市人口规划

地区	城镇人口（万人）	乡村人口（万人）	常住人口（万人）	城镇化率（%）
浙江省	3460	2040	5500	62.9
杭州市	644	243	887	72.6
宁波市	510	247	757	67.4
温州市	530	274	804	65.9
嘉兴市	284	208	492	57.7
湖州市	180	150	330	54.5
绍兴市	290	178	468	62.0
金华市	388	217	605	64.1
衢州市	116	115	231	50.2
舟山市	0	37	117	68.4
台州市	321	249	570	56.3
丽水市	117	122	239	49.0

数据来源：本课题组测算。

同理，按平均增长方式，也可得到 2010 年到 2020 年间各地市城乡人口规模发展情况，见表 8.14、表 8.15。

表 8.14（1）　　　　　　　　**各地市城镇人口发展规划**　　　　　　单位：万人

年份	浙江省	杭州市	宁波市	温州市	嘉兴市	湖州市
2009	2999.2	563.0	458.0	490.2	220.8	144.5
2010	3041.1	570.3	462.7	493.8	226.5	147.7
2011	3083.0	577.7	467.5	497.4	232.3	151.0
2012	3124.9	585.1	472.2	501.1	238.0	154.2
2013	3166.8	592.4	476.9	504.7	243.8	157.4
2014	3208.7	599.8	481.6	508.3	249.5	160.6
2015	3250.5	607.2	486.4	511.9	255.3	163.9
2016	3292.4	614.5	491.1	515.5	261.0	167.1
2017	3334.3	621.9	495.8	519.1	266.8	170.3
2018	3376.2	629.3	500.5	522.8	272.5	173.5
2019	3418.1	636.6	505.3	526.4	278.3	176.8
2020	3460.0	644.0	510.0	530.0	284.0	180.0

数据来源：本课题组测算。

表 8.14（2）　　　　　　　　**各地市城镇人口发展规划**　　　　　　单位：万人

年份	绍兴市	金华市	衢州市	舟山市	台州市	丽水市
2009	271.4	304.1	91.9	66.3	297.5	96.5
2010	273.1	311.7	94.1	67.6	299.7	98.4
2011	274.8	319.3	96.2	68.8	301.8	100.2
2012	276.4	327.0	98.4	70.1	303.9	102.1
2013	278.1	334.6	100.6	71.3	306.1	104.0
2014	279.8	342.2	102.8	72.5	308.2	105.8
2015	281.5	349.9	105.0	73.8	310.3	107.7
2016	283.2	357.5	107.2	75.0	312.5	109.6
2017	284.9	365.1	109.4	76.3	314.6	111.4
2018	286.6	372.7	111.6	77.5	316.7	113.3
2019	288.3	380.4	113.8	78.8	318.9	115.1
2020	290.0	388.0	116.0	80.0	321.0	117.0

数据来源：本课题组测算。

表 8.15（1）　　　　　　　　各地市乡村人口发展规划　　　　　　单位：万人

年份	浙江省	杭州市	宁波市	温州市	嘉兴市	湖州市
2009	2180.8	247.1	261.0	317.4	210.4	140.5
2010	2168.0	246.7	259.7	313.4	210.2	141.4
2011	2155.2	246.3	258.5	309.5	210.0	142.2
2012	2142.4	245.9	257.2	305.6	209.8	143.1
2013	2129.6	245.6	255.9	301.6	209.5	144.0
2014	2116.8	245.2	254.6	297.7	209.3	144.8
2015	2104.0	244.8	253.4	293.7	209.1	145.7
2016	2091.2	244.5	252.1	289.8	208.9	146.5
2017	2078.4	244.1	250.8	285.8	208.7	147.4
2018	2065.6	243.7	249.5	281.9	208.4	148.3
2019	2052.8	243.4	248.3	277.9	208.2	149.1
2020	2040.0	243.0	247.0	274.0	208.0	150.0

数据来源：本课题组测算。

表 8.15（2）　　　　　　　　各地市乡村人口发展规划　　　　　　单位：万人

年份	绍兴市	金华市	衢州市	舟山市	台州市	丽水市
2009	198.9	216.6	131.6	40.0	278.0	134.4
2010	197.0	216.6	130.1	39.7	275.3	133.3
2011	198.3	216.7	128.6	39.4	272.7	132.1
2012	199.5	216.7	127.1	39.2	270.1	131.0
2013	200.8	216.8	125.6	38.9	267.4	129.9
2014	202.0	216.8	124.1	38.6	264.8	128.8
2015	203.2	216.8	122.6	38.3	262.2	127.6
2016	204.5	216.9	121.1	38.1	259.5	126.5
2017	205.7	216.9	119.5	37.8	256.9	125.4
2018	207.0	216.9	118.0	37.5	254.3	124.3
2019	208.2	217.0	116.5	37.3	251.6	123.1
2020	178.0	217.0	115.0	37.0	249.0	122.0

数据来源：本课题组测算。

8.3　省外迁入人口的测算

8.3.1　人口迁移模型

为了对常住人口中的省外迁入人口进行定量分析及预测，本课题组利用人口迁移的重力模型对迁移人口进行研究。人口迁移的一个重要动力来自于收入差距，收入差距与区域经济发展水平密切相关，而经济重心与人口分布重心的距离可以在一定程度上体现出经济发展的不平衡性。需要注意的是，人口重心与经济重心之间的距离是从宏观上抽象出来的，用以表明人口分布与经济发展水平的偏离程度，这一距离与人口的迁移距离显然不是一个概念。现实中，进城务工行为主要受区域经济发展水平、预期收入、就业机会等因素的影响，其流出地与流入地的距离并不对迁移形成重要阻碍。而人口重心与经济重心之间的距离则将区域作为一个整体，判断人口分布与经济活动的不平衡程度。这一距离越大，说明人口与经济的空间分布差异越大，客观上促使人口迁移的规模加大。如果这一距离为零，则说明人口与经济的空间分布在整体上重合（局部仍可能不重合），人口与经济活动的分布较为均衡，人口迁移的动力减小。

从农村迁入城市的主要是农村的剩余劳动力。显然，剩余劳动力越多，迁入城市的人口越多。随着城市化的持续进行，农村人口所占比重将逐步降低，城市人口比重逐渐升高。当城市人口比重超过农村人口比重时，城市化速度会逐步降低，最终使城市化率接近于稳定的高水平。因此可以近似认为，人口迁移规模与农村人口数成正比，与城市人口数成反比。

大多数迁移行为是经济因素驱动的，因此迁入地与迁出地的收入差距是必须考虑的因素。在最初的重力模型的基础上，可根据经济活动数据将其修正为：

$$M_{ij} = K \frac{P_i W_j D}{P_j W_i}$$

式中 K 为系数，M_{ij} 为从农村迁移到城市的人口数，W_i 为浙江农村居民人均纯收入，W_j 为城市居民人均可支配收入，P_i 为农村人口总数，P_j 为城市人口总数，D 为全国人口重心与经济重心的空间距离（见表 8.16）。

表 8.16　　　　　　　　浙江历年人口重心与经济重心的距离

年份	人口重心		经济重心		距离（千米）
	东经（度）	北纬（度）	东经（度）	北纬（度）	
2000	120.5494	29.4009	120.6385	29.6208	26.36
2001	120.5489	29.4017	120.6441	29.6120	25.65
2002	120.5486	29.4030	120.6462	29.6090	25.32
2003	120.5487	29.4030	120.6486	29.6168	26.22
2004	120.5486	29.4033	120.6416	29.6413	28.39
2005	120.5489	29.4034	120.6489	29.6439	28.94
2006	120.5492	29.4020	120.6495	29.6473	29.45
2007	120.5497	29.4003	120.6497	29.6481	29.69
2008	120.5500	29.3988	120.6462	29.6530	30.20

数据来源：本课题组测算。

为求迁移模型中的系数 K，将公式变形可得：

$$K = \frac{M_{ij}P_jW_i}{P_iW_jD}$$

其中 W_i、W_j、P_i、P_j 可由《浙江统计年鉴》获得。D 的值由表 8.16 获得，迁移人数 M_{ij} 的数据以浙江省统计局公布的数据为准。

从表 8.17 中可以看出，近年来 K 值不是常数，而是逐年增大的。

表 8.17　　　　　　　　　　　　K 值的计算

年份	城市人口（万人）	农村人口（万人）	迁入人口（万人）	城市居民可支配收入（元）	农村居民人均收入（元）	人口—经济重心距离	系数 K（万人/千米）
2000	2277	2403	369	9279	4254	26.36	6.08
2001	2348	2349	412	10465	4582	25.65	7.02
2002	2412	2319	458	11716	4940	25.32	7.94
2003	2480	2283	505	13180	5431	26.22	8.62
2004	2549	2255	550	14546	6096	28.39	9.18
2005	2742	2156	594	16294	6660	28.94	10.66
2006	2814	2166	626	18265	7335	29.45	11.09
2007	2894	2166	680	20574	8265	29.69	12.30
2008	2949	2171	738	22727	9258	30.20	13.51

对 8.17 进行回归分析可得：

$$K = 0.8986t + 5.1076$$

$$R^2 = 0.9909 \qquad F = 768.865$$

按照这一规律，未来 K 值仍会增大，预测 2011—2020 年的 K 值变化如表 8.18：

表 8.18　　　　　　　　　　　　未来 K 值的变化

年份	2011	2012	2013	2014	2015	2016	2017	2018	2019	2020
K 值	15.89	16.79	17.69	18.59	19.49	20.38	21.28	22.18	23.08	23.98

8.3.2　迁入人口预测

得到 K 值之后，可以应用修正后的迁移模型计算未来浙江省常住人口中的省外迁入人口。公式中 W_j 与 W_i 的比值，近年来经历了一个先上升后下降的过程，取其 2005 年至今的平均值应用到公式中。P_i 与 P_j 的比值呈持续下降，用趋势外推预测未来的变化。浙江省的人口重心与经济重心的距离 D 近年来持续扩大，显示人口与经济活动的偏离呈增大趋势，但这一趋势不会一直持续下去，所以本课题取 2005 年至今的平均值。根据以上方法，对未来的省外迁入人口的预测如表 8.19：

表 8.19　　　　　　　　　　　未来省外迁入人口的预测

年份	2011	2012	2013	2014	2015	2016	2017	2018	2019	2020
人口（万人）	794.2	827.2	859.1	890.0	919.9	948.8	976.7	1003.7	1029.7	1054.8

未来迁入人口的规模仍会增加，从 2011 年的 794 万人增加到 2020 年的 1055 万人。此外，对于户籍人口，可以用数理人口学方法计算其历年的出生与死亡状况，从而得到户籍人口的自然增长数据。以 2000 年人口普查数据为基础，先不计迁移人口的户籍变化，计算其自然变动；再加上前文计算的历年迁入人口，可以得到未来历年的常住人口数据。考虑到目前我国的总和生育率（TFR）已低于更替水平，未来生育政策会有所放宽。

为此，假设 2011 年开始放宽生育政策，总和生育率分别为 1.35、1.55、1.80 的情况下，测算户籍人口自然变动和常住人口总量，结果见表8.20。

表8.20 未来浙江省常住人口的预测

| 年份 | 户籍人口自然变动（万人） | | | | | | 迁入人口（万人） | 常住人口总量（万人） | | | | | |
	目前TFR	TFR1.35	TFR1.40	TFR1.45	TFR1.55	TFR1.80		目前TFR	TFR1.35	TFR1.40	TFR1.45	TFR1.55	TFR1.80
2012	4730	4743	4745	4747	4751	4762	827	5557	5570	5572	5574	5579	5589
2013	4732	4758	4761	4766	4774	4795	859	5591	5617	5620	5625	5633	5654
2014	4732	4770	4775	4782	4794	4825	890	5622	5660	5665	5672	5684	5715
2015	4730	4780	4786	4796	4812	4852	920	5650	5700	5706	5716	5732	5772
2016	4726	4788	4796	4808	4828	4877	949	5675	5737	5745	5757	5776	5826
2017	4721	4794	4803	4818	4841	4900	977	5697	5771	5780	5795	5818	5877
2018	4714	4798	4809	4825	4852	4920	1004	5717	5802	5813	5829	5856	5924
2019	4704	4800	4812	4831	4861	4938	1030	5734	5829	5842	5861	5891	5968
2020	4693	4799	4813	4833	4867	4953	1055	5748	5854	5868	5888	5922	6008

数据来源：本课题组测算。

从表8.20可知，如果不计迁入人口，在目前的生育水平下，浙江户籍人口将先上升后下降。由于迁入人口持续增加，使常住人口总量持续上升，在2020年会达到5748万。如果政策调整使生育率上升，则常住人口总量会出现不同程度上升，在1.35、1.40、1.45、1.55、1.80的总和生育率下，2020年常住人口总量分别会达到5854万、5868万、5888万、5922万、6008万。

8.3.3 预测结果分析

综合上述不同方案的结果，并分别测算其可能—满意度，如表8.21所示。2020年常住人口为5318万时可能—满意度最高，为0.45，但这一方案与浙江省目前的人口状况有较大差距。随着人口总量的增大，可能—满意度降低，在0.36的可能—满意度上对应的2020年的常住人口为5500万。依据对户籍人口的生命表推算加上迁入人口，2020年常住人口可以达到 5748 万，对应的可能—满意度为 0.24。考虑到人口政策的变化，如果未来放宽生育政策，人口总量会进一步增加，在总和生育率为 1.40、1.45、1.55、1.80 的条件下，2020 年的人口规模分别可以达到 5868 万、5888 万、5922 万、6008 万。在这四种方案下，2020 年的人口总量对应的可能—满意度为 0.192、0.185、0.174、0.151。

表 8.21（1） 不同规划方案及对应的人口规模（万人）

年份	适度人口（万人）	次优方案（万人）	调整生育政策（假设 2011 年调整）后，户籍人口加上迁入人口（万人）					
			TFR 1.3	TFR 1.35	TFR 1.40	TFR 1.45	TFR 1.55	TFR 1.80
2011	5049	5222	5520					
2012	5077	5251	5557	5570	5572	5574	5579	5589
2013	5105	5280	5591	5617	5620	5625	5633	5654
2014	5133	5309	5622	5660	5665	5672	5684	5715
2015	5162	5338	5650	5700	5706	5716	5732	5772
2016	5190	5367	5675	5737	5745	5757	5776	5826
2017	5218	5396	5697	5771	5780	5795	5818	5877
2018	5246	5425	5717	5802	5813	5829	5856	5924
2019	5274	5455	5734	5829	5842	5861	5891	5968
2020	5318	5500	5748	5854	5868	5888	5922	6008

表 8.21（2） 不同人口规模对应的可能—满意度

人口数（万人）	5318	5500	5748	5854	5868	5888	5922	6008
可能—满意度	0.45	0.36	0.24	0.196	0.192	0.185	0.174	0.151
人口—经济可能—满意度	0.66	0.65	0.55	0.477	0.465	0.458	0.426	0.381

如果单独分析"人口—经济"子系统的可能—满意度，可以发现，在相同的人口总量下，"人口—经济"子系统的可能—满意度高于总体的可能—满意度。例如，适度人口为 5318 万人对应的"人口—经济"子系统的可能—满意度为 0.66，高于总体的 0.45；总和生育率为 1.40 时，2020 年人口 5868 万对应的"人口—经济"子系统的可能—满意度为

0.465，高于总体的 0.192。这说明，经济发展可以支撑浙江省容纳更多人口，约束人口容量的主要是社会、资源环境子系统。由于浙江省人口密度较大，环境容量有限，人口资源环境约束下的经济社会协调发展仍有待加强。

8.3.4　研究结论

（一）利用可能—满意度模型，通过对浙江省经济、社会、资源环境子系统可能度指标与满意度指标进行区间预测，得到 2020 年的预测值。浙江省各子系统总合成得出的最佳常住人口为 5318 万人，可能—满意度值在 0.36 以上的适度人口规模为（5078，5500）万人。

（二）2020 年，浙江省最佳城镇人口规模为 3169 万人。对应可能—满意度值为 0.76。可能—满意度值在 0.36 以上的适度城镇人口规模为（2803，3493）万人。2020 年，浙江省最佳乡村人口规模为 2040 万人。对应可能—满意度值为 0.48。可能—满意度值在 0.36 以上的适度乡村人口规模为（1943，2091）万人。相对全国，浙江省城镇化水平较高，但是近几年其城镇化速度明显放缓。从表中可以看出，根据可能—满意度模型测算，城镇化水平从 2009 年到 2020 年将从 57.9% 缓慢地上升到62.9%。若对乡村人口调控力度加大，2020 年，乡村人口控制到 1943 万人（也在适度人口范围内），城镇人口为 3493 万人，常住人口达到 5436万人，这样可以达到的城镇化水平为 64.3%。

（三）从浙江省内的人口分布和生产力布局情况看，两者呈现背离现象，2000 年到 2009 年，浙江省的人口重心位于绍兴市与金华市交界处，相对经济重心偏南，人口重心的迁移规律表现为先向北后向南的迁移规律。2000 年到 2009 年，浙江省的经济重心位于绍兴市嵊州，从整体上看，在北偏西位置，重心迁移规律大致为由南向北逐步移动。如果排除人口出生率的差异，计算非户籍常住人口的人口重心与经济重心的距离，可以发现两者之间的距离是逐渐缩小的。

从人口重心与经济重心的距离相对于人口出生率的变化弹性来看，南部地区人口出生率每增加 1‰，会促使人口—经济重心距离增加 3 千米以上。如果未来浙江省内的区域经济发展水平的差距和人口出生率的差距持续下去，将会导致经济发展与人口增长的进一步失衡，不利于经济协调发展和社会的和谐与稳定。

（四）常住人口中的省外迁入人口的规模仍会增加，从 2011 年的 794 万增加到 2020 年的 1055 万，成为总人口增长的重要驱动因素。考虑到人口政策的变化，如果未来放宽生育政策，人口总量会进一步增加，在总和生育率为 1.40、1.45、1.55、1.80 的条件下，2020 年的人口规模分别可以达到 5868 万、5888 万、5922 万、6008 万。在这四种方案下，2020 年的人口总量对应的可能—满意度为 0.192、0.185、0.174、0.151。可见，人口规模的增长将不可避免地降低可能—满意度，主要原因在于浙江省经济社会与资源环境的协调发展仍存在问题。由于人口密度较大，环境容量有限，即使可以通过利用省外、国外的自然资源弥补省内资源的不足，但人口资源环境约束下的经济社会协调发展仍有待加强。

8.4 统筹城乡人口发展的问题及对策

8.4.1 统筹城乡人口发展的问题

8.4.1.1 城市化水平与经济发展水平不协调

全省城市化水平相对滞后于经济社会发展水平。按照省统计局提供的数据，2009 年全省人均 GDP 为 44335 元（按常住人口计算），按年平均汇率折算为 6490 美元。表 8.22 显示，在这一发展阶段，多数国家和地区的城市化率在 60%—69%，而浙江省 2009 年的城市化率仅为 57.9%。

表 8.22　　　　　　　　世界城市化与人均 GDP 的分组对应关系

城市化水平（％）	人均 GDP（美元）	城市化水平（％）	人均 GDP（美元）
5—19	372	60—69	6424
20—29	374	70—79	8569
30—39	820	80—89	9960
40—49	1087	90 以上	10757
50—59	3621		

资料来源：周叔莲、郭克莎主编：《中国工业增长与结构变动研究》，北京：经济管理出版社 2000 年版。

表 8.23 显示了浙江各地城市化率与经济发展水平的对应状况。在 11 个地级市中，城市化水平与经济发展水平的协调性存在差异。杭州、宁波、舟山、温州、金华等城镇化率与其他国家和地区在同样经济水平下的城市化率相当，而台州、嘉兴、湖州城镇化率滞后于经济发展，衢州和丽水的城市化率与国外经验的差距更大。这说明，浙江经济发展对城市化的带动作用仍有待提高。

表 8.23　　　　浙江各地市城市化率与人均 GDP（2008 年）

地市	城市化率（%）	人均 GDP（美元）
杭州市	69.34	8705
宁波市	63.59	8180
温州市	60.52	4394
嘉兴市	50.02	6215
湖州市	50.01	5307
绍兴市	57.46	6950
金华市	58.25	4728
衢州市	40.99	3757
舟山市	61.91	6763
台州市	51.48	4934
丽水市	41.49	3178

8.4.1.2　城市化过程中"市民化"程度落后于城市化水平

"市民化"，意味着从非户籍人口转变为当地城市户籍人口，同时在教育、就业、社会保障等领域享受与当地居民同样的待遇。在现实中，进城务工的农民，只要居住半年以上，就被计入常住人口而体现在城市人口中，但实际并未真正市民化。以 2008 年为例，浙江省城市常住人口为 2949 万，而真正享有"市民待遇"的非农业户籍人口仅有 1395 万，不足常住人口的一半。外来人口缺乏归属感，流动性较大，人口沉淀效应不足，在很大程度上影响城镇化水平的提高。城镇化过程中的人口分布不只是一个人口数量规模分布的机械变动过程，更是一个深刻的社会转型和重构过程。

从社会发展对城镇化的影响来看，大量进城农民在受教育机会、社会保障以及各种福利方面与城镇居民还存在较大差异，针对进城务工人员的公共服务严重不足，配套制度改革滞后，城市化"质"的提高滞后于"量"的提高。这不仅是浙江省独有的问题，也是全国普遍存在的问题。

8.4.1.3 不协调的产业结构限制了人口吸纳水平和城乡人口分布

在人均 GDP 达到 6000 美元的阶段，多数国家的第一产业就业比重低于 10%，第三产业就业比重超过 50%，新增就业主要以现代服务业提供。2008 年浙江第二产业占劳动力结构的 47.6%，第一产业和第三产业分别占 19.2%和 33.2%。与世界经济发展标准模型就业结构相比，浙江人口就业结构仍不合理。

浙江省农业人口的比重大于发达国家在相同发展阶段的就业比重，意味着在城乡人口分布中，农村人口仍然相对过剩（南部的丽水、衢州等地尤其如此），超过了农业发展所创造的就业数量。而在城市，由于第三产业比重仍有待提高，经济发展所吸纳的人口小于其产值贡献。第三产业就业比重明显偏低，而劳动力资源的配置也不合理。第三产业有较大就业容量，其吸收的就业份额不够，会阻碍经济总量的提高。这也是影响城市化水平进一步提高的重要因素。

总体来说，由于产业结构尚不协调，经济增长方式还在转变之中，城市经济发展对人口集聚的贡献仍相对不足，也造成城镇化增速的放缓。这意味着，如果经济结构、发展方式得到优化，浙江城市人口数量仍然可以有较大的空间。

8.4.1.4 城市化过程中农村"空巢化"呈逐步上升趋势

近年来浙江省农村"空巢化"呈逐步上升趋势。农村老年人家庭"空巢化"持续发展，成为农村老年人的一种重要居住形态。衢州、丽水、温州的农村老人空巢率较高，而湖州、嘉兴较低。空巢率的南北地区差异十分明显，中部、南部超过 50%，北部仅仅 10%左右。这说明，经济欠发达的地区，年轻人远离父母打工的比率更高。这种现象都是近年来渐变的过程，和外出务工的发展趋势同步。值得注意的是，独居老人比例较高，隔代家庭户和二代老人户逐渐增多。由于农村养老保障体系尚不完善，老年人生活自理能力相对较差，"空巢化"将影响农村社会的和谐发展。

8.4.2　统筹城乡人口发展的对策

要提高城镇化水平，更好地统筹城乡发展，需要在户籍、就业、基础设施、社会保障、教育等公共服务领域创新体制，走出一条新型城镇化的道路。

8.4.2.1　利用经济优势，引导人口向城市聚集

从人口规模看，根据可能—满意度模型计算结果，结合浙江省现有常住人口规模，本课题组建议 2020 年控制浙江省城镇人口为 3460 万，乡村人口为 2040 万，得到浙江省常住人口总量为 5500 万，控制在测算得到的适度人口上限值以内。既保证了城乡人口在适度人口范围内，又使得常住人口规模在适度范围以内。

因此，浙江需要继续保持经济发展的强势，进一步提高经济生产密度，在经济优势的背景下，提高区域人口容量。在近年内保持一个适度的人口净迁入，多吸引高素质的年轻人口，完成人力资源的储备、人口年龄结构的改善和劳动力结构的优化。

8.4.2.2　有计划地推进城市化进程，引导人口合理分布

运用市场机制，优化人口空间发展的整体框架，把城市群作为推进浙江城市化的主体形态，把省内人口城市化作为人口分布调整的主要手段。一方面根据区位条件和资源环境承载能力，重点建设分工合理、优势互补、特色鲜明的环杭州湾、温台沿海、金衢丽高速公路沿线三大产业带，促进其城市化发展。同时，要重视保护和合理开发浙西南、浙西北丘陵山区与浙东沿海近海海域，形成以主要森林资源和重要江河源头保护区为重点的"绿色屏障"，以海洋自然保护区和海洋特别保护区为重点的"蓝色屏障"①。在这些自然环境保护区域，适当疏散人口，尤其是农村的剩余劳动力需要有一个健康、合理的疏散渠道。

本课题预测全省 2020 年的城镇化率为 62.9%，若对乡村人口调控力

---

① 浙江省发展计划委员会课题组：《浙江省城市化发展战略研究》，《宏观经济研究》2002年第 4 期。

度加大，2020 年，乡村人口控制到 1943 万（也在适度人口范围内），城镇人口为 3493 万，常住人口达到 5436 万，在合理的可能—满意度条件下最大城镇化率为 64.3%。在统筹城乡浙江省人口发展的过程中，要把工作重点放在城镇化水平比较低的地市，加大财政投入，促进其城镇化率提高，在 2010 年到 2020 年抓住机遇，缩小各地市城镇化率水平差异。

8.4.2.3 优化产业结构，协调人口分布和生产力布局

在产业布局上，浙江境内东北部为环杭州湾地区，地形以平原为主，属城市密集区，未来的发展战略应以高附加值的高新技术产业和现代服务业为主；东南部沿海地区属丘陵地区，对外贸易和民营经济发达，未来应侧重人力资源与技术水平的提升，减少劳动密集型产业的比重，延伸上下游产业链，在对外贸易的同时开拓国内市场；西南和中部地区主要以山地和丘陵为主，可以引导发展生态农业和旅游业。以人口和劳动力配置的省域统筹方法，来实现人口与经济的空间协调。建议对山地、丘陵地区的农民向城镇聚集进行适当补贴，鼓励浙中丘陵盆地生态区、浙西南山地生态区、浙西北山地丘陵生态区的人口迁出，这样有利于浙江人口的合理布局，有利于浙江区域结构的优化。在客观上，可以缩短省内人口重心与经济重心的距离，有利于浙江的均衡发展，可在最大程度上达成全省居民收入均衡化的提高。

为调控省内相对欠发达地区的人口，减轻对资源环境的压力，浙江应对第二、三产业产值比重较低、城镇化率比较低的县区优先扶持，发展当地的特色经济，以县域经济的发展带动周边农民进城务工、经商及从事各类行业。杭州、宁波、温州经济较为发达的地市应充分发挥区域经济引擎的作用，吸引各类人才的聚集，促进人力资源的合理流动，推动全省的生产要素的流动，促进各区域经济的协调发展。这样，发达地市的城镇化率有望进一步提高，同时带动欠发达地区城市化的发展，尤其是丽水、衢州地区的城市化的发展。

在未来的人口调控及产业布局中，应加快以现代服务业为主的第三产业的发展，逐步将劳动密集型、低附加值而且对资源环境压力较大的行业淘汰或转移，从而降低对低层次劳动力的需求，降低流动人口的规模，使总人口规模尽可能符合适度人口的要求。

8.4.2.4 适时调整生育政策，优化人口自然结构

本课题组认为，浙江目前的总和生育率偏低，适度提高，不会影响浙江省低生育水平的稳定。根据浙江目前的经济发展态势和人口计划生育管理水平，近年内开始实施计划生育"二孩政策软着陆"是可行的。把浙江的妇女总和生育率调整到 1.5 以上，经过一段时间的调整，逐步稳定在 1.7—1.8，再经过数十年的发展，使浙江人口进一步渐进并稳定在更替水平左右。

适当放宽生育政策可以协调人口与经济的分布格局。由于浙江北部地区人口自然增长率低于南部地区，如果适当放宽生育政策（例如，一方为独生子女的夫妇，可以生育两个孩子，渐进放开二胎生育政策），则北部地区的出生人口会出现小幅增加。由于南部地区的出生率原本较高（意味着严格执行独生子女政策的人口比重低于北部），则新的生育政策对出生人口的影响较小，南北地区人口自然增长的差距有望缩小，可在一定程度上减轻人口与生产力布局的失衡。

希望有关专家和部门设立专题进行深入研究，及时完善现行生育政策，制定具体的措施，以人为本，落实科学发展观，促进生育政策转型，从而优化人口自然结构，解决可能发生的劳动力缺失问题，使浙江省的经济持续发展。

8.4.2.5 加快进城农民的"市民化"转化，提高城市化质量

在提高城镇化率的同时，需要同时提高城市化的质量，即加快进城农民的"市民化"转化。为更好地统筹城乡发展，需要减弱户籍制度带来的身份差异，在基础设施、教育、社会保障等公共服务领域创新体制，走出一条新型城市化的道路。这也是让人民共享改革发展成果，解决民生问题、化解社会矛盾、促进社会和谐、体现社会公平的需要。

由于多种福利政策与户籍制度挂钩，目前直接统一城乡户籍尚不具备条件。一种渐进可行的方式是，持续提高对农民的补贴、社会保障与进城务工人员的收入水平，在缩小城乡福利待遇差别的基础上，实现户籍的"无差别化"，最终实现户籍制度的统一。加快户籍迁移政策改革，实行更加灵活的户籍迁移政策，逐步消除农民向城镇转移的门槛。深化户籍相关的配套改革，使户籍制度真正成为反映公民身份、提供人口数据、保证

公民平等参与社会活动和行使法定权利的政府社会管理和公共服务基础性制度。如果未来在养老医疗保险、子女就学等方面都能缩小户籍差别，阻碍我国城市化进程的制度因素将逐步消除。

坚持把城市和农村作为一个有机整体，着眼强化城乡设施衔接、互补，加大对农村基础设施投入的力度，要集中财力优先安排农民最急需、受益面广、公共性强的农村公共品和服务，切实加强与农民生产和生活直接相关的农村道路、水利、能源等中小型基础设施建设，提高上述设施的质量和服务功能，并与城市有关设施统筹考虑，实现城乡共建、城乡联网、城乡共享。

教育属于公共产品或准公共产品，基础教育更是一种社会公益事业。各级政府要按照公共财政体制的要求，加大公共服务支出，将农村基础教育纳入公共财政支出范畴并优先予以保证。在实行免费农村义务教育的同时，要重视不断改善农村学校办学条件、提高教育质量，建立农村义务教育稳定投入机制。目前，浙江正处于劳动密集型经济向技术密集型经济转型的时期，优先发展农村基础教育具有重要意义。加大省市政府对农村基础教育的投入力度，不仅有利于稳定农村基础教育的经费来源，而且有利于基础教育在更大范围和更大区域内均衡发展。

大力发展职业技术教育是提高农村劳动力素质、开发农村人力资源的有效途径。针对农业人口受教育水平偏低的状况，必须以就业为导向，大力发展农村职业技术教育，加强对农民实用技术的教育与培训，把教育教学同生产实践、社会服务、技术推广结合起来，加强实践教学和就业能力的培养，提高农村劳动力的素质。政府应当加大对职业教育的财政投入，继续改善农村职业学校的办学条件，重点扶持农业类专业的建设。要不断完善农村成人教育体系，积极推广实用生产技术的培训和非农业就业必需技能的培养，通过多种形式为农民在农业生产和非农业转移两个方面创造有利条件。农村职业技术教育本身也要逐步提升办学水平、调整专业设置和教学内容。农村职业教育既要为当地社会生产生活服务，又要适应新形势下农业结构调整和农民职业分流的需要。总之，要努力促进基础教育与职业技术教育、成人教育相融合，逐步实现农村教育的一体化。

各类医疗机构应对城乡居民一视同仁，切实搞好服务。加强社区卫生服务机构建设，将其服务覆盖面扩大到辖区所有居住人员，引导居民就近就医。认真落实工伤救治、职业病防治的有关规定，切实保障居民的生命安全和身体健康。将进城务工人员子女预防接种和孕产妇围产期保健管理纳入各地预防保健管理范围。加强进城务工人员集中地区的卫生防疫工作，降低传染性疾病的发病率。落实以现居住地管理为主的计划生育工作机制，实行与本地居民同宣传、同服务、同管理，切实做好生殖健康和计划生育服务工作。对符合法定生育条件、生活困难的进城务工人员实行分娩优惠价制度。加强卫生宣传和健康教育，不断提高城乡居民的卫生知识水平，增强他们的自我保健和保护意识。

8.4.2.6　强化对新生代农民工的就业服务

全国总工会发布的《关于新生代农民工问题的研究报告》中指出，新生代农民工数量占到外出农民工的六成以上，现阶段新生代农民工总数约为 1 亿人左右。他们外出就业动机从"谋生、改善生活"向"体验生活、追求梦想"转变；对务工城市的心态，从"过客"心理向期盼在务工地长期稳定生活转变。"新生代农民工维权意识的主动性和能力比上一代更强，对公民基本权利平等有更高期待。"

根据人口迁移规律，农业剩余人口转移主要取决于劳动者预期、城乡收入差距以及城市提供的就业空间。当一个地区能不断吸纳农村剩余劳动力时，也就显示出这一区域人口经济容量尚有较大空间。这不仅为这一区域经济进一步增长提供了巨大潜力，也为这一区域的城市和社会发展增加了活力和繁荣元素。目前浙江城乡居民实际基尼系数已达 0.42 左右[1]。如果城镇不能对农村剩余劳动力提供就业空间、提高就业层次，就不利于有效遏制收入差距继续扩大的态势，也不利于社会和谐与稳定。

针对新生代农民工的特点，在统筹城乡劳动力就业方面，需要逐步统一城乡劳动力市场，建立覆盖城乡的劳动力市场和职业培训体系，积极改善农民进城就业环境，健全和完善城乡劳动和社会保障制度，全面推进城乡统筹就业。充分发挥各地当地优势，通过离土离乡、离土不离乡和开展家庭来料加工等多种形式，促进农村劳动力转移就业，达到"转移农民、富裕农民"的目标。公平公正地提供各种公共就业服务，公共就业服务机构平等地向各类劳动者开放，免费提供求职登记、政策咨询、信息发布、职业指导、职业介绍等服务。实行统一的居住证"一证式"管理，简化办事程序，提高服务效率和求职成功率。清理和打击非法职业中介行

---

① 参见王杰《"十一五"时期浙江省收入变动趋势及分配导向政策研究报告》。

为，规范职业中介的管理和服务。重视就业培训，提高农民工自身竞争力。在不完全竞争市场中，总会出现个人培训投资不足的现象，因此政府投资培训是必要的；同时鼓励用人单位组织开展各类培训，加强劳动法律法规、安全生产、维权意识等方面基本常识的培训。

政府应指导和督促用人单位依法签订劳动合同和集体合同，建立权责明确的劳动关系，严肃查处不签订、不履行合同的用工行为。劳动保障部门要根据市场变化定期发布劳动力市场工资指导价。用人单位应在劳动合同中明确规定每月工资发放的日期，并以货币形式足额、及时发放工资。用人单位必须严格执行最低工资标准和国家关于职工休息、休假的规定，凡延长工时和休息日、法定假日工作的，要依法支付加班工资。实行综合计算工时工作制的企业，其职工平均日工作时间和平均周工作时间应与法定标准工作时间基本相同。推进"无欠薪城市"品牌建设，完善工资清欠预警机制，健全欠薪保证金、企业欠薪应急周转金制度，及时查处拖欠和克扣工资行为。各有关部门要加强劳动保护工作，监督用人单位严格执行有关劳动保护、安全生产、女职工特殊保护、消防安全等法律法规和规章制度，开展专项行动，严肃查处用人单位超额加班加点、超强度用工、雇用童工、侵犯妇女权益的违法行为。

8.4.2.7 推进中心镇建设

从现实来看，近年来农村居民向地级市转移的速度有所放缓。本课题组认为，浙江的城乡居民生活水平差距相对较小，农村人口向大城市迁移的动力不强，而"就地城镇化"，迁入中心镇更符合大多数农民的现实利益。因此，建设中心镇是浙江统筹城乡发展的重要措施。

建设中心镇，需要找准定位，分类扶持，特色培育，使浙江的中心镇成为农村经济增长极、农村人口的集聚点和公共事业服务中心。首先要在广泛听取农民意愿的基础上，制定科学的城镇体系规划，并制定出中心镇建设的标准，特别是市政基础设施和公共服务设施的配套标准；其次要按照"整体规划、分步实施、有序建设，防止随意布点、低效益开发"的原则，研究制订交通和重大基础设施的实施推进计划，并集中力量有序抓好中心镇的基础设施建设，积极推进产业集聚，为中心镇的发展提供支撑和导向；最后，要为中心镇发展积极营造有利的政策环境。用改革的思路、创新的办法，把研究制定农民宅基地置换、农民进镇购买住房、就业与社会保障、人才引进、财政扶持等优惠政策作为推进的重要手段，建立和完善中心镇财政体制、实施税费优惠政策、加大对中心镇的投入和用地支持力度、扩大中心镇经济社会管理权限、加快推进与户籍制度相关的福利制度改革、加快建立统筹城乡的就业和社会保障制度等。

8.4.2.8　完善农村的养老保障体系

为统筹城乡发展，在农村经济社会转型期，在重视城乡一体化和谐发展的今天，迫切需要解决农村空巢老人面临的问题。解决空巢老人目前面临的问题不能仅依靠家庭和老人自身的力量，还需要广泛动员全社会力量共同参与。要进一步加大对农村贫困空巢老人的救助投入，实施多层次、多形式的覆盖老年人群体的政府救助，密切关注农村老年人的状况，对各地低保对象，尤其是享受低保的空巢老人，实行动态管理，切实做到应保尽保。有条件的地方，可考虑建立村级或乡级老龄事业专项基金或养老基金，用于对农村困难老年人的临时救助和空巢老人的生活补贴。针对空巢老人面临的实际生活困难，要研究制定适应农村情况的空巢老人生活照料体系，防范因照料缺位而造成意外突发事件的发生，不断提高空巢老人的生活质量。在一些有条件的行政村，可将闲置的公共场所改建为福利型托老所，集中供养部分高龄、独居、经济困难、生活照料严重缺位的空巢老人，解决他们的生活照料等问题。

8.5　低碳经济与新能源开发研究

8.5.1　浙江省的能源消费及碳排放特征

8.5.1.1　浙江省的能源供应

近年来，面对气候变化、灾害频发以及资源环境的多重压力，人类社会传统的"高消耗、高排放"的发展模式已经难以为继。发展低碳经济、实现绿色发展已是大势所趋，世界多个国家和地区制定了相关政策并逐步付诸实施。全国各地正在努力构建资源节约型、环境友好型的低碳社会。政府把"资源利用效率显著提高"作为经济和社会发展的主要目标之一，《中国应对气候变化国家方案》明确了中国应对气候变化的具体目标及政策措施，这些行动表明中国正在探索发展低碳经济。低碳经济可以帮助中国减轻资源环境压力，优化能源结构，保证能源安全。

浙江是大陆经济最具活力的省份之一，一次能源自给率仅为 5% 左右，绝大部分靠省外输入。浙江省内能源生产量较少，煤炭、石油和天然气基本依靠外省调入和进口。2009 年，浙江省一次能源生产总量为 1238 万吨标准煤（当量，下同）。全省共调入和进口煤炭 13124 万吨，原油 2519 万吨，天然气 19.1 亿立方米[①]。由此可见，浙江传统化石能源自给率极低，基本依赖于外省调入和进口。

2009 年年底，电力总装机容量 5616 万千瓦。总发电量 2251 亿千瓦时，比上年增长 5.5%，其中 6000 千瓦及以上发电机组发电量 2207 亿千瓦时，比上年增长 5.6%。地方热电联产企业年发电量 205 亿千瓦时，比上年增长 21.3%；年集中供热量 3.2×10^{17} 焦耳。

可再生能源方面，截至 2009 年，水电装机容量为 649 万千瓦，年发电量 122 亿千瓦时。截至 2009 年年底，已建成投产风力发电总装机容量 22.7 万千瓦，风力发电量 3.5 亿千瓦时。已建成投产的光伏利用示范项目装机容量 3290 千瓦，比上年增长 98.2%，在建、待建光伏装机容量约 3.99 万千瓦。累计推广太阳能热水器 868 万平方米。已建成投产垃圾焚烧发电机组装机容量 32.5 万千瓦，年发电量约 16 亿千瓦时。

8.5.1.2 浙江省的能源消费

浙江的能源消费总量在 2009 年为 15567 万吨标准煤，其中终端能源消费 15059 万吨标准煤。第一产业、第二产业、第三产业和生活能源消费分别为 343、11448、2266 吨和 1510 万吨标准煤，占全社会能耗的 2.2%、73.5%、14.6% 和 9.7%。2009 年，煤炭、石油及制品、天然气和电力消费量分别为 13276 万吨、2312 万吨、19.1 亿立方米和 2471 亿千瓦时。能源品种消费结构仍以煤炭为主。其中，煤炭占 61.1%，比上年下降 0.8 个百分点。石油和天然气分别占 21.7% 和 1.5%，各比上年上升 0.1 个百分点。水电、风电和核电占 7.9%，比上年下降 0.2 个百分点。其他能源品种占 7.8%，比上年上升 0.8 个百分点。2009 年，全省人均能源消费 3.01 吨标准煤。其中，人均生活用能 292 千克标准煤，比上年增长 8.1%。人均用电 4770 千瓦时，

---

① 浙江省统计局：《浙江省能源与利用状况》2009 年。

比上年增长 5.1%。人均生活用电 541 千瓦时，比上年增长 7.8%[①]。

在能源利用效率方面，全省万元 GDP 能耗 0.74 吨标准煤。其中，第一产业、第二产业和第三产业万元增加值能耗分别为 0.34、1.04 吨和 0.25 吨标准煤，比上年分别下降 2.9%、4.6% 和 7.4%。万元 GDP 电耗 1176 千瓦时，比上年下降 2.3%。

近年来浙江能源供应与消费状况如表 8.24 所示。

表 8.24　　　　　　　2007—2009 年浙江能源供应与消费情况

年份			2007	2008	2009
能耗总量（亿吨标准煤）			1.45	1.51	1.56
能源结构	煤炭（万吨）		1.45	1.51	1.56
	石油及制品（万吨）		13024	13114	13276
	天然气（亿立方米）		2239	2297	2312
	核电（亿千瓦时）		18.1	17.7	19.1
	水电（亿千瓦时）		222	238	240
	风电（亿千瓦时）		102	114	122
	太阳能（万千瓦）	建成			0.33
		在建			3.9
能源利用效率（%）			38.0	38.8	39.5
万元 GDP 能耗			0.83	0.78	0.74
水电风电核电合计比重（%）			8.0	8.1	7.9
各领域耗能（万吨标准煤）	第一产业		353	345	343
	第二产业		10955	11271	11448
	第三产业		1960	2119	2266
	生活		1266	1382	1510
万元增加值能耗（吨标准煤）	第一产业		0.37	0.35	0.34
	第二产业		1.16	1.09	1.04
	第三产业		0.27	0.27	0.25
人均能源消费（吨标准煤）			2.87	2.95	3.01

数据来源：浙江省统计局，《浙江省能源与利用状况》2007—2009 年。

---

① 浙江省统计局：《浙江省能源与利用状况》2009 年。

从表 8.24 可以看出，近年来各类能源的供应都有所增加，石油、天然气、水电、风电增长明显，其中，风电的增长幅度最大。但从整体结构上看，清洁能源（水电、风电、核电）的比重没有明显上升。从消费角度看，第一产业的能耗在持续降低，第二、第三产业的能耗在持续上升，生活耗能增加明显。各产业的万元增加值能耗都有所降低，反映能源效率逐步提高，但人均能耗持续上升。

8.5.1.3 浙江省的碳排放测算

8.5.1.3.1 碳排放的测算模型

本书所研究的碳排放是指能源消费过程中二氧化碳的排放。在测算浙江和台湾的能源消费与碳排放时，将应用国际上较为成熟的 MARKAL - MACRO 模型。MARKAL - MACRO 模型是一个非线性动态规划模型，耦合了 MACRO 模型与 MARKAL 模型。MACRO 模型是宏观经济模型，该模型中集成了新古典主义宏观经济学的增长理论，其生产函数是以"柯布—道格拉斯函数"为基础而建立的：

$$Y = \left[aK(t)^{\rho kpvs} L(t)^{\rho(1-kpvs)} + \sum_{dm \in DM} b_{dm} D_{dm}(t)^{\rho} \right]^{1/\rho}$$

$$L_0 = 1, \quad L(t) = \left[1 + grow(t-1) \right]^n L(t-1)$$

$$\rho = 1 - \frac{1}{ESUB}$$

其中，$Y(t)$ 为周期 t 内每年总产出；a、b_{dm} 为生产函数的系数；$K(t)$ 为周期 t 内每年的资本要素投入；$L(t)$ 为周期 t 内每年劳动要素投入；dm 为能源服务需求部门分类；DM 为能源服务需求部门的集合；$D_{dm}(t)$ 为周期 t 内每年 dm 部门的能源服务需求，$grow(t)$ 为周期 t 内每年的经济增长率；n 为每个规划周期的年数；$ESUB$ 为能源服务需求对资本和劳动力投入的替代弹性；$kpvs$ 为资本增加值在总增加值中的比例。

MARKAL - MACRO 模型的效用函数如下：

$$UTILITY = \sum_{t=1}^{T_e-1} udf(t) \lg C(t) + udf_{T_e} / \left[1 - (1 - udr_{T_e})^n \right]$$

$$udf(t) = \prod_{\tau=0}^{t-1} \left[1 - udr(\tau) \right]^n$$

$$udr(t) = kpvs / kgdp - depr - grow(t)$$

其中，$C(t)$ 为周期 t 内每年总消费；$udr(t)$ 为周期 t 内效用贴现率；$udf(t)$ 为周期 t 的效用贴现因子；$kgdp$ 为基年的资本与地区生产总值之比；$depr$ 为折旧率；T 为规划期所有周期的集合，T_e 为最后一个规划期。按照中国现有的效用贴现水平、固定资产投资率、折旧率设定分阶段的参数值，并应用到模型中。

二氧化碳排放量的测算：

$$M = \delta \sum_{i=1}^{7} e_i h_i E \theta_i$$

其中，M 为二氧化碳的总排放量，θ_i 为能源 i 在能源结构中的比重；其中 $i = (1, 2, \cdots, 7)$，分别表示煤炭、石油、天然气、水电、核电、风电、太阳能（风电和太阳能在设备制造、安装、运营等阶段也会产生碳排放）；e_i 为单位能源 i 消耗时产生的二氧化碳排放量，h_i 为燃料 i 的氧化率，δ 为标准燃料产生的热能，对于标准油，$\delta = 4.187 \times 10^7 KJ/toe$；对于标准煤，$\delta = 2.931 \times 10^7 KJ/tce$ 不同类型的能源在消费过程中产生的二氧化碳的量需要分别计算。对于化石能源，燃烧活动的二氧化碳排放系数与单位燃料的发热量、燃料含碳量、燃料碳氧化率有关。例如，不同类型的煤炭，其含碳量、发热量有一定差别，需要加权平均计算全国煤炭含碳量的平均值，进而得到煤炭燃烧时排放的二氧化碳[1]。本课题应用国家应对气候变化协调委员会第三工作组的成果，数据如表 8.25 所示。

表 8.25　　　　　　　　　不同化石燃料在燃烧时释放的二氧化碳

燃料	煤炭	石油	天然气
单位热值的二氧化碳排放（Kg CO$_2$/10^6 KJ）	24.78	21.47	15.30

数据来源：国家应对气候变化协调委员会第三工作组。

对于非化石能源，如核能、风能、太阳能，在利用过程中并不直接释放二氧化碳，但在设备生产、运输、安装以及运行维护等过程中仍然会排放二氧化碳。本课题采用法国金融与经济部公布的数据（以单位发电量

---

[1]　马忠海：《中国几种主要能源温室气体排放系数的比较评价研究》，博士学位论文，中国原子能科学研究院，2002 年。

计），见表 8.26。

表 8.26 　　　　　　　　　　非化石能源释放的 CO_2

能源类型	水能	核能	风能	太阳能
CO_2 排放（g/kWh）	4	6	3—22	60—150

　　数据来源：法国金融与经济部报告，www.cea.fr.，2003 年。

8.5.1.3.2　浙江省的碳排放量

　　根据上述计算方法，可计算得出浙江省的二氧化碳排放总量。同时，结合浙江省历年的人口总量，可以计算出历年的人均碳排放量，如图 8.18、图 8.19 所示。

　　2003—2009 年，浙江省的二氧化碳排放总量从 1.52 亿吨增长到 2.91 亿吨，年均增长 11.4%；人均排放从 3.3 吨增长到 5.6 吨，年均增长 9.2%。

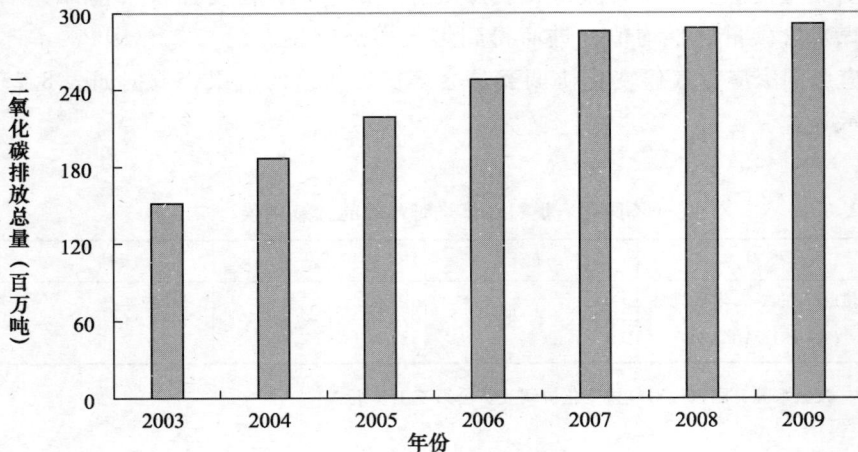

图 8.18　2003—2009 年浙江省二氧化碳排放总量

　　浙江省处于工业化、城市化的快速发展阶段，经济高速增长必然要以大量的能源消费作为支撑，相应地，碳排放量也体现为较快的增长。在经济发展到较高水平之后，由于高耗能的产业比重大幅降低，各行业的能源利用效率不断提高，碳排放量的增长趋于和缓，这符合社会经济向低碳转型的必然趋势。浙江省未来经济社会的发展也必然要经历这一阶段，通过产业结构的优化调整，逐步淘汰高耗能、高排放的产业，代之以低能耗、低污染、高附加值的低碳行业。同时，通过推广应用清洁能源，实现碳排放与经济增长的脱钩，尽快达到碳排放的峰值。

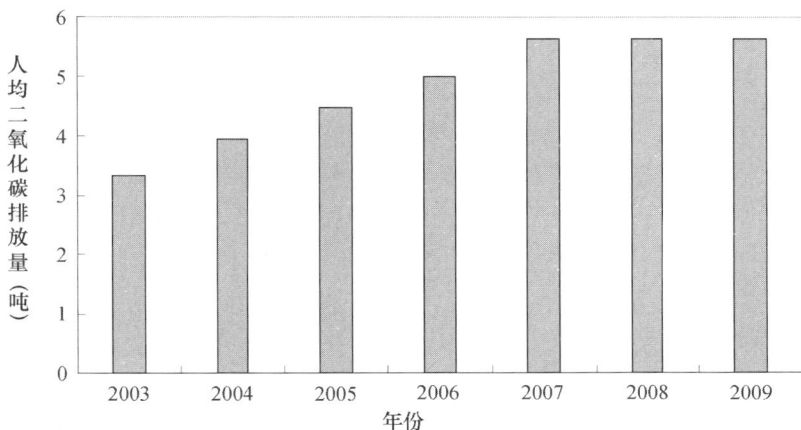

图 8.19　2003—2009 年浙江省二氧化碳人均排放量

8.5.2　低碳经济与新能源开发

8.5.2.1　低碳经济的内涵

低碳经济是涉及能源、环境、经济系统的综合性问题。低碳经济符合以下特征：在生产和消费中能够节省能源，减少温室气体排放，同时还能保持经济和社会发展的势头。低碳经济的实质是在生产和消费中调整产业结构和能源结构，逐步减少化石能源的消耗，发展可再生能源，提高能源效率，使经济增长与温室气体和其他污染排放脱钩，最终目的是促进实现维持可持续的经济增长、创造就业机会、推动技术创新等诸多关键发展目标。

早期进行低碳经济探索的是美国学者列斯特·R.布朗（1999），他提出为抑制温室效应的发展，人类应尽快从以化石燃料为核心的经济，转变为以太阳能、氢能为核心的经济，建构零污染排放、无碳能源经济体系。英国的《我们未来的能源——创建低碳经济》指出，"低碳经济"是通过更少的自然资源消耗和更少的环境污染，获得更多的经济产出；低碳经济是创造更高的生活标准和更好的生活质量的途径和机会，也为发展、应用和输出先进技术创造了机会，同时也能创造新的商机和更多的就业机会。

国内学者对低碳经济进行了探索性研究，取得了一定的学术成果。牛文元（2009）、贺庆棠（2009）等认为，低碳经济是绿色生态经济，是低碳产业、低碳技术、低碳生活和低碳发展等经济形态的总称，低碳经济的实质在于提升能源的高效利用、推行区域的清洁发展、促进产品的低碳开发和维持全球的生态平衡。方时姣（2009）指出，低碳经济是经济发展的碳排放量、生态环境代价及社会经济成本最低的经济，是一种能够改善地球生态系统自我调节能力的可持续性很强的经济。庄贵阳（2005）、何建坤（2009）等认为，低碳经济的核心是能源技术创新和制度创新，在不影响经济和社会发展的前提下，通过技术创新和制度创新，可以尽可能最大限度地减少温室气体排放，从而减缓全球气候变化，实现经济和社会的清洁发展与可持续发展。

由于"低碳经济"的概念仅有短短数年的历史，包括发达国家在内的世界各国均处在探索时期，相关的理论、方法还不成熟，没有形成完整的理论体系，研究成果较少。从现实来看，低碳经济尚未形成规模化、普及化、对国民经济有主导性影响的经济体系。中国作为发展中大国，无论从国内经济社会可持续发展的角度，还是承担国际责任的角度，都应积极探索低碳经济的发展路径。

低碳经济客观上需要对传统产业、能源、技术、消费、外贸、生活等制度进行重大调整，其影响波及人类社会的各个领域，被认为是工业化、信息化之后的"第四次浪潮"。美国、德国、英国、日本等发达国家在2009年纷纷提出"绿色新政"，大力推进以高能效、低排放为核心的"低碳革命"，着力发展"低碳技术"，以抢占先机和产业制高点。欧盟委员会的研究表明，发展低碳经济将引发劳动力市场的结构性调整，导致劳动力在不同行业和地区之间重新分配，一些传统就业岗位可能会被淘汰，而另一些更加"绿色"的就业岗位将会诞生。以可再生能源行业为例，预计到2020年，欧盟在这一行业就业的总人数将达到280万，比2005年翻一番。除能源行业外，农业、渔业、旅游业和建筑业也将受益较大。劳动力市场的结构性调整对求职者的技能提出了不同于以往的要求，一个新的"绿领"阶层将应运而生，在环保材料、"碳足迹"测定和环境影响评估等绿色技术领域拥有一技之长的劳动者在就业市场上将供不应求。

中国的低碳经济发展还处于起步阶段。2007年9月8日，国家主席胡锦涛在亚太经合组织第15次领导人会议上，首次明确主张"发展低碳经济"。2009年6月6日，温家宝总理主持会议研究部署应对气候变化、加强节能减排工作时指出，要把应对气候变化、降低二氧化碳排放强度纳入国民经济和社会发展规划。在丹麦哥本哈根气候变化会议召开前夕，中国制定了控制温室气体排放的行动目标，到2020年单位国内生产总值二氧化碳排放比2005年下降40%—45%。

目前我国城市化的规模和速度远快于历史上发达国家的城市化进程。中国作为世界上最大的发展中国家，城市化率仍然偏低，人均消费领域能耗也远低于经济合作与发展组织（OECD）国家目前水平，城市发展中能源消耗迅速增长的驱动力依然强劲。城市居民总能耗需求的增加将会打破目前工业用能占主导地位的平衡。发展低碳经济要求改变现行的高能耗、高污染、低技术含量、低附加值的发展模式。在当前国内经济面临资源稀缺、污染严重、"用工荒"、人民币升值和对外贸易壁垒等倒逼因素下，宏观政策侧重调整经济结构、促进增长方式转变，微观经济主体则需要适应市场环境变化，提高技术含量和附加值，实现产品和服务升级。同时，市场对高层次劳动力的需求也会增加，传统劳动密集型产业对低层次重复劳动岗位的需求将减少，即受过高等教育的劳动者将更容易就业，而高层次群体的就业将促进社会对第三产业的需求，从而扩大低层次劳动力的就业。附加值的提高会促进劳动者收入的上升，从而使社会购买力增加，内需市场扩大，有利于经济增长方式的转变。

长期来看，国民经济各领域都将在低碳经济背景下发生变革。发展低碳经济可以避免"碳锁定"和路径依赖，避免出现高耗能的工业生产能力和城市基础设施；在接下来的10年中进行合理投资，能够保证能源安全和避免以后几十年的气候变化风险；通过投入研发和商业活动，发挥中国的独特优势，中国有可能成为国际上低碳技术、产品和服务的主要供应者，从而减少对高耗能产品出口的依赖，而成为以高技术、高信息含量的产品和服务为主的市场领导者。

目前国内部分地区已开始行动，试图在这一变革中抢占先机。上海、保定、无锡、南昌等多个城市已提出发展低碳经济、构建低碳城市的目标，并提出了相应的措施。浙江作为我国经济较为发达的省区，理应尽快采取措施，推动经济社会向低碳转型。

为了实现经济的低碳转型，需要同时从"节流"和"开源"两个层面采取措施。"节流"是指应用技术上现实可靠、经济上可行合理、环境和社会都可以接受的方法降低能源消费强度（即单位经济产出的能源消耗量）；"开源"是指开发清洁能源，如核能、风能、太阳能等。

8.5.2.2　新能源促进低碳转型

传统的工业化道路是以化石能源（主要是煤炭、石油和天然气）为支撑的。工业社会是建立在对化石能源的勘探、开采、加工、利用基础之上的经济社会。近代史上的两次工业革命——蒸汽革命和电力革命，均以化石能源的利用形式的变革作为主要推动力。目前，化石能源仍然在工业社会中占主导地位。工业社会的钢铁、建材、石化、发电、电子、汽车等主导行业，均以化石能源体系为支撑。化石能源的开发和利用改变了人类经济发展方式和生活方式。长期以来，化石能源的大量消耗所产生的二氧化碳已经显著改变了地球大气中二氧化碳的浓度，进而引起地表平均温度的变化，导致全球性气候变暖，极端天气现象频发，并正在影响着地球自然生态系统平衡。

同时，化石能源的稀缺性和不可再生性也对传统的工业文明提出新挑战。由于化石能源储量有限，而市场需求的规模不断扩大，促使能源价格波动上升。全球化石能源价格上涨是市场对资源稀缺性的反应，尽管对全球经济增长会带来负面影响，但是，对化石能源的高效使用、清洁开发、节约利用起到积极的推动，也给新能源如风能、太阳能、氢能、潮汐能等的开发提供了历史机遇。因此，以新能源为支撑的低碳经济是未来社会的基本走向，低碳经济的发展理念，转变经济发展方式正在全球范围逐渐获得认同。

1992 年，联合国环境与发展大会通过了《联合国气候变化框架公约》（UNFCCC），以协调各国共同应对气候变化。明确提出了控制大气中温室气体浓度上升、减少二氧化碳排放是国际社会共同的责任和义务。随后的 15 年中，国际社会都在为协商和制定二氧化碳减排的国际履约协议而努力。中国是一个煤炭消费大国，2007 年煤炭消费占全球的 30% 左右，国内一次性能源消费中，煤炭占 70%，电力部门 90% 的燃料是煤炭①。高碳化的能源结构使中国的二氧化碳排放已占全球的 18%。在应对气候变化的国际谈判中承担了一定压力。因此，大力发展低碳经济是中国未来经济发展的必然选择。目前，中国已确定了发展新能源的国家战略，非化石能源的比重将从目前的 9% 上升到 2020 年的 15%②。

8.5.2.3　浙江省可商业化开发的新能源类型

浙江与台湾目前的能源消费结构中，化石能源占据主导地位。浙江 2009 年的化石能源消费比重达 83.3%。

核电是清洁的能源。一座 1000MW（当量）没有采用污染控制技术的煤电厂每年平均产生并排入大气约 44000 吨硫氧化物和 22000 吨氮氧化物，另外还有含重金属和放射性的 320000 吨灰尘（含 400 吨有毒重金属）。与之相反，一座 1000MW 的核电厂，根本不释放有害气体和其他污染物，它所引起的人均辐射剂量比乘飞机旅行所引起的辐射剂量还低。核电站每年只产生约 30 吨放射性乏燃料和 800 吨中低放射性废物。核电每千瓦时电能的成本比火电站要低 20% 以上。核电站还可以大大减少燃料的运输量。例如，一座 100 万千瓦的火电站每年耗煤 300 万—400 万吨，而相同功率的核电站每年仅需铀燃料 30—40 吨。浙江拥有大陆最早建设的秦山核电站，目前已将核电列为重点发展的能源。

风能是空气受太阳辐射产生流动所形成的。风能与其他能源相比，具有明显的优势，它蕴藏量大，分布广泛，永不枯竭，对交通不便、远离主干电网的岛屿及边远地区尤为重要。目前风能最常见的利用形式为风力发电。风力发电目前有两种思路，水平轴风机和垂直轴风机。水平轴风机目前应用广泛，是风力发电的主流机型。

太阳能一般指太阳光的辐射能量。太阳能的主要利用形式有太阳能的

---

① 鲍健强、苗阳、陈锋：《低碳经济：人类经济发展方式的新变革》，《中国工业经济》2008 年第 4 期，第 153—160 页。

② 国家发展改革委员会：《全国能源工作会议》，http://www.sdpc.gov.cn/xwfb/t20100115_324927.htm.2010 - 01 - 15。

光热转换、光电转换以及光化学转换三种主要方式。广义上的太阳能是地球上许多能量的来源，如风能、化学能、水的势能等由太阳能导致或转化成的能量形式。利用太阳能的方法主要有：太阳能电池，通过光电转换把太阳光中包含的能量转化为电能；太阳能热水器，利用太阳光的热量加热水，并利用热水发电等。太阳能清洁环保，无任何污染，利用价值高，太阳能是一种取之不尽、用之不竭的能源，其种种优点决定了其在能源更替中的不可取代的地位。

氢能是未来世界重要的基础能源。除核燃料外，氢的发热值是所有化石燃料、化工燃料和生物燃料中最高的，为 142.3kJ/kg，是汽油发热值的 3 倍。如把海水中的氢全部提取出来，它所产生的总热量比地球上所有化石燃料放出的热量还大 9000 倍。氢本身无毒，与其他燃料相比，氢燃烧时最清洁，除生成水和少量氨气外不会产生诸如一氧化碳、二氧化碳、碳氢化合物、铅化物和粉尘颗粒等对环境有害的污染物质，少量的氨气经过适当处理也不会污染环境，而且燃烧生成的水还可继续制氢，可反复循环使用。氢能利用形式多，既可以通过燃烧产生热能，在热力发动机中产生机械功，又可以作为能源材料用于燃料电池，或转换成固态氢用作结构材料。高效率的制氢的基本途径，是利用太阳能。如果能用太阳能来制氢，就等于把无穷无尽的、分散的太阳能转变成了高度集中的干净能源，其意义十分重大。目前利用太阳能分解水制氢的方法有太阳能热分解水制氢、太阳能发电电解水制氢、阳光催化光解水制氢、太阳能生物制氢等等。利用太阳能制氢有重大的现实意义，世界各国都十分重视，投入巨额的人力、财力、物力，并且也已取得了多方面的进展。因此在以后，以太阳能制得的氢能，将成为人类普遍使用的一种优质、干净的燃料。

8.5.3 浙江省发展新能源的 SWOT 分析

SWOT 分析，即态势分析，SWOT 四个英文字母分别代表：优势（Strength）、劣势（Weakness）、机会（Opportunity）、威胁（Threat）。该方法将与研究对象密切相关的各种主要内部优势、劣势和外部的机会和威胁等，通过调查列举出来，并依照矩阵形式排列，然后用系统分析的思想，把各种因素相互匹配起来加以分析，从中得出一系列相应的结论，而结论通常带有一定的决策性。运用这种方法，可以对研究对象所处的情景进行全面、系统、准确的研究，从而根据研究结果制定相应的发展战略、计划以及对策等。

8.5.3.1　浙江省发展新能源的优势

浙江省是大陆经济最为活跃的省区之一，加工制造业发达，在机械、电子、核电、风电等领域有一定的优势。与其他经济大省相比，浙江省的重化工业相对较少，制造业水平较高，高新技术产业占据较大份额，使得能源利用效率较高，能耗水平已连续 3 年位居全国前列。2009年，全省能源消费量比上年增长 3%，支撑了国内生产总值 8.9% 的高增长；实现每千克标准煤产出 GDP13.5 元，比上年提升 5.4%；万元GDP 能耗 0.74 吨标准煤，比上年下降 5.4%。"十一五"开始四年来，浙江省单位 GDP 能耗累计下降 17.3%，节能目标完成进度为85%，实现了与时间同步，为全面完成"十一五"节能目标奠定了坚实的基础①。

在核电方面，浙江省拥有大陆最早的核电站——秦山核电站。秦山核电站是我国第一座自己研究、设计和建造的核电站，一期工程额定发电功率 30 万千瓦。经过二期和三期工程扩建后，目前秦山核电站的总装机容量为 290 万千瓦，已成为中国一处大型的核电基地。2009 年 4 月，浙江省境内的第二座核电站——三门核电站工程正式开工，采用目前世界上最先进的第三代压水堆技术，计划分别安装 6 台 100 万千瓦核电机组。全面建成后，装机总容量将达到 1200 万千瓦以上。至 2009 年年底，核电生产电量 240 亿千瓦时。

在风电方面，浙江省作为海洋大省，海上风能资源较为丰富。据2005 年《浙江省风能资源评估报告》，浙江省陆地风能资源总量为 2100万千瓦，技术开发量约为 130 万千瓦；海岸线近海 20 米深线内海域风能资源储量约 6200 万千瓦，技术开发量约 4100 万千瓦。根据专业的设计研究院报告，在浙江省 −5m 至 −15m 等深线之间，风能资源技术开发量约9200 兆瓦。浙江省编制的海上风电相关规划提出，海上风电总装机容量为 1490 万千瓦。

---

① 浙江省统计局：《浙江省能源与利用状况》2009 年。

风电直接投资有望超过千亿元，以此带动风电设备市场需求高达
3000 亿元，成为浙江省电力新能源的主要突破口。目前，实际开发量与
技术可开发量相比，仍有很大差距，浙江省发展风电有很大潜力可挖。

8.5.3.2　浙江省发展新能源的劣势

浙江省民营经济所占比重较高，这使得浙江省保持较高的经济活力的
同时，部分传统产业层次较低，升级缓慢。例如，皮革、机械、化工、纺
织、服装等产业仍然以劳动密集型产业为主，附加值低，多处于粗放型增
长阶段。浙江省制造业中小企业数量占企业总数的 90% 以上，其产值超
过 70% 。偏小的企业规模使企业在设备改造与更新、技术创新、品牌建
设等方面能力受限。企业的经营活动受到资金、技术、人才等因素的制
约，难以有效提升技术层次。浙江省的能源利用效率在 2009 年达到
39.5%，仍低于主要发达国家水平，主要工业产品的单位能耗比发达国家
高 20% 以上。这种能源效率的劣势，从另一侧面也说明浙江省发展新能
源的潜力。

8.5.3.3　浙江省发展新能源的机会

目前，国家在宏观层面鼓励建设"资源节约型、环境友好型"的低
碳社会，在新能源开发利用方面制定了一系列的优惠政策。这一政策背
景，为浙江省发展新能源提供了良好的契机。2006 年 2 月，国家发改委
发布《可再生能源发电有关管理规定》，明确要求电网企业"确保可再生
能源发电全额上网"，并给发电企业规定了 8% 可再生能源发电的强制配
额。2010 年 8 月，国家发改委下发了《关于开展低碳省区和低碳城市试
点工作的通知》，全国五省八市被列入试点范围，浙江省的杭州是试点城
市之一。《通知》要求试点地区发挥应对气候变化与节能环保、新能源发
展、生态建设等方面的协同效应，积极探索有利于节能减排和低碳产业发
展的体制机制，实行控制温室气体排放目标责任制，探索有效的政府引导
和经济激励政策。

另一方面，浙江省虽然是经济大省但能源却相对匮乏。在今后一个较
长的时期内，浙江省能源发展将面临"保供给、调结构"的双重压力。
发展新能源，既可以改善能源结构，减少二氧化碳和污染物排放，又能缓
解能源供应压力。大力发展新能源与可再生能源可以实现经济、社会与环

境的多目标优化。浙江省海上风电资源丰富，核电已有秦山等项目的运营基础，在当前国家支持发展新能源的背景下，浙江省发展风电、核电面临着良好的机遇。

8.5.3.4　浙江省发展新能源面临的威胁

由于全国各地都在积极发展核电、风电、太阳能等新能源项目，在一定程度上会出现产能过剩局面，中央政府可能会进行适度调控。中国已经有 18 个省份提出要打造新能源基地，上百个城市要把风能、太阳能作为自己的支柱产业。2009 年下半年，风电设备和太阳能多晶硅产能过剩。生产方面，全国有近 50 家公司正建设、扩建和筹建多晶硅生产线，总建设规模逾 17 万吨，目前中国已经有 70 余家企业涌入风电设备这一领域。国家从宏观角度可能会抑制部分项目的建设。

表 8.27　　　　　　浙江省发展新能源的 SWOT 分析

优势（S）	劣势（W）
1. 浙江省的重化工业相对较少，制造业水平较高，高新技术产业占据较大份额 2. 能源利用效率位居全国前列 3. 在大陆最早发展核电站 4. 海上风能资源丰富，并有一定的开发基础	1. 传统产业层次较低，升级缓慢，仍属于粗放型增长 2. 企业的经营活动受到资金、技术、人才等因素的制约，难以有效提升技术层次 3. 企业创新能力不强
机会（O）	威胁（T）
1. 国家政策鼓励低碳转型和开发新能源 2. 地方政府、企业、社会公众都意识到了低碳转型的重要性 3. 低碳经济和新能源产业技术趋于成熟 4. 国际间存在温室气体减排的合作机制	1. 国内部分新能源产能过剩，可能会在宏观调控中受到限制 2. 相关制度、配套政策尚不完善 3. 新能源存在一定的技术缺陷，成本较高

新能源如风能、太阳能存在能量密度低、维护成本高、投资大、收回投资年限长等缺陷。受自然条件约束大，季节、气候会影响设备的工作效

率，年正常工作运行时间周期短。新能源产业的成本高，也限制其推广速度。太阳能发电的成本高于常规火电的1倍以上，高成本的先天缺陷决定了其启动的前期市场是一个"政策市"，在政府鼓励及补贴政策助力下开辟出一个有限的市场之后，需要光伏企业在有限的时间内将成本降低至可以与常规能源竞争的价格。

8.5.4 浙江省发展新能源的技术特征

8.5.4.1 核电的技术特征

目前世界上所有商业化的核电站均采用核裂变技术，核电发电量超过20%的国家和地区共16个，其中包括美、法、德、日等发达国家。各国核电装机容量的多少，很大程度上反映了各国经济、工业和科技的综合实力和水平。核电与水电、火电一起构成世界能源的三大支柱，在世界能源结构中有着重要的地位。

我国煤电产业链温室气体的排放系数约为1302.3克二氧化碳当量/千瓦时，水电产业链为107.6克二氧化碳当量/千瓦时。核电站自身不排放温室气体，考虑到它在建造和运行中所用的材料，其产业链温室气体的排放系数约为13.7克二氧化碳当量/千瓦时。可见，核电站向环境释放的温室气体，只是同等规模煤电厂的1%。

位于浙江海宁的秦山核电站是大陆最早的核电站。秦山现有5台核电机组，总装机容量300万千瓦。秦山二期扩建和秦山核电厂扩建项目建成后，这里的装机容量将达到630万千瓦，是全国最大的核能基地。2009年秦山基地总发电量约为237亿千瓦时，相当于少燃烧700多万吨标准煤，减少二氧化碳排放1422多万吨。环境监测表明，核电厂周围环境的辐射水平仍保持在核电厂建成前的环境水平。在不久的将来，秦山核电基地总装机容量为630万千瓦，相对于燃煤火电厂而言，每年将少燃烧1950万吨煤，少排放3900万吨温室气体。

根据国际原子能机构的估算，世界已探明的经济可采铀资源可供世界核电站使用50年以上。目前，我国已有单位正在研究开发聚变能，一旦突破，核能将取之不尽、用之不竭。从发展的观点来看，核电是真正意义上的战略性新兴产业。

8.5.4.2　风电的技术特征

风电是可再生、无污染、能量大、前景广的能源，大力发展清洁能源是世界各国的战略选择。风电技术装备是风电产业的重要组成部分，也是风电产业发展的基础和保障，世界各国纷纷采取激励措施推动本国风电技术装备行业发展，并培养了一流的风电装备制造企业，同时，风电技术进步和风电装备制造企业的成长又进一步促进了风电产业的发展。

2008 年年底，我国风电装机容量达到 12500 兆瓦，提前两年实现了 2010 年风电装机 10000 兆瓦的目标，跃居亚洲第一。一年新增 6500 兆瓦，成为世界上风电装机增速最快的国家之一。截至 2009 年底，全国共建设 423 个风电场，总容量达 2268 万千瓦，约占全国发电装机容量的 2.6%。截至 2009 年年底，我国风电累计发电量约为 516 亿千瓦时，按照发电标煤煤耗每千瓦时 350 克计算，可节约标煤 1806 万吨，减少二氧化碳排放 5562 万吨，减少二氧化硫排放 28 万吨。

此外，通过一系列国家支持计划、科技攻关和技术引进，我国基本掌握了兆瓦级风电机组制造技术，国产设备市场占有率达到了 69%，初步形成了生产叶片、齿轮箱、发电机和控制系统等主要部件的产业链。按照国家风电发展规划，2020 年，我国风电装机容量有望达到 1.5 亿千瓦。

近年来浙江的风电产业发展迅速。截至 2009 年年底，浙江已建成临海括苍山、苍南鹤顶山、岱山衢山风电场一期、大陈岛等 8 个风电场，总装机规模为 19.857 万千瓦；在建苍南霞关、舟山岑港、舟山长白风电场，装机规模为 8.704 万千瓦。目前，浙江省已建、在建风电总装机容量为 28.56 万千瓦。规划至 2020 年，浙江省陆上风电场总装机容量将达到 80 万千瓦。

按浙江省海上风场分布特点，可划分为杭州湾海域、舟山东部海域、宁波象山海域、台州海域以及温州海域等 5 个百万千瓦海上风电基地，未来在浙江沿海海面上，将崛起 63 座大型海上风场。经过规模化发展后，浙江的陆上风电发电成本约为 0.6—0.7 元/千瓦时，0.61—0.71 元/千瓦时的上网电价已经能保证大多数风场维持运营甚至实现微利，具备市场化条件。

浙江不仅拥有较好的海上风电资源，也拥有一批知名风电企业如华仪电器、运达风电等，盾安集团、海亮集团、大庄地板等也先后加入风电整机或零部件的生产中来。在浙江建设首座海上风电站过程中，华锐风电、金风科技和东方电气三大巨头都在加紧研制 1.5 兆瓦及以上的海上风电机组，作为省内风电龙头企业的浙江运达抓住机遇，积极开发自主风电技术。浙江运达自主研发的 2.5 兆瓦风电机组于 2010 年下半年投产，可用于海上风场。浙江运达风电将竹纤维材料作为风力发电机的螺旋桨叶片，取代了之前普遍应用的玻璃钢。这项技术是运达的首创，被称为世界上最绿色的风机。2008 年 7 月，运达研发设计的世界上第一台 800 千瓦竹质桨叶风电机组成功并网发电后，已在单晶河风电场安装了 100 台这样的风机。

位于浙江苍南矾山镇的鹤顶山发电场，是全国四大风力发电场之一。作为新能源代表，鹤顶山风电场创建于 1998 年，至今已有 28 台风力发电机组。由于高山风力丰富，在 20% 的时间里，该电场能保持满负荷生产。2009 年，该电场发电量为 2000 多万千瓦时，按入网电价 0.61 元计算，营业收入为 1200 多万元。鹤顶山电场总投资 2 亿—3 亿元，由于当时采用国外风电设备致使造价成本上升等因素，该电场发电成本为 1.2 元/千瓦时，比目前风电平均成本价高 0.5 元/千瓦时左右。随着风电技术成熟、设备成本下降，风电已成为最具规模化发展的清洁能源，是新一轮电力能源开发的重点之一。

2010 年 4 月，位于苍南霞关风电场建成营运，共安装 18 台 780 千瓦的风力发电机组，总投资 14 亿元，投资方为温州能源投资公司。霞关风电场预计年发电量为 2630 万千瓦时，全部并入温州市电网。由于采用国产设备等，该电场成本已下降至 0.7 元/千瓦时左右，离入网电价只差 0.1 元/千瓦时。二期开发形成规模后，可以降低发电成本。

8.5.4.3 太阳能发电的技术特征

从太阳能获得电力，需通过太阳电池进行光电变换来实现。它同以往其他电源发电原理完全不同，具有以下特点：①无枯竭危险；②清洁无公害；③不受资源分布地域的限制；④可在用电处就近发电；⑤能源质量高；⑥使用者从感情上容易接受；⑦获取能源花费的时间短。不足之处是：①照射的能量分布密度小，即要占用巨大面积；②获得的能源同四季、昼夜及阴晴等气象条件有关。作为新能源，太阳能具有极大优点，因此受到世界各国的重视。

要使太阳能发电真正达到实用水平，一是要提高太阳能光电变换效率并降低其成本，二是要实现太阳能发电与商业电网联网。目前，太阳能电池主要有单晶硅、多晶硅、非晶态硅三种。单晶硅太阳电池变换效率最高，已达 20% 以上，但价格也最贵。非晶态硅太阳电池变换效率最低，但价格最便宜，今后最有希望用于一般发电的将是这种电池。一旦它的大面积组件光电变换效率达到 10%，每瓦发电设备价格降到 1—2 美元时，便足以同常规发电方式竞争。

近年来，大陆地区太阳能光伏产业成长极为迅速，已成为全球最大的光伏产品生产基地，2009 年产量为 4000 兆瓦，约占全球总量的 40%，预计 2010 年将达到 7000 兆—8000 兆瓦，占全球总量一半以上。

8.5.4.4　氢能（燃料电池）的技术特征

氢能在 21 世纪有可能在世界能源舞台上成为一种举足轻重的新能源，其主要优点有：燃烧热值高，每千克氢燃烧后的热量，约为汽油的 3 倍，酒精的 3.9 倍，焦炭的 4.5 倍。燃烧的产物是水，是世界上最干净的能源。资源丰富，氢气可以由水制取，而水是地球上最为丰富的资源。目前，氢能技术在美国、日本、欧盟等国家和地区已进入系统实施阶段。美国政府已明确提出氢计划，宣布今后四年政府将拨款 17 亿美元支持氢能开发。美国计划到 2040 年每天将减少使用 1100 万桶石油，这个数字正是现在美国每天的石油进口量。

氢燃料电池技术，一直被认为是利用氢能解决未来人类能源危机的重要方案。氢燃料电池是利用氢和氧（或空气）直接经过电化学反应而产生电能。20 世纪 70 年代以来，日、美等国加紧研究各种燃料电池，现已进入商业性开发，日本已建立万千瓦级燃料电池发电站，美国有 30 多家厂商在开发燃料电池。德、英、法、荷、丹、意和奥地利等国也有 20 多家公司投入了燃料电池的研究。燃料电池的原理是将燃料的化学能直接转换为电能，不需要进行燃烧，能源转换效率可达 60%—80%，而且污染少、噪声小。

随着中国经济的快速发展，汽车工业已经成为中国的支柱产业之一。2009 年中国已成为世界第一大汽车生产国和第一大汽车市场。与此同时，汽车燃油消耗也达到 8000 万吨，占中国石油总需求量的 1/4 以上。在能源供应日益紧张的今天，发展新能源汽车已迫在眉睫。用氢能作为汽车的燃料无疑是最佳选择。

8.5.4.5 新能源产业的生命周期——以氢燃料电池为例

8.5.4.5.1 产业生命周期理论与模型

新能源从理论概念、实验研究、生产试点到商业推广、行业成熟要经历一个较长的周期。每一种新技术在发展初期，往往充满不确定性，未来的发展性和适应性不易判断。目前新能源的核心技术多由发达国家掌握，我国企业多处于跟进者的角色。研究认识产业生命周期是当前培育具有国际竞争力的细分产业，实施产业创新、培育新产业的中心任务，对于企业决策和政府产业政策的作用非常重大。本节以氢燃料电池为例，从产业生命周期的角度分析新技术的发展路径与时间节点，为相关部门和企业提供参考。

产业生命周期理论是在产品生命周期理论基础上发展而来的。1966年 Vernon 提出了产品生命周期理论，随后 William J. Abernathy&James M. Utterback 等以产品的主导设计为主线将产品的发展划分成流动、过度和确定三个阶段，进一步发展了产品生命周期理论。在此基础之上，1982年，Gort & Klepper 通过对 46 个产品最多长达 73 年的时间序列数据进行分析，按产业中的厂商数目进行划分，建立了产业经济学意义上第一个产业生命周期模型。

某项新技术在开发的初期阶段，在投下资金发展新技术、新制程时，进展非常缓慢。然后，当突破的关键技术上了轨道，技术能力迅速提升，产品性能快速增加。最后，在技术趋于成熟阶段，投下越多的资金发展新技术，技术的发展会趋向缓慢，可能产生更新的技术。产业生命周期可以从成熟期划为成熟前期和成熟后期。在成熟前期，几乎所有产业都具有类似 S 形的生长曲线。计算研究某个产业的技术发展生命周期，一般以专利累计数量为主要变量，美国洛克菲勒大学提出的计算模型如下：

$$P(t) = \beta e^{at}$$

$$\frac{\mathrm{d}p(t)}{\mathrm{d}t} = \alpha p(t)\left[1 - \frac{P(t)}{k}\right]$$

$$P(t) = \frac{k}{1 + e^{-\alpha(t-\beta)}}$$

其中，$P(t)$ 为专利累积数，α 指曲线的斜率，β 为曲线拐点，t 为时间。α、β 的值可由拟合的回归方程计算而得。k 为增长的饱和水平，定义 $[0.1 \times k, 0.9 \times k]$ 为增长区间。某项创新的技术所需要的时间 dt 用以下公式计算：

$$dt = \frac{\ln(81)}{\alpha}$$

$$P(t) = \frac{k}{1 + e^{-\frac{\ln(81)}{dt}(t-\beta)}}$$

8.5.4.5.2　氢燃料电池技术的生命周期分析

氢可为直接能源载体，应用于便携式装置、发电业、污染控制等产业部门；也可作为间接能源，供生产或提升其他能源载体的原料，应用于合成燃料生产、燃料电池、发电设备冷却、复合式循环系统等市场。在燃料电池领域，未来有望在提供与锂电池（目前移动电话、便携计算机及部分电动汽车的主要电源）产品相同功能的情况下，使重量减少一半以上，使用寿命更长。燃料电池快速进入市场，则会对传统的能源体系与使用方式产生巨大的改变，势必也将逐渐脱离对于石油与煤炭等化石燃料的依赖，世界将会逐渐转变为氢能时代[①]。

在未来的十年间，随着技术进步与规模经济效益，燃料电池的生产成本与使用成本将会持续下降，燃料电池潜在的市场将会逐步发展。便携式燃料电池应用的多元化，将是长时间内增长最快的市场。应用于消费电子产品的燃料电池系统在最近几年将快速商品化。

本书以氢燃料电池领域的专利数量作为衡量技术发展的指标。据世界知识产权组织（WIPO）的报道，在全球有关技术发展的资料（含期刊、杂志、百科全书等）中，唯一能全部公开重要技术的只有专利信息[②]。在相关研究文献中，专利指标一般被视作研究创新的适当指标。以氢燃料电池中的储氢技术为例，近年来的专利数量如图 8.20 所示。

---

① 左峻德、张行直、朱浩：《氢能与燃料电池产业经济分析》，《应对气候变化——能源与社会经济协调发展》（第三届海峡两岸能源经济学术会议论文集）2009 年第 10 期。

② 陈育珩、陈家荣：《新洁净能源之技术预测——以氢能源为例》，《应对气候变化——能源与社会经济协调发展》（第三届海峡两岸能源经济学术会议论文集）2009 年第 10 期。

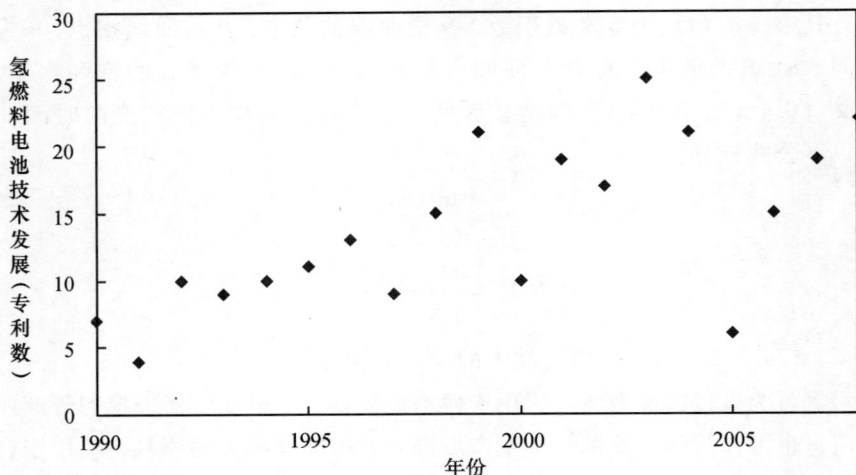

图 8.20　氢燃料电池储氢技术的专利数量变化

　　在专利数据序列的基础上，根据产业生命周期模型拟合技术成长曲线。以专利累计数量为纵轴，以时间轴（单位为月）为横轴，以专利数据库（以美国专利商标局专利资料库的检索结果为主要依据）检索到的第一项专利所在的月份为时间起点。根据方法模型，可以测算得到相关技术的成长曲线，如图 8.21 所示。

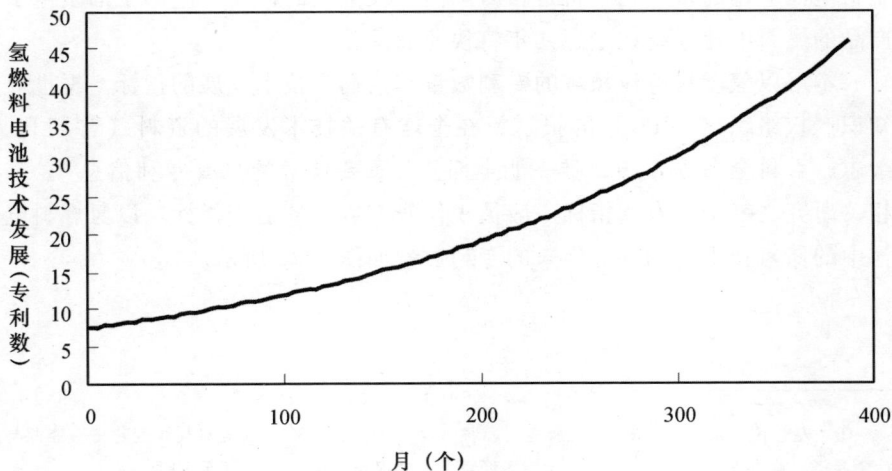

图 8.21　氢燃料电池储氢技术的发展周期预测

按照这一方法，氢燃料电池的产氢技术在 1990 年进入成长期，2002年进入成熟期，2031 年进入饱和期；储氢技术在 1999 年进入成长期，2015 年进入成熟期。两项关键技术距离大规模的商业应用还有较长时间。目前仍处于相关企业竞相研发、抢占技术制高点的时期。一旦获得核心的技术专利，便可在相当长的时期内占有产业链的有利位置，获得较高的知识产权回报。反之，如果大陆和台湾企业没能在新能源技术研发中占据一席之地，在新能源革命中将处于被动地位，每年需要向发达国家支付巨额的专利使用费、技术转让费等。

8.5.5　浙江省发展低碳经济的政策设计

8.5.5.1　吸引新能源企业投资浙江

以海上风电为例，浙江作为海洋大省，海上风能资源较为丰富。海岸线近海 20 米深线内海域风能资源储量约 6200 万千瓦，技术开发量约 4100万千瓦。台湾的风电设备制造有较强的技术实力。以台湾红叶风电设备有限公司为例，该公司是台湾首家成功立足两岸风力发电产业，并已批量生产、销售大型风电机组叶片的台资企业，为台湾风电联盟核心成员之一。目前在大陆市场主要客户如东方汽轮机、华锐风电、金风科技、国电等中国前五大整机厂及电力集团；并获选第二届世界环保与新能源产业中国发展大会"世界环保与新能源产业中国影响力 100 强企业"，是国内唯一一家被提名的风电叶片企业。红叶的叶片生产工艺结合了欧洲专业叶片制造与模具设计制作团队，以及台湾完善的生产管理制度，坚持为客户提供高质量叶片。红叶叶片以最优异的成绩通过上海玻璃钢研究院举行的静力测试，并获得国际叶片认证机构——德国劳氏船级社（Germanischer Lloyd）证书，为中国境内唯一获得 GL 国际认证的叶片供货商。目前已展开离岸型风电示范机组叶片生产配套及 2 兆瓦叶片生产前置作业。红叶风电还通过参加"2009EWEC 法国马赛欧洲风能展"及"WINDPOWER2009 芝加哥国际风能展"扩大影响力，提高品牌知名度，逐渐打开欧美市场。

再以太阳能光伏发电为例，目前大陆的多晶硅产业快速发展，但很多地区因为缺乏技术，采用的仍然是粗放型的经营方式，用多晶硅生产的太阳能电池 98% 出口国外，而每生产 1 吨多晶硅要耗电 2 万千瓦时，并排放二氧化碳与其他污染物，能源与环境成本极其高昂。2008 年我国已成为世界第一大太阳能电池生产国，然而国内光伏市场迟迟没有启动，目前面临着"两头在外，利润最低"的局面。我国硅料39%自美国进口，18%来自欧洲，只有18%产自中国。在销售方面，98%的产品均销往国外，仅有2%左右产品留在国内，造成产业与市场的脱节[①]。受国际金融危机的影响，欧美市场需求大幅下降，国内光伏企业也饱受重挫。

杭州为建设国内具有重要地位和较强竞争力的国家级太阳能光伏产业研发、制造和应用示范基地，拟订了《太阳能光伏产业发展五年行动计划》和《杭州市政府关于加快太阳能光伏产业发展的若干意见》。从2010年起，由市财政每年在现有工业和科技相关专项资金中，安排不少于15%的份额，专项用于太阳能光伏产业技术改造、重大项目建设等。同时，每年新增安排3000万元，建立杭州市太阳能光伏应用推广专项资金，主要资助列入市级"阳光屋顶"计划项目和个人住宅建筑应用太阳能光伏发电系统。对于资源和市场相当渴求的光伏企业此时前来浙江投资，将实现多赢的局面。

8.5.5.2 鼓励资本进入浙江的低碳产业

8.5.5.2.1 鼓励境内外资本进入第三产业

不同产业类型的能源消耗和二氧化碳排放强度有很大差别。浙江传统的机械、化工、皮革、服装等产业，均为单位产值能耗较高的产业，且附加值低，升级缓慢。在未来的工业化后期，经济发展的形态进一步高级化，包含教育、科研、通信、贸易、金融、电子商务、保险、运输业、公共福利事业、卫生、家政等行业的第三产业成为主导产业。第三产业关键因素是信息和知识，而不是大量资源的消耗，因此能源消费增长放缓，二氧化碳排放量出现负增长。所以，在未来的产业政策和利用外资的政策上，应以第三产业为主要方向。

在目前的利用外资政策中，鼓励高新技术产业、新材料制造业、环保产业等。同时还鼓励服务外包、现代物流等服务业以及循环经济、清洁生产、再生能源与生态保护产业等方面的投资。外资在经历了制造领域的投资浪潮后，未来会逐渐向商业、研发、物流、医疗、房地产、基础设施、

---

① 劳佳迪：《中国光伏产业"命悬"外需　汇率贸易战腹背受敌》，《中国能源报》2010年11月18日。

教育、文化等领域转移。新形势下，企业不可能再通过廉价资源方式与低环保标准方式发展，这也促使部分企业调整经营发展路线，在节能、环保的基础上，进行技术更新与改造，提高管理水平，提升企业的竞争力，开始新一轮的转型与升级。

8.5.5.2.2　鼓励发展 LED 产业

LED（Light Emitting Diode）是一种固态化合物半导体组件，中文名"发光二极管"。发光二极管的核心部分是由 p 型半导体、n 型半导体所组成的晶片，在 p 型半导体和 n 型半导体之间有一个过渡层 p-n 结，注入的少数载流子与多数载流子（分别为负电的电子与正电的电穴）在复合时会把多余的能量以光的形式释放出来，从而把电能直接转换为光能，因此属于冷性发光无需预热时间，同时具有用电省、寿命长、反应快、体积小、可靠性高、耐用性好等多方面优点。

LED 相同照明效果比传统光源节能 80% 以上，在恰当的电流和电压下，使用寿命可达 6 万到 10 万小时，比传统光源寿命长 10 倍以上，可广泛应用于平面显示背光源、便携设备背光源、室内外显示屏、建筑装饰照明、仪器指示灯、交通信号灯、机动车照明、红外线设备等各市场，近年来已成为光电产业发展最迅猛的领域之一。如果 LED 替代全国半数的白炽灯和荧光灯，每年可节约相当于 60 亿升原油的能源，相当于 5 个 1.35×10^6 kW 核电站的发电量，并可减少二氧化碳和其他温室气体的产生，改善人们生活居住的环境。我国于 2004 年开始计划投资 50 亿元发展节能环保的半导体照明计划。

中国台湾的 LED 产业发展至今，已有 30 多年历史。早期由下游的封装产业开始，然后往中、上游发展，逐步介入芯片及外延产业，从而建立了完整的 LED 上中下游产业链。目前，中国台湾为仅次于日本的第二大 LED 生产地，产量位居世界第一（约占 40%—45%），产值位居世界第二（约占 25%）。

综合来看，台湾 LED 产业经过 30 多年的发展，所形成的整体产业形态为金字塔结构，即产业产值以下游封装最大，中游次之，上游最小。近几年上中游的产值逐年稳定成长且比重已超过台湾整个 LED 产值的 40%，表明台湾正往技术层次较高的上中游产业链拓展与延伸，而下游封装因技术成熟，门槛相对中上游产业链较低，许多厂商已将传统 LED 灯泡、低阶表面黏着型 LED 等生产线移往大陆。

大陆的 LED 制造商不仅目前规模偏小，而且也缺乏核心技术。相比国际 LED 巨头来说，国内 LED 企业的研发投入不足。2009 年台湾 LED 企业在大陆的投资额约为 2.4 亿美元，截至 2010 年 8 月，台湾企业投资大陆 LED 产业的金额已上升至 11.7 亿美元。大陆市场庞大，贴近市场和客户，是台湾 LED 企业转战大陆的主要原因。室内外显示屏、建筑装饰照明、仪器指示灯、交通信号灯、机动车照明、红外线设备。

8.5.5.2.3 开发燃料电池机动车

浙江是中国的沿海发达地区，消费水平领先于全国的平均水平。在汽车消费领域，受经济水平和地方消费观念的影响，近年来浙江省的汽车销售量居国内领先地位。2009 年，有 9 个品牌的汽车在浙江的销售量创全国第一位，包括奥迪、宝马、法拉利、一汽马自达、奔驰、雷克萨斯等。与此同时，激增的汽车保有量也带来了严重的环境污染和碳排放问题。在这一背景下，发展低污染、低排放的新能源汽车就成为浙江的当务之急。电动公交车等新能源产品已被杭州市政府优先列入政府采购目录，计划通过政府公用事业的"新能源化"，加速电动汽车产业化，建设与此相配套的市政设施，为电动汽车走入千家万户做好准备。

在财政部、科技部、工信部、国家发改委联合出台的《关于开展私人购买新能源汽车补贴试点的通知》中，确定在上海、长春、深圳、杭州、合肥 5 个城市启动私人购买新能源汽车补贴试点。这五大城市的共同点是，其所在省份均有规模以上的汽车企业正在开展新能源汽车产品的研发和推广工作。杭州市除了中央和地方补贴之外，对于新能源汽车租赁和电费均提供了补贴政策。通过电动汽车租赁、电池租赁和流动电池更换站的方式推动和鼓励市民对新能源汽车的消费热情。

台湾具有机动车与电子产品的生产技术优势，在推动燃料电池应用方面，积极投入小型质子交换膜燃料电池发电系统的研发，目前已建立 1kW 移动式燃料电池发电系统、3kW 及 5kW 多重进料重组器的热电共生燃料电池发电系统。在燃料电池机车研发阶段，由于资金投入研发及相关基础设施建设，而引发实质 GDP 的增加，并带动燃料电池机车、氢能及相关产业产出的提升。在燃料电池机车的生产阶段则持续提高有产业关联的相关产业产出。

汽车是燃料电池系统最具挑战性的应用领域。台湾电动自行车、电动机车、电动轮椅与电动代步车方面，技术与产销都已有优异的表现，同时燃料电池系统与储氢罐等产品也有相当的实力，是具有发展优势的燃料电池产品。但是如何经由示范运行、设置燃料周边系统、验证长期使用的性能表现、鼓励车辆厂商投入共同开发、建立法规标准等，应是近期极须努力达成的目标。

目前大陆各地都在为推广电动汽车进行前期配套工作。由于目前国际上尚没有开发成熟的电动汽车，各厂商都有机会在这一领域获得商机。按照已经公布的《杭州市私人购买新能源汽车补贴试点实施方案》，在国家为插电式混合动力车每辆最高补贴 5 万元、纯电动车每辆最高补贴 6 万元的基础上，杭州市采用"电池、整车租赁和整车销售结合"的模式推广电动汽车。对于购买整车的消费者根据动力模式不同给予 3 万—6 万元不等的补贴，同时对购车的消费者提供电费补贴。杭州已经建成了全国首座大型充换电站。由于燃料电池充电不像传统汽车加油可在几分钟之内完成，更适宜的方式是同时采用电池租赁和流动电池更换站的方式。这就需要储备足够的燃料电池作为备用。而以台湾技术为基础，建立燃料电池生产企业，既是在省内推广电动汽车的必要条件，也可在未来开拓国内其他省区的电池市场，市场空间极其广阔。

8.5.5.3　成立研发新能源技术的研究机构

企业界参与新能源开发主要是基于经济利益的考虑。但由于新能源技术的开发投资大、周期长且存在一定风险，两地主管部门可考虑合作建立非营利性的研发机构，有效组织两地的科研力量共同开发。

浙江与台湾科技与经济的发展，由于彼此的差异形成了各自的特色。浙江与台湾在科技上的合作不仅是互惠互利而且双方优势互补。台湾在多年国际竞争的拼搏中，在吸收外来技术、面对国际市场进行再开发，在科技与产业、科技与市场结合上，走出了自己的道路，但是，台湾一般科技成果的产业化程度较高，而在基础研究，特别是高新技术和尖端科技方面的实力不足，难以在高新技术前沿有新发明和创新。这已成为台湾产业升级的瓶颈。

从台湾新能源产业的发展前景来看，要确保产业继续发展，岛内产业必须升级，朝高附加价值和商品品质方向发展，但目前一是技术累积不足；二是市场狭小，不符合投资研发效益。大陆广大的市场，便成为台湾产业迈向国际化的最佳选择。所以，台湾产业界都将大陆市场视作新的发展机遇，尤其看好大陆蕴藏的巨大商机。越来越多的台湾国际性公司出于全球战略的考虑，在大陆建立研发中心。浙江所处的长江三角洲地区，正是台湾厂商聚集区。以浙江为支点，台湾的新能源产业可以获得技术和市场方面积累，继而可以拓展到整个大陆地区。浙江则可以通过与台湾的合作，率先获得相关的技术，加快科技成果的转化与推广应用，推动节能减排工作的进行和低碳社会的转型。

从新能源技术研究与创新、技术引进与转化、资源的开发与利用，到产业市场的开拓等各个方面，浙台存在着全面互补合作、共同受益的契机，这是发展两地科技交流合作的坚实基础。因此，加强两地的科技合作，为两地在新能源领域研究开发、成果转化和产业发展活动提供良好的环境和条件，将对两岸的科技和经济的发展起到深远的影响。

8.5.5.4 借鉴台湾低碳经济与新能源政策

要实现低碳社会的转型，需要制定一系列相关的经济、财政、环境、金融的配套政策。在这方面，台湾较早意识到了"永续发展"（即可持续发展）的紧迫性，并制定了一系列永续发展的政策。这些政策包括：评估补贴油价、电价及气价的做法，促使能源价格体现其环境成本；落实能源价格合理化政策及课征碳税；并提高电器、锅炉及车辆能源效率标准，奖励绿色节能建筑；选择适当时点按单位热值含碳量征收能源税，以体现能源使用的碳排放社会成本。针对不同的行业领域，当局专门制定了相应的具体政策[①]：

工业部门，采取的减排策略主要有下列几项：

（1）加速老旧设备的汰旧换新，提高相关设备的能源使用效率；

（2）制定汽电共生系统发展目标，达到节能减碳的目的；

（3）推动工业部门能源耗用及排放基线调查等的能力建置；

（4）研究温室气体排放管理机制，促使其积极参与国际减量计划。

运输部门：

（1）发展公共运输系统，建置妥善的全台大众运输网络，提高民众

---

① 张镇南：《面对全球暖化现象之台湾因应能源需求兼顾环境之策略分析》，《应对气候变化——能源与社会经济协调发展》（第三届海峡两岸能源经济学术会议论文集），2009 年第 10 期。

搭乘公共运输的热情，以减缓机动车使用与增长；

（2）建立良好的自行车交通环境，规划完善的自行车停放、保管、租借及充电设备；

（3）推动汽燃费随车征收改采随油征收；

（4）提高车辆乘载率，减少汽车使用量；

（5）推动省能绿色交通工具及奖励研发节能低碳交通工具等。

住宅与商业部门：

（1）推动兴建绿色建筑，提供奖励机制；

（2）建立建筑空调照明节能设计基准；

（3）推动既有建筑的节能减碳，引导民众购买低耗能建筑和淘汰高耗能建筑；

（4）鼓励建筑物使用再生能源设备等。

电力部门：电力公司应推动具体方案，协助用户节约用电，并提高低碳能源与再生能源发电比例，减少高碳燃料的使用，此外，加速老旧电厂汰旧换新，提升发电效率和输配电效率，降低输出所产生的耗损以提高能源使用效率等。

推动绿色造林计划，以建构低碳家园和加强森林等自然资源碳汇功能，预计8年内推动平地造林6万公顷，以减少农林渔牧温室气体的排放。此外，推动减碳城镇，于2020年完成4个低碳家园。

积极参与各能源组织，及建构台湾碳交易市场，与世界碳交易平台接轨，并推动世界气候变迁与能源政策管理沟通渠道建设。此外，协助地方政府与民间组织参与温室气体减量计划，加强民众节能减排的认知与倡导，推动低碳消费习惯，并鼓励台湾能源密集的产业参与自愿性减排协议。

浙江省在制造业、交通运输业、建筑业、电力行业以及日常生活等领域都可以采取与台湾相似的政策，推动低碳社会的转型。浙江可以设立节能专项资金，通过贴息、补助、奖励等方式，引导企业和社会资金加大对节能技术研发和技术改造的投入；加快节能服务市场体系建设，如发展从事企业能源审计、检测及清洁生产审核的中介服务机构，为企业节能减排改造项目提供技术咨询和服务；开展灵活务实的国际合作，提高全省企业和政府各部门的节能技术水平等；推进节能法规、政策、标准体系建设，抓紧《浙江省实施〈节能法〉办法》的修订，加快建筑、交通、公共机构等各领域节能政策的研究与制定。

8.5.5.5　开展清洁发展机制（CDM）的合作

清洁发展机制（Clean Development Mechanism，简称 CDM），是《京都议定书》中列入的灵活履约机制之一。由于发达国家减排温室气体的成本是发展中国家的几倍甚至几十倍。发达国家通过在发展中国家实施具有温室气体减排效果的项目，把项目所产生的温室气体减少的排放量作为履行《京都议定书》所规定的一部分义务。一方面，对发达国家而言，给予其一些履约的灵活性，使其得以较低成本履行义务；另一方面，对发展中国家而言，协助发达国家能够利用减排成本低的优势从发达国家获得资金和技术，促进其可持续发展；对世界而言，可以使全球在实现共同减排目标的前提下，减少总的减排成本。

目前浙江部分企业已经开展这一领域的工作。2009 年，浙江巨化股份有限公司获批两个清洁发展机制项目。这两次交易总额合计超过 50 亿元人民币，其中巨化股份可获得 18.64 亿元人民币左右的减排收入。同年 5 月，浙江申河水泥股份有限公司也与德国慕尼黑环境工程管理公司签订了温室气体认证减排量购买协议书。

由于台湾地区不是《联合国气候变化框架公约》的缔约方，所以无法正式参与公约协商，不能以缔约方身份参与 CDM，这对大陆各省区而言，正是与台湾开展 CDM 合作的机会。CDM 作为一种市场化的减排机制，其指导原则可用于地区之间的自愿性减排合作。只要项目符合 CDM 的目标，能够实现实际的、可测量的、附加的排放减少，即可按有关程序办理。所谓附加的排放减少，是指与没有该项目时相比，准备实施的项目能够增加排放减少的数量。为此目的，需要事先确定一定区域（项目界限）内没有该项目时的基准排放水平，在项目实施后计算出实际的排放量，后者小于前者的差额，即是该项目实现的排放减少量。

台湾温室气体减排成本远高于浙江，从减排的经济性考虑，浙台开展碳排放权的交易是一种双赢的方式。目前，浙江的人均碳排放大约为台湾人均排放量的一半，且能源效率存在着较大的提升空间，可通过向台湾企业转让碳排放权的方式，台湾则可以通过购买浙江企业的碳排放空间，协助浙江企业减排，实现双方的互惠。

此外，成立碳基金也是推动浙台合作减排的途径之一。碳基金主要有政府基金和民间基金两种形式，前者主要依靠政府出资，后者主要依靠社会捐赠形式筹集资金。碳基金的资金用于投资方面主要有三个目标，一是促进低碳技术的研究与开发；二是加快技术商业化；三是投资孵化器[1]。浙台成立碳基金模式可以政府投资为主，多渠道筹集资金，按企业模式运作。碳基金公司通过多种方式找出碳中和技术，评估其减排潜力和技术成熟度，鼓励技术创新，开拓和培育低碳技术市场，以促进长期减排。

---

① 付允、马永欢、刘怡君、牛文元：《低碳经济的发展模式研究》，《中国人口资源与环境》2008 年第 18 期（3），第 14—19 页。

第 九 章

总结与展望

9.1 主要结论

本书以系统动力学和"可能—满意度"为主要方法，借鉴国际上比较成熟的 DICE 模型、FREE 模型及非线性动态规划理论的 MARKAL – MACRO 模型，以人口增长与城市化、工业化模式为基础，考虑应对环境污染与气候变化因素，对能源消费总量、能源效率、能源结构、二氧化碳排放量进行系统仿真。综合考虑经济、气候变化、环境污染的约束条件，对各种排放峰值进行了可能—满意度分析。本书的主要结论如下：

（1）本书选取了我国最为成熟的三个城市群里面的京津唐城市群，以及较为成熟的山东半岛城市群作为研究对象，对这两个城市群建立指标体系，结合模型进行分析，最后得出相应结论。本研究选取了两个城市群的 17 个城市，建立了指标体系，利用可能—满意度算法对于 17 个城市分别进行了评测，并得出每个城市的适度人口容量，然后对城市 2008 年人口规模进行了评测，得到最终的城市人口可能—满意度。

（2）京津唐城市群的人口可能—满意的两极分化严重，天津、秦皇岛的满意度较高，而其他城市都处于不满意人口阶段，在三个子系统里面，是经济和社会生活子系统的差异决定了京津唐城市群的人口可能—满意度的差异；山东半岛城市群的发展较为均衡，其可能—满意度水平较为接近，多数处于基本满意阶段，说明山东半岛城市群的城市发展较为均衡，同时人口状况较为满意；北京市的各项指标均处于所有城市前列，但是可能—满意度较低。

（3）按照本书设定的基准情景、优化发展情景和气候变化约束情景这三种情景，对应的碳排放峰值分别是 130.43 亿吨、114.26 亿吨、95.27 亿吨，碳排放峰值时间分别是 2041 年、2037 年、2029 年。从可能—满意度来看，第一种情景的能耗强度较高，对生态环境的压力较大；第三种情景需要加快社会经济向低碳方式转型，实施难度较大，从长期来看，第三种情景是社会发展的必然方向；第二种情景可以兼顾发展经济、抑制环境污染和应对气候变化的多种目标，最具有可操作性。

（4）现有的经济发展模式是中国能耗偏高和碳排放增速较快的主要原因。能源消费量的下降需要通过产业结构的调整和能源效率的提高来实现。与世界其他国家相比，我国在同样的经济水平时第二产业比重明显偏高，第三产业比重过低，城市化水平也低于世界平均水平。由于城市化水平低，城乡消费能力不足，内需市场不振，经济发展过于依赖政府投资和出口贸易，这种发展模式使高耗能产业迅速扩张，部分行业产能过剩。这一模式还是我国在同样的技术水平下，单位产值能耗高于其他国家。未来应通过鼓励发展第三产业逐步降低我国单位产值能耗，降低户籍门槛来促进城市化水平的提高和内需市场的扩大，降低资源性产品的出口依赖，使国内消费成为拉动经济增长的主要力量，推动增长方式的转型。

（5）提高非化石能源在一次能源结构中的比重将有效降低我国的二氧化碳排放水平。在强化碳减排的方案中，化石能源的比重在 2050 年下降为 57.4%，其中煤炭的比重下降到 40% 左右，可以有效降低碳排放和环境污染，石油比重保持稳定，天然气比重上升，清洁能源合计将达到 35% 以上。具有技术性、经济性可开发的水电将在 2040 年前后达到峰值，比重为 11% 左右；核能比重将在 2050 年达到 14%，风能、太阳能等可再生能源的总比重与核能相当。

（6）气候变化和环境污染都将限制我国的能源消费规模。在应对气候变化的约束条件下，我国二氧化碳排放峰值为 118.2 吨时具有最高的可能—满意度；在限制环境污染的约束条件下，二氧化碳排放峰值为 115.3 吨时具有最高的可能—满意度。环境污染的约束条件比应对气候变化的约束条件更高。由于我国历史累积的碳排放量较低，在全球应对气候变化的行动中，比发达国家拥有更多的碳排放空间；而环境污染目前已经很严重，在未来能源消费量翻一番的情况下，环境问题对经济社会可持续发展有决定性影响。

（7）强化碳减排方案符合可持续发展原则，但减排会在一定程度上降低经济发展速度。但如果节能减排工作力度不够，人口资源环境发展失衡，环境污染、资源消耗也使宏观经济、民众健康受到损失。在全国环境污染得到有效遏制之前，这一损失还会增加。通过强化碳减排，虽然会暂时降低经济发展速度，但提高了经济发展的质量，避免因环境破坏而造成更大的损失，因此，这种经济增速适当放缓是符合国家的长远利益的。

9.2 建议

（1）中国城市群与国际上的主要城市群相比，存在人口密度大，土地、能源、交通供需矛盾突出等问题，从一定程度上阻碍了城市的健康发展，城市的发展、污染物的排放加剧了环境污染和生态问题，环境难以支撑大城市的快速发展。未来我国的城市发展战略，应大力发展二三线城市，在制度上、政策上鼓励人才、资本以及各类社会资源向中等规模城市集中，促进城市资源的均衡配置和区域经济的协调发展，从而减轻大城市的压力，同时推动人口、经济与资源环境的协调。

（2）现有的经济发展模式是中国能耗偏高和碳排放增速较快、资源环境压力较大的主要原因。与世界其他国家相比，我国在同样的经济水平时第二产业比重明显偏高，第三产业比重过低，城市化水平也低于世界平均水平。由于城市化水平低，城乡消费能力不足，内需市场不振，经济发展过于依赖政府投资和出口贸易，这种发展模式使高耗能产业迅速扩张，部分行业产能过剩。这一模式还使我国在同样的技术水平下，单位产值能耗高于其他国家。未来应通过鼓励发展第三产业逐步降低我国单位产值能耗，降低户籍门槛来促进城市化水平的提高和内需市场的扩大，降低资源性产品的出口依赖，使国内消费成为拉动经济增长的主要力量，推动增长方式的转型。

（3）提高非化石能源在一次能源结构中的比重将有效降低我国的二氧化碳排放水平。在强化碳减排的方案中，化石能源的比重在 2050 年下降为 57.4%，其中煤炭的比重下降到 40% 左右，可以有效降低碳排放和环境污染，石油比重保持稳定，天然气比重上升。具有技术性、经济性可开发的水电将在 2040 年前后达到峰值，比重为 11% 左右；核能比重将在 2050 年达到 14%，风能、太阳能等可再生能源的总比重与核能相当；清洁能源合计将达到 35% 以上，这将有效降低我国的二氧化碳排放强度。

（4）发展低碳经济与循环经济，促进"资源节约型、环境友好型"社会的建设。低碳经济，是指在可持续发展理念指导下，通过技术创新、制度创新、产业转型、新能源开发等多种手段，尽可能地减少煤炭石油等高碳能源消耗，减少温室气体排放，达到经济社会发展与生态环境保护双赢的一种经济发展形态。循环经济，是按照自然生态系统物质循环和能量流动规律重构经济系统，使经济系统和谐地纳入到自然生态系统的物质循环的过程中，建立起一种新形态的经济，循环经济在本质上是在可持续发展的思想指导下，按照清洁生产的方式，对能源及其废弃物实行综合利用的生产活动过程。它要求把经济活动组成一个"资源—产品—再生资源"的反馈式流程；其特征是低开采、高利用、低排放。

通过发展低碳经济与循环经济，摒弃以往先污染后治理、先低端后高端、先粗放后集约的发展模式，可以提高资源利用效益，发展新兴工业，建设生态文明；也是积极保护国内环境，承担国际责任的需要，是发展经济、提高人民生活水平与保护资源环境多赢的必然选择。

9.3　展望

本书从总量角度对未来二氧化碳排放峰值进行了估计，为我国制定 2020 年以后的节能减排工作和参与国际气候谈判提供了理论和数据基础。由于数据所限，未能对各个行业的碳排放进行详细测算。根据本书的初步研究，随着城市化与工业化的推进，未来工业、建筑业、交通运输业等领域的能源消费与二氧化碳排放呈现不同的变化特点，而且随着城市住宅和机动车保有量的增加，建筑取暖、空调以及家用汽车将成为能源消费的重要组成部分，这些领域的节能潜力也较大，对未来全国的碳减排有重要影响，需要继续深入研究。

在本书测算的最高可能—满意度方案下，中国二氧化碳排放峰值时期的排放总量高于 110 亿吨，2050 年的排放量高于 95 亿吨。由于发达国家多数已达到碳排放的峰值，未来的碳排放量将持续下降，且均低于 60 亿吨。如果 2050 年发达国家人均碳排放低于世界平均水平，而中国的人均排放量高于世界平均水平，即使节能减排取得了很大成效、对全球碳减排作出了重大贡献，仍然不可避免地要受到国际社会的关注，并可能长期面临进一步的减排压力。

气候变化与环境容量约束下的二氧化碳减排还具有不确定性。中国经济增长方式的转变、市场机制与法律体系的建设、国家政策导向、区域间经济发展的不平衡、技术创新与转移、国际气候变化谈判的影响等都在不同程度上影响着二氧化碳减排的进程。由气候变化和环境问题给国民经济和社会发展造成的损失，也会促使各行业、各领域更加重视能源消费与碳排放问题，并促进经济发展方式的转变。

本书测算的能源消费与碳排放是若干发展模式下的仿真，未来的能源供需受到多方面复杂因素的影响，例如国家宏观政策、新能源的开发速度和规模、煤炭生产与运输瓶颈、社会消费模式变化、国际石油天然气的市场状况以及国际政治经济的影响等，不确定的因素较多，需要进一步深入细致的研究，这也是后续研究的一个重要方面。

附　录

附表：各指标区间预测值

附表1　　　　　　浙江省可能—满意度模型经济子系统指标

指标	最大值	最小值
GDP（亿元）	148301.1	122639
人均 GDP（万元）	25.66	20.91
第二产业产值（亿元）	86595.23	65055.76
人均第二产业产值（万元）	14.76	11.03
第三产业产值（亿元）	69563.83	60475.89
人均第三产业产值（万元）	11.97	10.17
地方财政收入（亿元）	27722.51	20272.08
人均财政收入（万元）	4.77	3.4
财政支出（亿元）	6217.7	5302.2
人均财政支出（万元）	1.2	1.04
社会消费品零售总额（亿元）	40376.37	33590.55
人均社会消费品零售额（万元）	6.77	5.78

数据来源：本课题组测算，下同。

附表 2　　　　　　　浙江省可能—满意度模型社会子系统指标

指标	最大值	最小值
教职员工总数（人）	774852	615134
每万人教职工数（人）	141	89
全社会从业人员数（万人）	6183.17	4236.52
从业比例（%）	97	72
医生数（人）	158722	78733
每万人医生数（人）	30	8
床位数（张）	322312	175961
每万人床位数（张）	62	25
执业医师数（人）	148753	97429
每万人执业医师数（人）	28	14
公路通车里程（千米）	97161.63	61031.38
每万人公路通车里程（千米）	17.6	8.8
科研人员总数（人）	599869	53819
每万人科研人员数（人）	121	3

附表 3　　　　　　　浙江省可能—满意度模型资源与环境子系统指标

指标	最大值	最小值
废气排放总量（亿立方米）	58545.85	44424.57
人均废气排放量（万立方米）	11.6	8.3
废水排放总量（万吨）	930819	648427
人均废水排放量（吨）	174.2	114.8
生活用水量（万吨）	293187	166557
人均生活用水（吨）	52.5	25.6
全社会用电量（亿千瓦时）	7296	5851
人均用电量（万千瓦时）	1.4	1.1

附表4　　　　　　　**浙江省城镇人口可能—满意度模型指标**

指标	最大值	最小值
可支配收入总和（万元）	240054408	205526824
城镇人均可支配收入（元）	70310.11	60967.38
消费性支出总和（万元）	94468029.6	82484832.0
城镇居民人均消费性支出（元）	34666	26012
城镇住房使用面积总和（万平方米）	446320.2	38363.9
人均住房使用面积（平方米）	41	34

附表5　　　　　　　**浙江省乡村人口可能—满意度模型指标**

指标	最大值	最小值
纯收入（万元）	24229138.3	19429622.1
人均纯收入（元）	12376	8758
消费性支出（万元）	17176485.3	14995732.1
人均消费性支出（元）	9440	6307
居住面积（万平方米）	175019.5	148551.9
人均居住面积（平方米）	85	75

附图：浙江省各地市城乡人口可能—满意度曲线

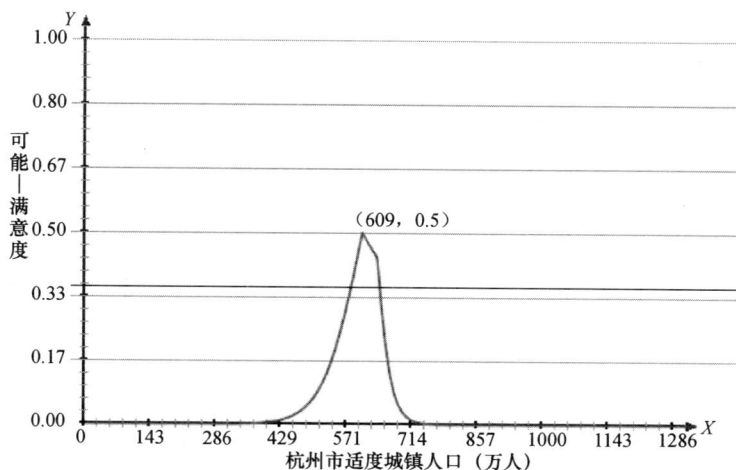

附图1　杭州市适度城镇人口可能—满意度曲线

数据来源：本课题组测算，下同。

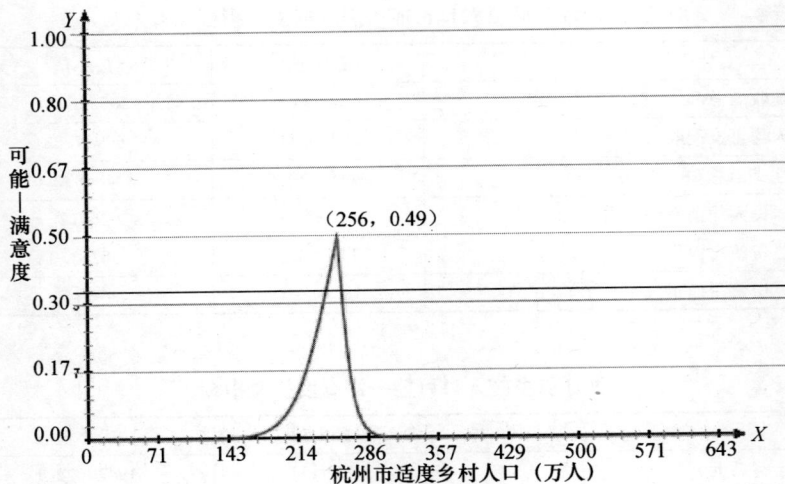

附图2　杭州市适度乡村人口可能—满意度曲线

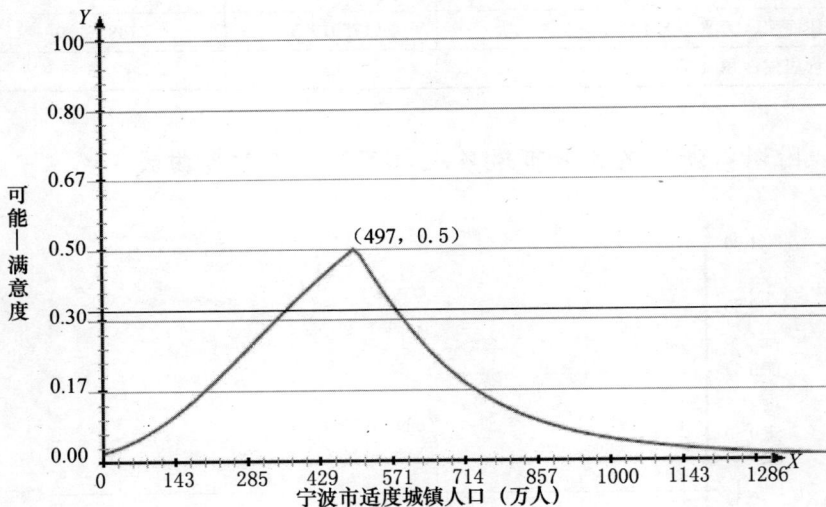

附图3　宁波市适度城镇人口可能—满意度曲线

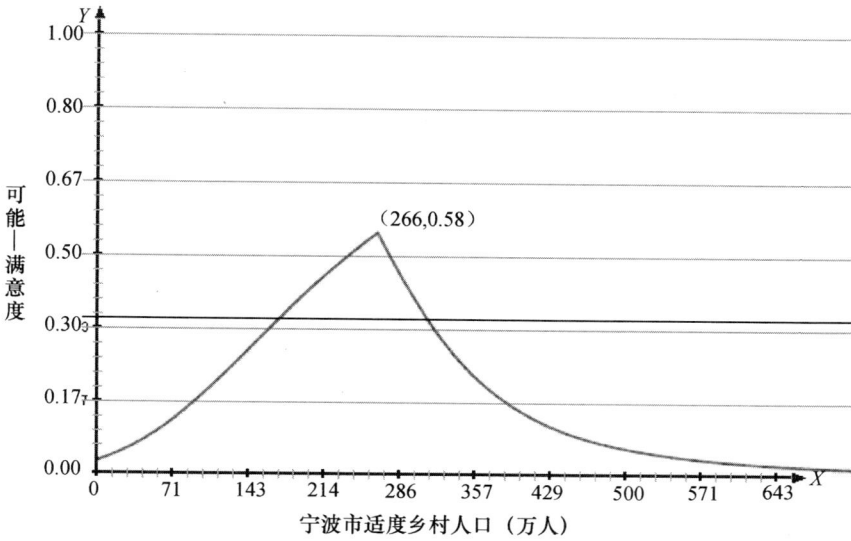

附图 4　宁波市适度乡村人口可能—满意度曲线

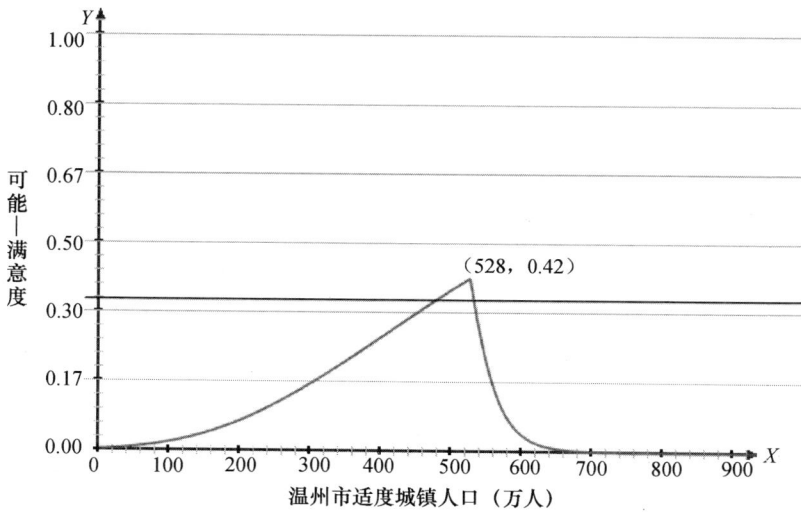

附图 5　温州市适度城镇人口可能—满意度曲线

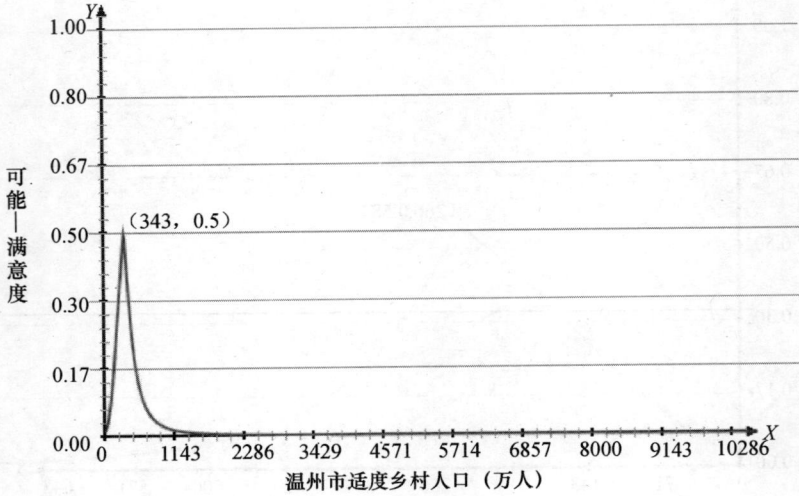

附图 6 温州市适度乡村人口可能—满意度曲线

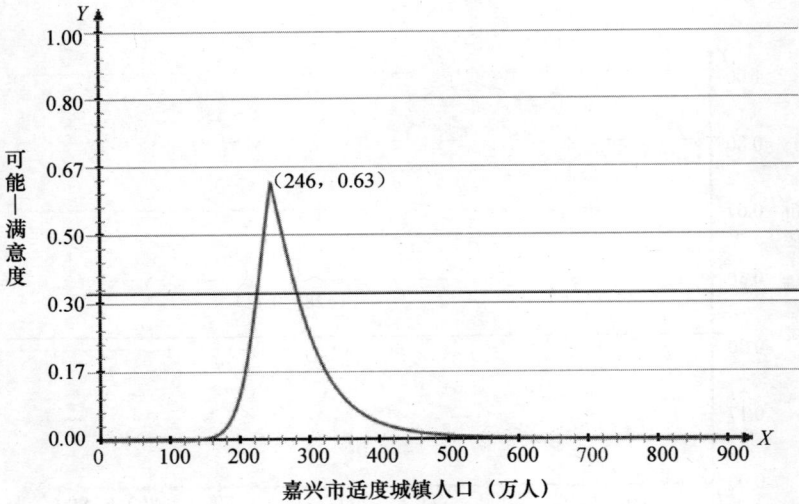

附图 7 嘉兴市适度城镇人口可能—满意度曲线

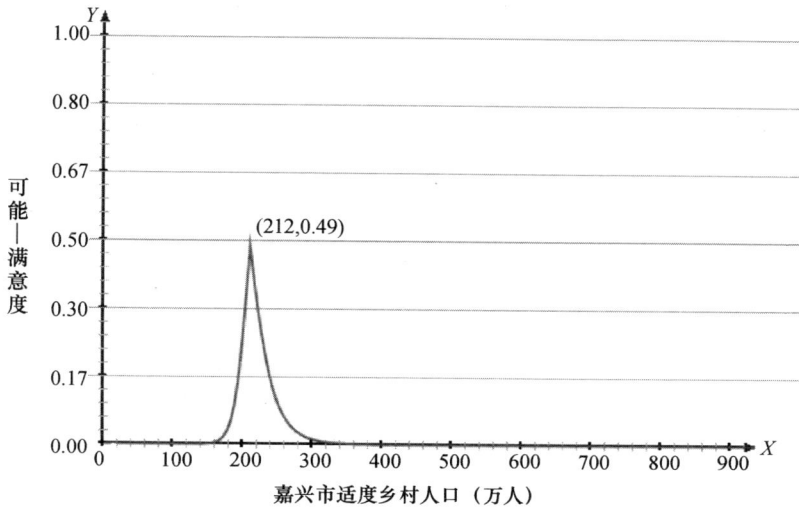

附图8 嘉兴市适度乡村人口可能—满意度曲线

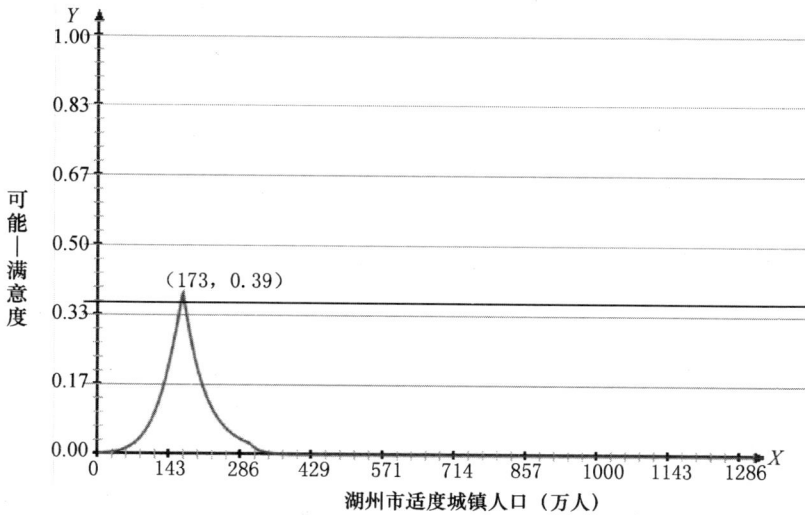

附图9 湖州市适度城镇人口可能—满意度曲线

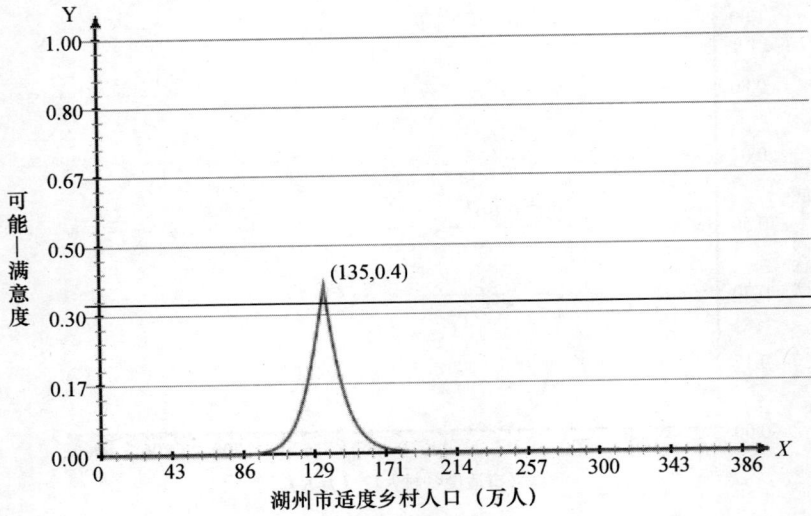

附图 10　湖州市适度乡村人口可能—满意度曲线

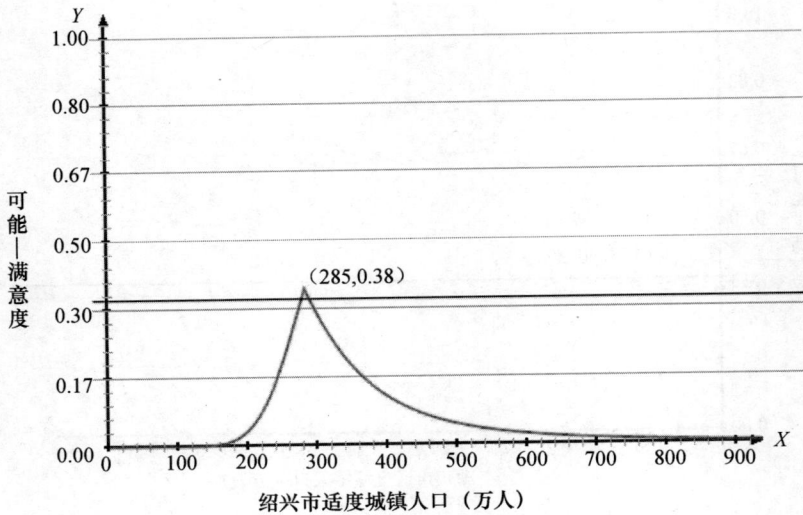

附图 11　绍兴市适度城镇人口可能—满意度曲线

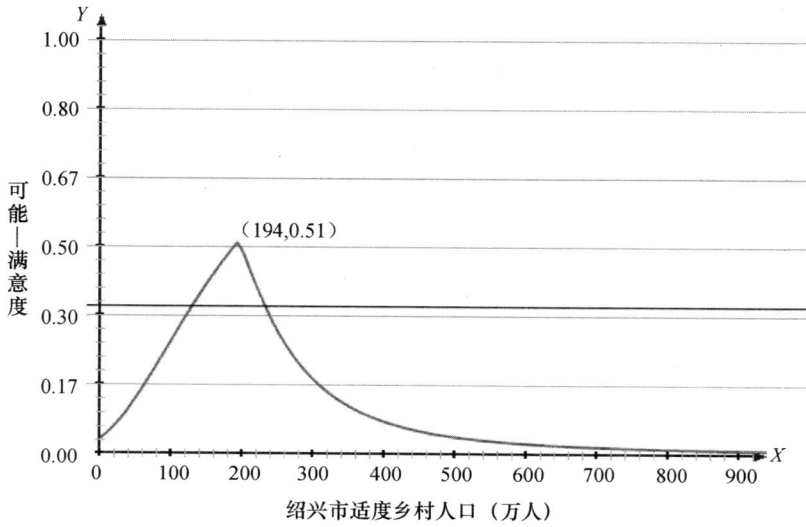

附图12　绍兴市适度乡村人口可能—满意度曲线

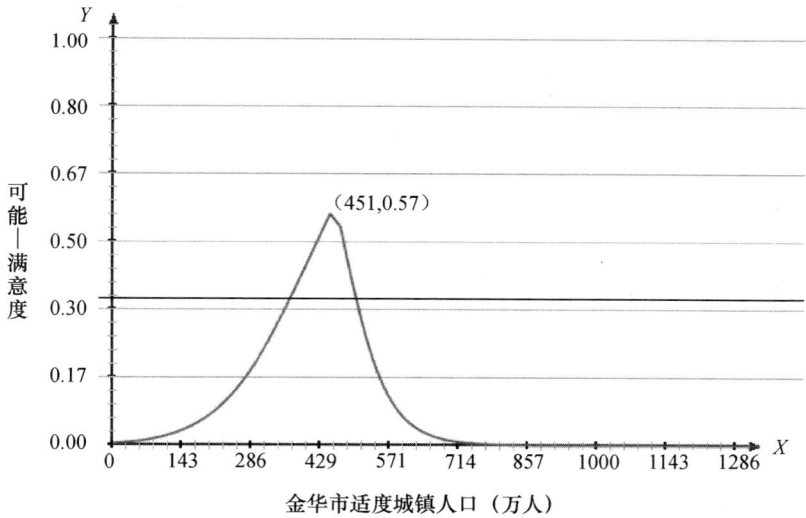

附图13　金华市适度城镇人口可能—满意度曲线

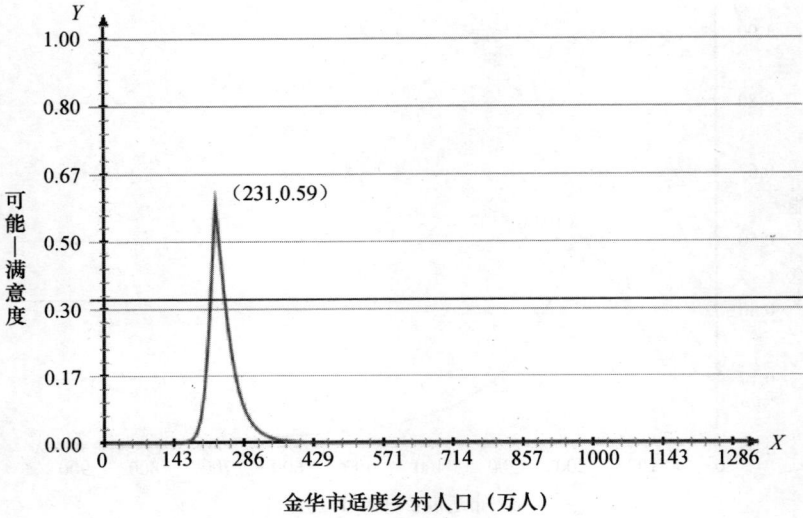

附图14 金华市适度乡村人口可能—满意度曲线

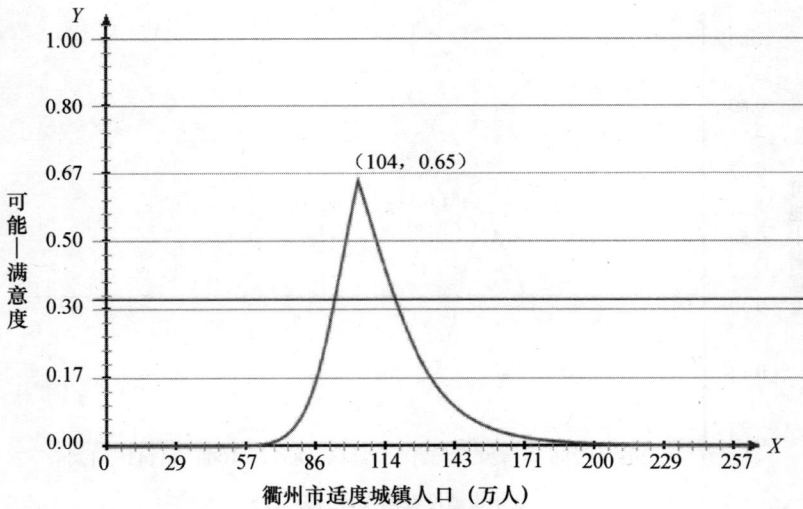

附图15 衢州市适度城镇人口可能—满意度曲线

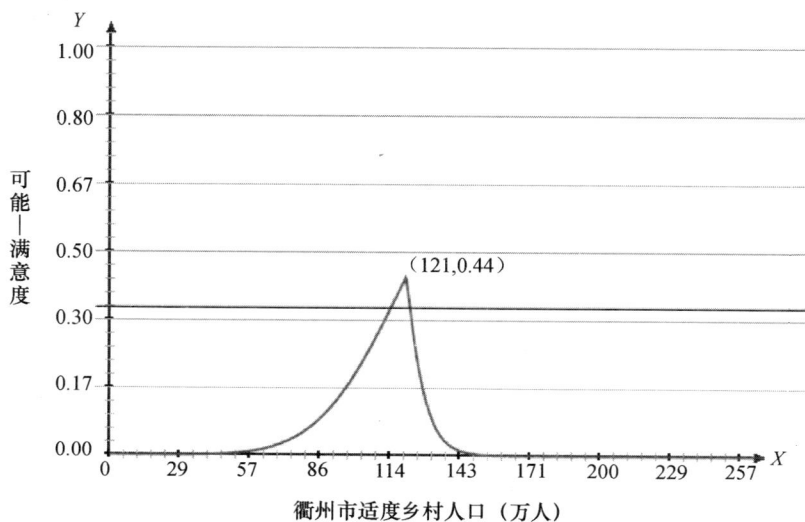

附图16　衢州市适度乡村人口可能—满意度曲线

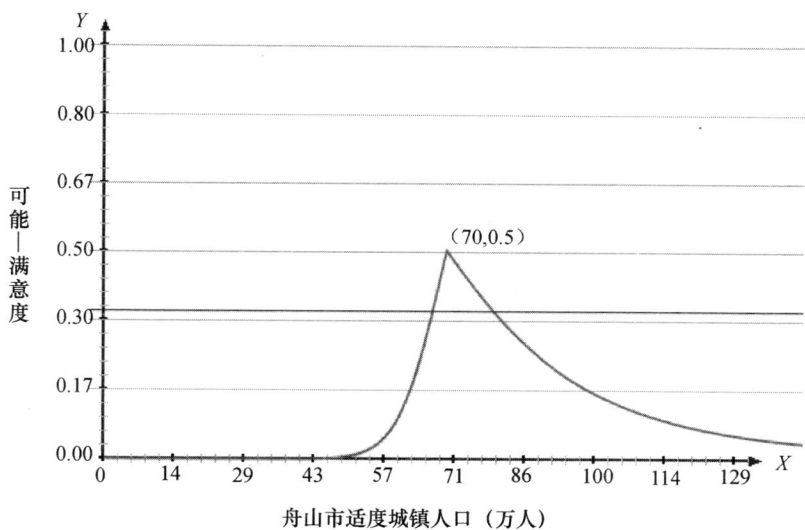

附图17　舟山市适度城镇人口可能—满意度曲线

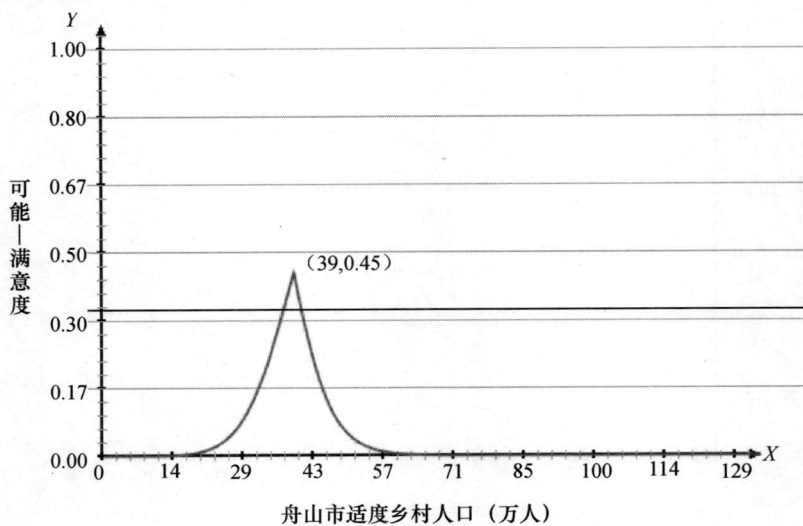

附图 18　舟山市适度乡村人口可能—满意度曲线

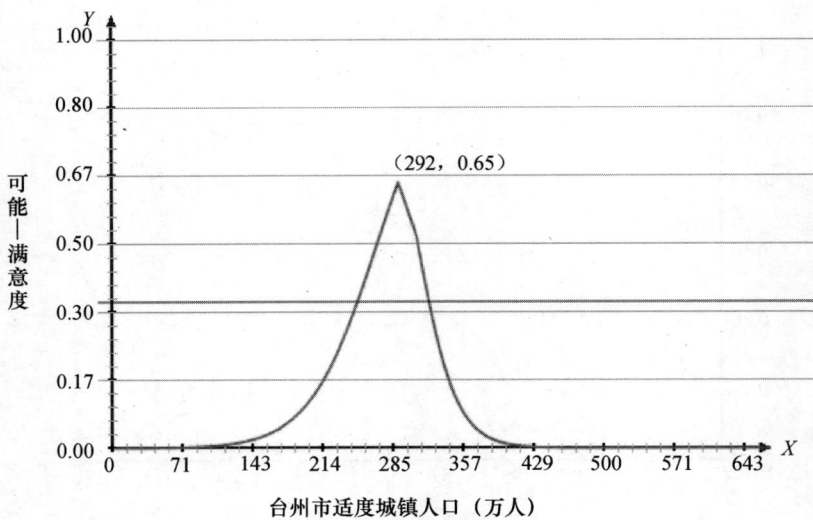

附图 19　台州市适度城镇人口可能—满意度曲线

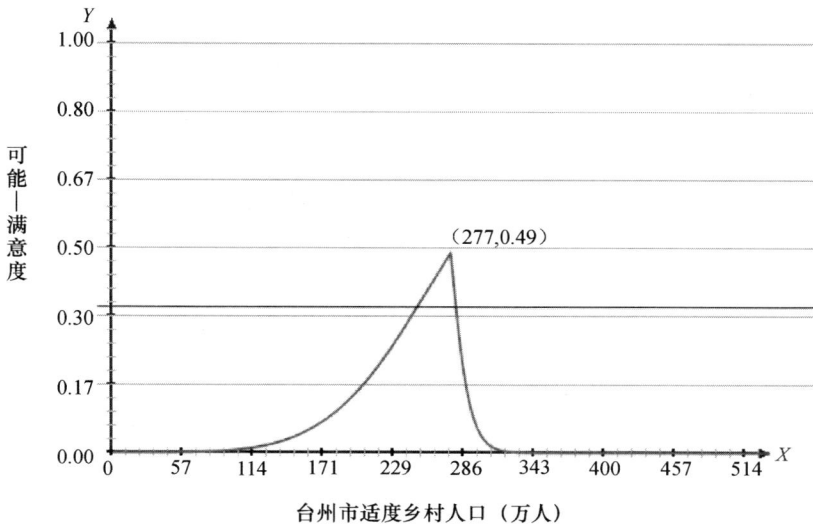

附图20 台州市适度乡村人口可能—满意度曲线

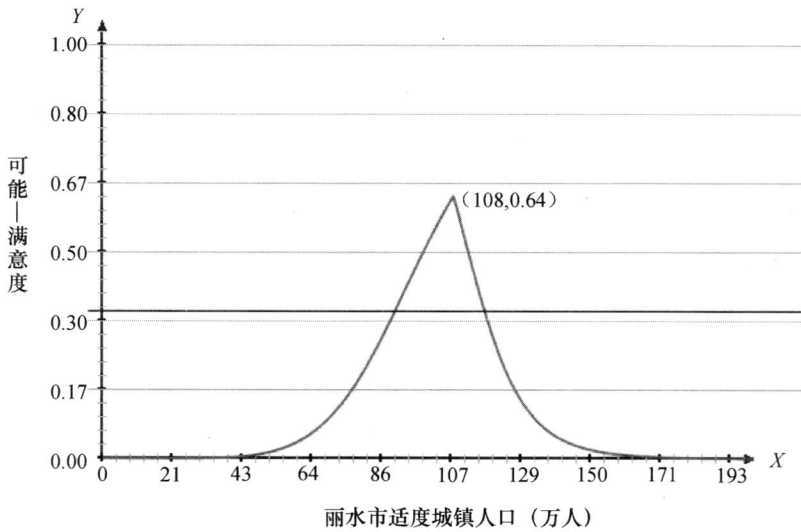

附图21 丽水市适度城镇人口可能—满意度曲线

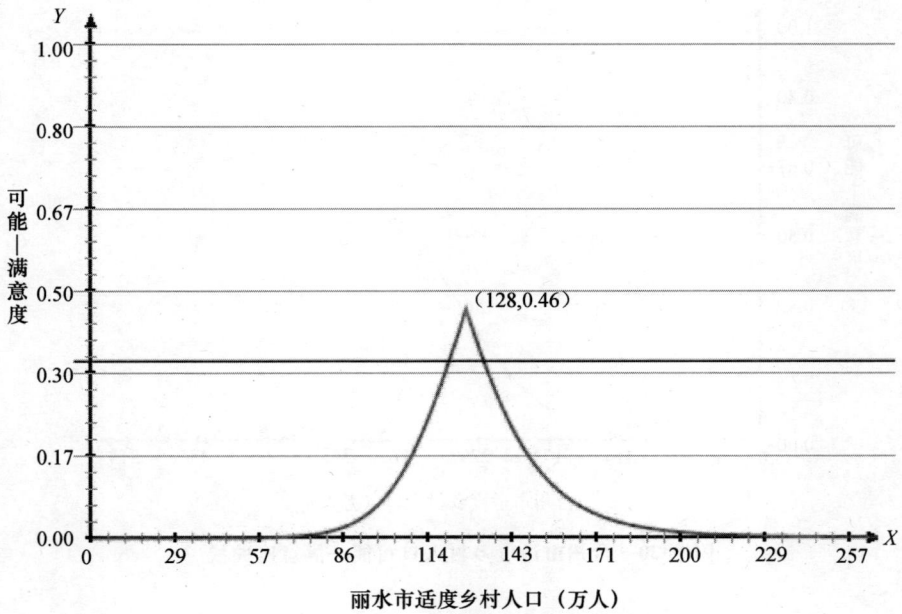

附图 22　丽水市适度乡村人口可能—满意度曲线

参考文献

［1］国家发展和改革委员会：《中华人民共和国气候变化初始国家信息通报》，中国计划出版社 2004 年版。

［2］国家发展和改革委员会：《中国应对气候变化国家方案》2007 年。

［3］国家发展和改革委员会：《节能减排综合性工作方案》2007 年。

［4］白思俊：《系统工程》，电子工业出版社 2009 年版。

［5］冯英浚：《大系统多目标规划的理论及应用》，科学出版社 2004 年版。

［6］陈禹六：《大系统理论及其应用》，清华大学出版社 1988 年版。

［7］钱学森：《系统科学、思维科学与人体科学》，《自然杂志》 1981 年第 1 期，第 3—9 页。

［8］成思危：《复杂科学与系统工程》，《管理科学学报》1999 年第 2 期，第 1—7 页。

［9］于景元、刘毅、马昌超：《关于复杂性研究》，《系统仿真学报》 2002 年第 14 期（11），第 1417—1424 页。

［10］郭元林：《复杂系统的迷雾》，《自然辩证法研究》2005 年第 2 期，第 30—33 页。

［11］王其藩：《系统动力学》，清华大学出版社 1994 年版，第 113—127 页。

［12］王浣尘：《可行性研究和多目标决策》，机械工业出版社 1986 年版。

［13］王浣尘：《社会经济模型体系和决策》，贵州人民出版社 1990 年版。

[14] 薛俊杰、李春森：《投入产出法教程》，东北财经大学出版社 1992 年版。

[15] 戴汝为、操龙兵：《一个开放的复杂巨系统》，《系统工程学报》2001 年第 5 期，第 376—381 页。

[16] 魏一鸣、吴刚、刘兰翠、范英：《能源—经济—环境复杂系统建模与应用进展》，《管理学报》2005 年第 2 期（2），第 159—170 页。

[17] 李继峰、张阿玲：《混合式能源—经济—环境系统模型构建方法论》，《系统工程学报》2002 年第 22 期（2），第 170—175 页。

[18] 姜涛、袁建华、何林、许屹：《人口—资源—环境—经济系统分析模型体系》，《系统工程理论与实践》2002 年第 12 期，第 67—72 页。

[19] 邓玉勇、杜铭华、雷仲敏：《基于能源—经济—环境（3E）系统的模型方法研究综述》，《甘肃社会科学》2006 年第 3 期，第 209—212 页。

[20] 蔡孝篯：《城市经济学》，南开大学出版社 1998 年版，第 41—47 页。

[21] 陈文颖、吴宗鑫、何建坤：《全球未来碳排放权"两个趋同"的分配方法》，《清华大学学报》（自然科学版）2005 年第 45 期（6），第 850—853 页。

[22] 丁仲礼、段晓男、葛全胜、张志强：《2050 年大气 CO_2 浓度控制：各国排放权计算》，《中国科学 D 辑：地球科学》2009 年第 39 期（8），第 1009—1027 页。

[23] 潘家华：《碳预算方案：一个公平、可持续的国际气候制度框架》，《中国社会科学》2009 年第 5 期，第 22—27 页。

[24] 张中祥：《美国拟征收碳关税中国当如何应对》，《国际石油经济》2009 年第 8 期，第 13—16 页。

[25] 王放：《中国城市化与可持续发展》，科学出版社 2000 年版，第 253—317 页。

[26] 刘思峰、郭天榜、党耀国等：《灰色系统理论及其研究》，科学出版社 1999 年版，第 102—103 页。

[27] 顾朝林：《经济全球化与中国城市发展》，商务印书馆 1999 年版，第 170—188 页。

[28] 张羚广、蒋正华、林宝：《人口信息分析技术》，中国社会科学

出版社 2006 年版，第 216—217 页。

［29］刘振亚：《发展中国家的人口迁移问题》，《农村经济与社会》1990 年第 4 期，第 48—53 页。

［30］王桂新：《我国省际人口迁移与距离关系之探讨》，《人口与经济》1993 年第 2 期，第 3—8 页。

［31］卢向虎、林丽：《一种测算"乡—城"人口迁移规模的方法》，《统计与决策》2006 年第 1 期，第 66—67 页。

［32］徐建华、岳文泽：《近 20 年来中国人口重心与经济重心的演变及其对比分析》，《地理科学》2001 年第 21 期，第 385—389 页。

［33］廉晓梅：《我国人口重心、就业重心与经济重心空间演变轨迹分析》，《人口学刊》2007 年第 3 期，第 23—28 页。

［34］刘蕊梅、陈昭宜：《温室效应与人口增长、能源消耗间相互关系的探讨》，《中国人口资源与环境》1994 年第 8 期（4），第 5—10 页。

［35］余国合、吴巧生：《中国人口结构与能源消费关系探讨》，《中国石油大学学报》（社会科学版）2007 年第 12 期（6），第 1—5 页。

［36］张雷、蔡国田：《中国人口发展与能源供应保障探讨》，《中国软科学》2005 年第 11 期，第 11—17 页。

［37］曾波、苏晓燕：《中国产业结构成长中的能源消费特征》，《能源与环境》2006 年第 4 期，第 1—4 页。

［38］刘易斯、倪文彦、宋俊岭译：《城市发展史》，中国建筑工业出版社 2005 年版。

［39］李政、麻林巍、潘克西：《产业发展与能源的协调问题研究——国际经验及对我国的启示》，《中国能源》2006 年第 28 期（10），第 5—11 页。

［40］国家统计局：《中国统计年鉴》，中国统计出版社 2009 年版，第 2000—2009 页。

［41］何建坤、柴麒敏：《关于全球减排温室气体长期目标的探讨》，《清华大学学报》（哲学社会科学版）2008 年第 4 期，第 15—25 页。

［42］陈文颖、高鹏飞、何建坤：《二氧化碳减排对中国未来 GDP 增长的影响》，《清华大学学报》（自然科学）2004 年第 44 期（6），第 744—747 页。

［43］国务院：《国民经济和社会发展第十一个五年规划纲要》

2006 年。

[44] 胡秀莲、姜克隽：《中国温室气体减排技术选择及对策评价》，中国环境科学出版社 2001 年版。

[45] 姜克隽：《中国与全球温室气体排放情景分析模型》，载周大地、韩文科：《中国能源问题研究 2002》，中国环境科学出版社 2003 年版。

[46] 梁巧梅、魏一鸣、范英、Norio Okada：《中国能源需求和能源强度预测的情景分析模型及其应用》，《管理学报》2004 年第 1 期（1），第 62—66 页。

[47] 耿海青：《能源基础与城市化发展的相互作用机理分析》，博士学位论文，中国科学院地理科学与资源研究所，2004 年。

[48] 汪旭晖、刘勇：《中国能源消费与经济增长：基于协整分析 Granger 因果检验》，《资源科学》2007 年第 29 期（5），第 57—62 页。

[49] 刘凤朝、刘源远、潘雄锋：《中国经济增长和能源消费的动态特征》，《资源科学》2007 年第 29 期（5），第 63—68 页。

[50] 朱勤、彭希哲、陆志明、吴开亚：《中国能源消费碳排放变化的因素分解及实证分析》，《资源科学》2009 年第 31 期（12），第 2072—2079 页。

[51] 张兆响、廖先玲、王晓松：《中国煤炭消费与经济增长的变结构协整分析》，《资源科学》2008 年第 30 期（9），第 1282—1289 页。

[52] 高鹏飞：《未来中国 CO_2 减排成本研究》，博士学位论文，清华大学，2002 年。

[53] 郑玉歆、樊明太：《中国 CGE 模型及政策分析》，社会科学文献出版社 1999 年版。

[54] 陆海波：《可持续发展的能源—经济—环境系统研究》，博士学位论文，天津大学，2003 年。

[55] 朱跃中：《未来中国交通运输部门能源发展与碳排放情景分析》，《中国工业经济》2001 年第 12 期，第 30—35 页。

[56] 许吟隆：《中国 21 世纪气候变化的情景模拟分析》，《南京气象学院学报》2005 年第 28 期（3），第 323—329 页。

[57] 姜克隽、胡秀莲、庄幸、刘强、朱松丽：《中国 2050 年的能源需求与 CO_2 排放情景》，《气候变化研究进展》2008 年第 4 期（5），第 296—302 页。

［58］付加锋、刘小敏：《基于情景分析法的中国低碳经济研究框架与问题探索》，《资源科学》2010 年第 32 期（2），第 205—210 页。

［59］周志田、杨多贵：《虚拟能——解析中国能源消费超常规增长的新视角》，《地球科学进展》2006 年第 21 期（3），第 320—323 页。

［60］田立新：《长江三角洲地区推进环境保护一体化的研究进展》，《应对气候变化——能源与社会经济协调发展》（第三届海峡两岸能源经济学术研讨会论文集）2009 年，第 121—127 页。

［61］周德群：《中国能源的未来：结构优化与多样化战略》，《中国矿业大学学报》（社会科学版）2001 年第 1 期，第 86—95 页。

［62］穆光宗：《"适度人口思想"的反思和评论》，《开放时代》2000 年第 3 期，第 82 页。

［63］童星：《世纪末的挑战——当代中国社会问题研究》，南京大学出版社 1995 年版，第 28 页。

［64］叶文虎、陈国谦：《三种生产：可持续发展的基本理论》，《中国人口资源与环境》1997 年第 2 期。

［65］刘家强：《人口经济学新论》，西南财经大学出版社 2004 年版，第 144—145 页。

［66］龙爱华、张志强、苏志勇：《生态足迹评介及国际研究前沿》，《地球科学进展》2004 年 12 月，第 971 页。

［67］王书华、毛汉英、王忠静：《生态足迹研究的国内外近期进展》，《自然资源学报》2002 年 11 月，第 776 页。

［68］王施施、付丽、许溪沙：《沈阳市生态保护规划策略研究》，《沈阳建筑大学学报》（社会科学版）2006 年 10 月，第 330 页。

［69］赵勇、李树人、寇刘秀、宋艳辉：《生态足迹法在郑州市城市可持续发展中的应用》，《河南农业大学学报》2004 年 12 月，第 394 页。

［70］李翔、舒俭民：《改良生态足迹法在珠海的应用》，《环境科学研究》2007 年第 20 卷第 3 期，第 148 页。

［71］王丽晔：《基于生态足迹分析法的人口容量计算研究》，《浙江师范大学学报》（自然科学版）2008 年 9 月，第 343 页。

［72］张瀛、王浣尘：《上海合理人口规模研究》，《管理科学学报》2003 年 4 月。

［73］厦门大学人口资源环境与地理信息系统研究中心：《深圳市适

度人口容量与人口调控政策研究》2004 年 11 月。

[74] 徐琳瑜、杨志峰、毛显强：《城市适度人口分析方法及其应用》，《环境科学学报》2003 年 5 月，第 355 页。

[75] 李惠：《人口迁移的成本、效益模型及其应用》，《中国人口科学》1993 年第 5 期，第 47—51 页。

[76] 张凤雨、王海东：《多水平模型及其在人口科学研究中的应用》，《中国人口科学》1995 年第 6 期，第 1—7 页。

[77] 朱宝树：《人口与经济——资源承载力区域匹配模式探讨》，《中国人口科学》1993 年第 6 期，第 8—13 页。

[78] 范力达：《人口迁移的均衡模型评述》，《中国人口科学》1994 年第 5 期，第 1—7 页。

[79] 唐国平、杨志峰：《密云水库库区水环境人口容量优化分析》，《环境科学学报》2000 年第 20 期（2），第 225—229 页。

[80] 陈卫、孟向京：《中国人口容量与适度人口问题研究》，《市场与人口分析》2000 年第 6 期（1），第 21—31 页。

[81] 陈柳钦：《新的区域经济增长极：城市群》，《福建行政学院学报》2008 年第 4 期，第 74—79 页。

[82] 倪鹏飞、侯庆虎、王有捐、刘彦平等：《中国城市竞争力报告 No.6》，社会科学文献出版社 2008 年版。

[83] 戴宾：《城市群及其相关概念辨析》，《财经科学》2004 年第 6 期，第 101—103 页。

[84] 谭琳、李建民：《现代人口学词典》，天津大学出版社 1994 年版，第 120 页。

[85] 陈如勇：《中国适度人口研究述评》，《西北人口》2001 年第 1 期，第 12—16 页。

[86] 刘家强：《人口经济学新论》，西南财经大学出版社 2004 年版，第 144—145 页。

[87] 孙自铎：《试析我国现阶段城市化与工业化的关系》，《经济学家》2004 年第 5 期，第 43—46 页。

[88] 郭克莎：《我国的城市化严重滞后于工业化吗》，《光明日报》2001 年 8 月 21 日。

[89] 王桂新：《我国省际人口迁移与距离关系之探讨》，《人口与经

济》1993 年第 2 期，第 3—8 页。

［90］蒋正华、米红：《人口安全》，浙江大学出版社 2008 年版。

［91］米红：《区域可持续发展模式评估及其实证研究》，经济科学出版社 2002 年版。

［92］米红、张文璋：《实用现代统计分析方法及 SPSS 应用》，当代中国出版社 2004 年版。

［93］原华荣：《"适度人口"的分野与述评》，《浙江大学学报》（社会科学版）2002 年 6 月。

［94］原华荣：《"小人口"与可持续发展》，《人口研究》2002 年1 月。

［95］陈如勇：《中国适度人口研究的回顾与再认识》，《中国人口资源与环境》2000 年第 1 期。

［96］王浣尘、余峰、梅松林、李旗：《城市合理人口规模的系统分析》，《城市规划汇刊》1995 年第 1 期。

［97］徐琳瑜、杨志峰、毛显强：《城市适度人口分析方法及其应用》，《环境科学学报》2003 年 5 月。

［98］诸大健：《从国际大都市的空间形态看上海的人口与发展》，《城市规划汇刊》2003 年第 4 期。

［99］原新："可持续适度人口的理论构想"，《人口与经济》1999 年第 4 期。

［100］蔡昉、王美艳、都阳：《人口密度与地区经济发展》，《浙江社会科学》2001 年 11 月。

［101］米红、李晶：《人口文化素质对人口数量安全和结构安全的影响》，《人口学刊》2009 年第 5 期。

［102］湖州市人口计生委、浙江大学联合课题组：《湖州市农村独生子女家庭社会养老保险制度方案创新及可行性研究》，《2008 年度湖州市人口与发展理论研究成果汇编（一）》2009 年第 2 期。

［103］浙江大学社会保障政策仿真与人口数据挖掘课题组：《深圳市分区域优化、控制、预警人口发展目标体系研究报告》（深圳市发展改革局委托项目）2007 年第 12 期。

［104］浙江大学社会保障政策仿真与人口数据挖掘课题组：《朝阳区土地资源与经济发展、环境建设、人口规模调控战略研究报告》（中国土

地勘测规划院项目）2007 年第 9 期。

[105] 米红、杨瑞兰：《厦门与澳门两地人口与经济社会发展水平的比较研究》，《人口与经济》1999 年第 2 期。

[106] 嘉兴市统计局新闻发布稿：《经济下行有所放缓　总体形势依然严峻———一季度嘉兴经济运行情况》，http：//www. jxstats. gov. cn。

[107] 姚庄镇新居民事务所：《姚庄镇新居民综合素质分析与思考》2008 年 1 月 5 日。

[108] 吴喜平、米红、韩娟：《厦门市适度人口容量的测算》，《发展研究》2006 年第 10 期。

[109] 毛志锋：《适度人口与控制》，陕西人民出版社 1995 年版，第 1—60 页。

[110] 浙江省人口发展功能区课题组：《浙江省人口发展功能区研究报告》2010 年。

[111] 浙江省老龄科研中心：《浙江省农村空巢家庭老年人状况抽样调查报告》2008 年。

[112] 列斯特·R. 布朗：《生态经济革命———拯救地球和经济的五大步骤》，萧秋梅译，台湾扬智文化事业股份有限公司 1999 年版，第 138 页。

[113] 列斯特·R. 布朗：《生态经济：有利于地球的经济构想》，东方出版社 2002 年版，第 65 页。

[114] 浙江省统计局：《浙江省能源与利用状况》，第 2003—2009 页。

[115] 台湾"能源局"：《能源统计月报》，第 2000—2009 页。

[116] 何建坤：《发展低碳经济关键在于低碳技术创新》，《绿叶》2009 年第 1 期，第 46—50 页。

[117] 国务院发展研究中心应对气候变化课题组：《当前发展低碳经济的重点与政策建议》，《中国发展观察》2009 年第 8 期，第 13—15 页。

[118] 牛文元：《低碳经济是落实科学发展观的重要突破口》，《中国报道》2009 年 3 月 19 日。

[119] 庄贵阳：《中国经济低碳发展的途径与潜力分析》，《国际技术经济研究》2005 年第 8 期（3），第 8—12 页。

[120] 魏一鸣：《能源与社会经济协调发展》，《第三届海峡两岸能源经济学术会议论文集》2009 年第 10 期。

［121］ 鲍健强、苗阳、陈锋：《低碳经济：人类经济发展方式的新变革》，《中国工业经济》2008 年第 4 期，第 153—160 页。

［122］ 左峻德、张行直：《台湾氢能燃料电池产业之发展》，《电源技术》2009 年第 4 期，第 342—345 期。

［123］ 范小宁：《关于浙江能源安全问题的战略思考》，《浙江经济》2007 年第 4 期，第 13—15 页。

［124］ 钟其：《当前浙江生态环境领域存在问题及思考》，《宁波大学学报》2009 年第 5 期，第 131—135 页。

［125］ 米红、陈志坚：《21 世纪初期（2001—2020）中国人口产业结构与环境污染》、《经济发展的关联模式仿真》，《系统工程理论与实践》2004 年第 4 期，第 23—33 页。

［126］ 米红：《中国可持续发展的目标集合与传统经济发展模式评估》，《中国经济问题》2001 年第 4 期，第 11—19 页。

［127］ Bogue D. J., A migrant's－eye view of the costs and benefits of migration to a metropolis. In *Internal Migration：A Comparative Perspective* ［M］, New York：Academic Press，1977.

［128］ Lewis W. A., Economic development with unlimited supplies of labor ［J］, *The Manchester School of Economic and Social Studies*，1954，22：139－191.

［129］ Harris J., Todaro M. P. Migration, Unemployment and development：a two sector analysis ［J］, *The Ameriean Economic Review*，1970，60（1）：126－138.

［130］ Todaro M. P., A model of labor migration and urban unemployment in less developed countries ［J］, *The American Economic Review*，1969，59（1）：138－148.

［131］ Cuervo J. C., Kim H., Todaro migration and primacy models：Relevance to the urbanization of the Philippines ［J］, *Cities*，1998，15（4）：245－256.

［132］ Keyfitz N., Do cities grow by natural increase or by migration？［J］, *Geographical Analysis*，1980，12（2）：142－156.

［133］ IPCC. Climate Change 2007：The Physical Science Basis ［EB/OL］. http//www. ipcc. ch，2007.

［134］UNFCCC. Greenhouse Gas Inventory Data ［EB/OL］. http：// unfccc. int/ghg_ data/ghg_ data_ unfccc/items/4146. php.

［135］World Resource Institute. CO_2 emissions series data ［EB/OL］. http//www. wri. org, 2009.

［136］IEA. Greenhouse Gas R&D Programme. CO_2 Capture and Storage ［EB/OL］. http： // www. co2captureandstorage. info/co2emissiondatabase/ sources. htm, 2009.

［137］EIA. World Carbon Dioxide Emissions from the Consumption and Flaring of Fossil Fuels, 1980 - 2006 ［EB/OL］. http： //www. eia. doe. gov.

［138］CDIAC. Global Change Data and Information Products ［EB/OL］. http： //cdiac. ornl. gov/by_ new/bysubjec. html#trace.

［139］Jane E. , Karen Treanton, Recent trends in energy − related CO_2 emissions ［J］, *Energy Policy*, 1998, 26 (3)： 159 - 166.

［140］Ang, J. Economic development, pollutant emissions and energy consumption in Malaysia ［J］. *Journal of Policy Modeling*, 2008, 30： 271 -278.

［141］Keyfitz N. , Do cities grow by natural increase or by migration? ［J］, *Geographical Analysis*, 1980, 12 (2)： 142 - 156.

［142］Jiang K. , Hu X. , Liu Q. , Balancing Development, Energy and Climate Priorities in China ［R］, Denmark： UNEP, 2007.

［143］Jones, D. W. , How urbanization affects energy use in developing countries ［J］, *Energy Policy*, 1991, 19： 621 - 630.

［144］Hiroyuki M. , The effect of uthanization on energy consumption ［J］, *the Journal of Population Problems*, 1997, 53 (2)： 43 - 49.

［145］Oleg D. , Ralph C. Trends in Consumption and Production： Household Energy Consumption. DESA Discussion Paper. http： //www. un. org/esa/papers. htm, 1999.

［146］F. Urban, R. M. J. Benders, H. C. Moll, Modelling energy systems for developing countries ［J］, *Energy Policy*, 2007, 35： 3473 - 3482.

［147］Jyoti P. , Vibhooti S. Urbanization energy use and greenhouse effects in economic development： Results from across − national study of developing countries ［J］, *Global Environmental Change*, 1995, 5 (2)： 87 - 103.

［148］David F. G. , Jason Z. Y. , Urbanization and energy in China： issues and implications. In: Aimin Chen, Gordon Liu, Kevin Zhang (editor) [M], *Urbanization and social welfare in China*, Burlington VT: Ashgate Publishing, 2004: 14 – 16.

[149] Gerard A. F., Yochanan S., Modeling and forecasting energy consumption in China: Implications for Chinese energy demand and imports [J], *Energy Economics*, 2008, 30: 1263 – 1278.

[150] Lei S., Shengkui C., Aaron James Gunson, Urbanization, sustainability and the utilization of energy and mineral resources in China [J], *Cities*, 2005, 22 (4): 287 – 302.

[151] Lin, B., Chuanwang S., Evaluating carbon dioxide emissions in international trade of China [J], *Energy Policy*, 2010, 38: 613 – 621.

[152] Wenying C., The costs of mitigating carbon emissions in China: findings from China MARKAL – MACRO modeling [J], *Energy Policy*, 2005, 33: 885 – 896.

[153] Allan, J. A., Fortunately there are substitutes for water otherwise our hydro – political futures would be impossible [A], In *Prioritied for Water Resources Allocation and Management* [C], London, United Kingdom: ODA: 13 – 26, 1993.

[154] Hoekstra, A. Y., *Perspectives on water: A Model – based Exploration of the Future* [M], Utrecht, The Netherlands, International Books, 1998.

[155] Reinert, K. A., Roland – Holst, D. W., Industrial pollution linkages in North America: a linear analysis [J], *Economic Systems Research*, 2001, 13: 197 – 208.

[156] Mongelli I., Tassielli G., Notarnicola B., Global warming agreements, international trade and energy/carbon embodiments: an input – output approach to the Italian case [J], *Energy Policy*, 2006, 34: 88 – 100.

[157] Alcántara, V., Padilla, E., An input – output analysis of the key sectors in CO_2 emissions from a production perspective: an application to the Spanish economy [A], Working Paper, Department of Applied Economics, Autonomous University of Barcelona, 2006.

[158] Sachs J. D., Warner A. M., Natural Resource Abundance and Economic Growth [R], Center for International Development and Harvard Insti-

tute for International Development, Cambridge: Harvard University, 1997.

[159] Chae Y. L. , Byong W. , Kun J. , Nuclear energy system for the global environmental regulation in Korea energy – economy interaction model a-nalysis [J], *Progression Nuclear Energy*, 1998, 32 (3 – 4): 273 – 219.

[160] Manne, IIASA – ECS Modeling Framework, http: //www. iia-sa. ac. at/Research/ECS/docs/models. html #Macro [EB] . 2004 – 09 – 04.

[161] Zhidong L. , Quantitative analysis of sustainable energy strategies in China [J], *Energy Policy*, 2009, 37, doi: 10. 1016/j. enpol. 2009. 06. 031.

[162] Lenzen M. , Primary energy and greenhouse gases embodied in Australian final consumption: an input – output analysis [J], ·*Energy Policy*, 1998, 26: 496 – 506.

[163] Machado, G. , Schaeffer, R. , Worrell, E. , Energy and carbon embodied in the international trade of Brazil: an input – output approach [J], *Ecological Economics*, 2001, 39: 409 – 424.

[164] Soytas, U. , Sari, R. , Ewing, T. , Energy consumption, in-come, and carbon emissions in the United States [J], *Ecological Economics*, 2007, 62, 482 – 489.

[165] Toshihiko N. , Energy – economic models and the environment [J], *Progress in Energy and Combustion Science*, 2004, 30 (4): 417 – 475.

[166] Arvydas G. , Marko J. Van Leeuwen, A CGE model for Lithuania: the future of nuclear energy [J], *Journal of Policy Modeling*, 2000, 22 (6): 691 – 718.

[167] Zhongxiang Z. , Can China afford to commit itself an emissions cap? an economic and political analysis [J], *Energy economics*, 2000, 22 (6): 587 – 614.

[168] Ming Z. , Hailin M. , Yadong N. , Yongchen S. , Accounting for energy – related CO_2 emissions in China (1991 – 2006) [J], *Energy Policy* 2009, 37: 767 – 773.

[169] Keywan R. , Alexander R. , Greenhouse gas emissions in a dy-namics as usual scenario of economic and energy development [J] . Techno-logical Forecasting and Social Change, 2000, 63 (2 – 3): 175 – 205.

[170] Ying F. , Qiao – Mei L. , Yi – Ming W. , Norio O. , A model for

China's energy requirements and CO_2 emissions analysis [J], *Environmental Modelling & Software*, 2007, 22: 378 – 393.

[171] Thomas Fiddaman, Feedback Complexity in Integrated Climate – Economy Models, Massachusetts Institute of Technology, June 1997.

[172] Sato O. , Tatematsu K. , Hasegawa T. , Reducing Future CO_2 emissions the role of nuclear energy [J], *Progress in Nuclear Energy*, 1998, 32 (314): 323 – 330.

[173] Eric D. L. , Zongxin W. , DeLaquil P. , Future implications of China's energy – technology choices [J], *Energy Policy*, 2003, 31 (12): 1189 – 1204.

[174] Ryden B. , Johnsson J. , Wene C. , CHP production in integrated energy systems examples from five Swedish communities [J], *Energy Policy*, 1993, 21 (2): 176 – 190.

[175] Baolei G. , Yanjia W. , Aling Z. , China's energy future: leap tool application in China [R], East Asia Energy Futures (EAEF) /Asia Energy Security Project Energy Paths Analysis/Methods Training Workshop, 2003.

[176] Amit K. , Bhattacharya S. C. , Pham H. L. , Greenhouse gas mitigation potential of biomass energy technologies in Vietnam using the long range energy alternative planning system model [J], *Energy*, 2003, 28 (7): 627 – 654.

[177] Ho – Chul S. , Jin – Won P. , Ho – Seok K. , Environmental and economic assessment of landfill gas electricity generation in Korea using LEAP model [J], *Energy Policy*, 2005, 33 (10): 1261 – 1270.

[178] IIASA – ECS Modeling Framework, http: //www. iiasa. ac. at/ Research/ECS/docs/models. html [EB] . 04 Sep 2004/2004. 09.

[179] Hadley S. W. , Short W. , Electricity sector analysis in the clean energy futures study [J], Energy Policy, 2001, 29 (14): 1285 – 1298.

[180] Lei Shen, Shengkui Cheng, Aaron James Gunson, Urbanization, sustainability and the utilization of energy and mineral resources in China [J], *Cities*, 2005, 22 (4): 287 – 302.

[181] Carbon Dioxide Information Analysis Center (CDIAC), Global, Regional, and National Fossil Fuel CO_2 Emissions. http: //cdiac. ornl. gov.

后 记

　　区域人口与资源环境关系模式领域的研究一直处于自然科学和社会科学的许多学科领域的交叉边缘地带，本书就我国区域人口与资源环境约束关系的诸多特征模式进行了微观层次的深入、有效的研究，开拓了城市适度人口容量与碳排放相关研究的理论创新。以复杂巨系统的综合集成方法，整合以空间聚类、关联和判别技术、GIS分析技术、系统仿真、多目标可能—满意度等方法构建模型库和方法库，并将其引入我国及相关区域的人口资源环境约束关联的系统模式识别与宏、微观仿真研究之中。同时，在气候变化与环境容量的约束条件下，着重从人均能源消费、单位产值能耗强度、人均碳排放、能源结构变化、应对气候变化的允许排放量、环境允许能耗等多角度，对未来的能源消费和碳排放进行测算研究。

　　作为国家人口和计划生育委员会"十二五"课题的一项重大研究成果，本书集研究视角创新、理论创新、方法模型创新及其成果创新于一体。我们由衷地希望本书的出版能为读者进一步探索区域人口与资源环境领域的相关问题提供一个基础平台。

　　在本书即将出版之际，我们感谢国家人口和计划生育委员会的课题项目资助，感谢浙江大学非传统安全与和平发展中心（NTS - PD）和人口与发展研究所给予的大力支持。最后，中国社会科学出版社的张林、李庆红等诸位编辑为本书的出版倾注了大量心血，在此深表谢忱！

作者

2011 年 11 月 1 日